应用化学专业实验

主　编　高　爽
副主编　吴　晓　张晨曦　李　鑫　周丹红
　　　　陈　红　赵小龙
参　编　朱宝伟　于　悦　李　闯　郝爱军
　　　　左修源　陆福泰

华中科技大学出版社
http://press.hust.edu.cn
中国·武汉

内 容 简 介

本书共分为 5 章,内容包括实验基础知识、精细化学品获取实验、精细化工制剂成型实验、现代分离与分析技术实验、综合与设计型实验。本书有助于学生在短时间内系统地掌握应用化学专业实验操作技能,培养科学思维及创新能力。

本书可作为化学类、化工类、材料类、食品类、轻工类等相关专业本科生的教材,也可供相关技术人员参考。

图书在版编目(CIP)数据

应用化学专业实验 / 高爽主编. -- 武汉 : 华中科技大学出版社,2025. 7. -- ISBN 978-7-5772-2023-9

Ⅰ. O69-33

中国国家版本馆 CIP 数据核字第 2025KU0191 号

应用化学专业实验
Yingyong Huaxue Zhuanye Shiyan

高 爽 主编

策划编辑:王新华

责任编辑:李 佩

封面设计:秦 茹

责任校对:李 弋

责任监印:曾 婷

出版发行:华中科技大学出版社(中国·武汉)   电话:(027)81321913
　　　　　武汉市东湖新技术开发区华工科技园   邮编:430223

录　　排:华中科技大学惠友文印中心

印　　刷:武汉市洪林印务有限公司

开　　本:710mm×1000mm　1/16

印　　张:16.25

字　　数:344 千字

版　　次:2025 年 7 月第 1 版第 1 次印刷

定　　价:39.80 元

前　言

　　应用化学专业是由无机化学、有机化学、精细化工、化学工艺与工程等专业归并而成的宽口径专业。针对应用化学专业的学科特点，开设符合专业定位和培养目标的综合性实验，是应用型本科生提高实验操作能力、理论联系实际能力、分析与解决实际问题能力和创新能力的重要途径。应用化学专业实验的教学目的是培养学生的实践能力、创新能力和严谨的科学态度，提高学生发现问题、分析问题及解决问题的能力。

　　本书根据使用了多年的自编教材补充改编而成。编者在总结多年实验教学改革和实践经验的基础上，借鉴和吸收其他高校在应用化学实验改革方面的经验，完成了自编教材的补充改编。

　　本书共分为5章，包括109个实验。第1章介绍实验基础知识；第2章为精细化学品获取实验，共28个实验；第3章为精细化工制剂成型实验，共29个实验；第4章为现代分离与分析技术实验，共33个实验；第5章为综合与设计型实验，共19个实验。全书实验内容以日用化学品和表面活性剂及现代分离与分析技术为重点，大部分实验内容具有很强的实用性，学生可以通过实验达到理论联系实际的目的，提高实验技能及发现问题、分析问题和解决问题的能力，初步具备独立开展实验工作的能力，为今后从事生产和相关领域的科学研究与技术开发工作打下必要的坚实基础。

　　本书由营口理工学院高爽（实验46～54、实验67～78、实验84、实验88～96、实验102～104）、吴晓（实验105、实验106）、陈红（实验35、实验36）、赵小龙（实验16～20、实验98～100）、朱宝伟（实验23、实验101）、于悦（实验1～14、实验28～33、实验38～44、实验58～65、实验81～83）、李闯（实验79、实验86）、郝爱军（实验107、实验108）、左修源（实验80、实验109），天津科技大学张晨曦（实验21、实验22、实验56、实验57）、陆福泰（实验24～27），河南农业大学李鑫（实验15、实验34、实验37、实验45、实验55、实验66、实验85、实验87、实验97）和宿州学院周丹红（第1章）共同编写。全书主要由高爽策划、组织、统稿和审核。本书在编写过程中参考了有关专家的文献，在此表示最衷心的感谢！

　　限于编者学识水平和经验，书中难免存在不妥之处，恳请有关专家和读者批评指正。

编　者

目　　录

第1章 实验基础知识

化学实验室中存在各种潜在的危害因素。这些潜在的危害因素可能引发各种事故，造成环境污染和人体伤害，甚至可能危及人身安全。

实验室安全技术和环境保护对开展科学实验有着重要意义，我们不但要掌握这方面的知识，而且应该在实验中加以重视，防患于未然。

本章主要根据应用化学专业实验中存在的危险因素，对防火、防爆、防毒、防触电等安全操作知识及防止环境污染等内容做基本介绍。

一、开设应用化学专业实验的目的

应用化学专业实验是为应用化学专业开设的实验，是以无机化学、有机化学、仪器分析、分析化学、电化学等为基础而开设的专业实验课程，是巩固和补充课堂讲授的理论知识的必要环节。学生通过完成实验，初步学会从事化学科学研究的一般方法，培养较强的仪器操作技能、收集和处理信息的能力、观察能力、实验能力、思维能力和解决实际问题的能力，培养实事求是的科学精神。同时，应用化学专业实验可使学生进行较全面的、严格的、系统的科研训练，了解实验研究的一般方法，亲身体验科学研究的艰苦性和长期性，培养出热爱科学的情感。另一方面，研究型实验可以使学生尽早接触科学研究工作，使他们的创新意识、创新精神和创新能力在实践中得到培养和提高。

应用化学专业实验的主要目的是通过实验教学，验证所学原理，巩固和加深对所学知识的理解，了解和掌握常见测试技术的基本方法，从而能够根据所学原理设计实验，正确选择和使用仪器，锻炼观察现象、记录数据、处理数据、分析实验结果的能力，培养严格认真、实事求是的科学态度和作风，锻炼灵活运用理论知识的能力。

二、实验要求和成绩评定

应用化学专业实验是本着全面培养和提高学生应用化学专业综合实验能力的宗旨而开设的课程，它不局限于对理论知识的验证，而是从基础知识、基本训练到设计性实验、综合实验和研究性实验，循序渐进地引导学生从掌握最基本的电化学实验技术到熟练进行综合设计，全面提高学生的独立工作能力。

要做好应用化学专业实验，应做到以下几点。

（1）实验前认真预习，明确本次实验的目的和要求，阅读实验教材及其他参考资料中的有关内容，理解实验基本原理，了解实验步骤和注意事项，做到心中有数。并根据实验内容，撰写预习报告，设计数据记录表格，查找相关数据，以便能够及时准确地记录实验现象和有关数据。

（2）严格按照操作规范进行实验。认真学习实验中涉及的各类仪器的性能、使用方法、操作技巧等相关知识。在实验中遇到困难和故障时，不要慌乱，要设法弄清原因并及时排除。若实验失败，要检查原因，经指导教师同意，重做实验。

（3）尊重事实，准确记录。做好实验记录是实验中的一个基本要求。实验记录要真实地反映实验操作和实验结果，如实记录实验中的重要操作、发生的现象和实验数据等。

（4）认真填写实验报告。在报告中对实验现象进行合理分析，弄清实验现象发生的原因，加以解释并得出结论。整理实验数据，根据实验数据进行计算，完成实验报告。

三、实验室安全知识

（一）实验室常用危险品的分类

化学实验室常有易燃物质、易爆物质及有毒物质，归纳起来主要有以下几类。

1. 易燃气体

凡遇火、受热或与氧化剂接触能引起燃烧或爆炸的气体称为易燃气体，如氢气、甲烷、乙烯、煤气、一氧化碳等。

2. 易燃液体

易燃烧且在常温下呈液态，具有挥发性，闪点低的物质称为易燃液体，如乙醚、丙酮、汽油、苯、乙醇等。

3. 易燃固体

凡遇火、受热、撞击、摩擦或与氧化剂接触能着火的固体称为易燃固体，如木材、油漆、石蜡、合成纤维、五硫化二磷、三硫化磷等。

4. 易爆物质

在热力学上很不稳定，受到轻微摩擦、撞击、高温等因素的激发而发生激烈的化学变化，在极短时间内放出大量气体和热量，同时伴有热和光等效应发生的物质称为易爆物质，如过氧化物、氮的卤化物、硝基或亚硝基化合物、乙炔类化合物等。

5. 自燃物质

在没有任何外界热源的作用下，能自行发热和向外散热，当热量积蓄升温到一定程度而自行燃烧的物质称为自燃物质，如磁带、胶片、油布、油纸等。

6. 遇水燃烧物质

当吸收空气中水分或接触水时，会发生剧烈反应，并放出大量可燃气体和热量，达到燃点而引发燃烧和爆炸的物质称为遇水燃烧物质，如活泼金属钾、钠、锂及其氢化物等。

7. 混合危险性物质

两种或两种以上性能抵触,且混合后发生燃烧和爆炸的物质称为混合危险性物质,如强氧化剂(重铬酸盐、氧气、发烟硫酸等)与还原剂(苯胺、醇、有机酸、油脂、醛等)。

8. 有毒物质

某些侵入人体后在一定条件下破坏人体正常生理机能的物质称为有毒物质。有毒物质可分为以下几种。

(1) 窒息性毒物:氮、氢、一氧化碳等。

(2) 刺激性毒物:酸的蒸气、氯气等。

(3) 麻醉性毒物或神经毒物:芳香化合物、醇、苯胺等。

(4) 其他毒物:对人体作用不能归入上述三类的有毒物质。

(二) 防燃、防爆的措施

1. 有效控制易燃易爆物质

部分易燃气体和蒸气的爆炸极限见附录 1。化学实验室防燃防爆,最根本的措施是控制易燃物和易爆物的用量和蒸气浓度。

(1) 控制易燃易爆物质的用量。原则上是用多少取多少,不用的物质要存放在安全的地方。

(2) 加强室内通风。主要是控制易燃易爆物质在空气中的浓度,一般要小于或等于爆炸下限的 1/4。

(3) 加强密闭性。在使用和处理易燃易爆物质(气体、液体、粉尘)时,加强容器、设备、管道的密闭性,防止泄漏。

(4) 充惰性气体。在爆炸性混合物中充惰性气体,可缩小甚至消除爆炸范围和制止火势的蔓延。

2. 消除引火源

(1) 管理好明火及高温表面引火源,在有易燃易爆物质的场所严禁明火(如电热板、开式电炉、电烘箱、马弗炉、煤气灯等)及白炽灯。

(2) 严禁在实验室内吸烟。

(3) 避免摩擦和冲击过程中产生过热甚至发生火花。

(4) 严禁各类电气火花,包括高压电火花、电弧、电接点微弱火花等。

(三) 消防措施

消防措施有以下几种。

1. 隔离法

将火源处或周围的可燃物撤离或隔开,由于燃烧区缺少可燃物,燃烧即可停止。

2. 冷却法

降低燃烧物的温度,使其在燃烧物燃点以下,是灭火的主要手段。常用冷却剂是水和干冰。

3. 窒息法

冲淡空气,使燃烧物得不到足够的氧而熄灭,如用黄沙、石棉毯、湿麻袋、二氧化碳、惰性气体覆盖等。但易爆物起火不能用覆盖法,否则会阻止气体的扩散而增强爆炸的破坏力。

（1）灭火器材的种类和选择:灭火时必须根据火灾的大小、燃烧物的类别及环境情况选用合适的灭火器材(附录 2)。通常实验室发生火灾时按下述顺序选择灭火器材:二氧化碳灭火器、干粉灭火器、泡沫灭火器。

（2）灭火器材的使用方法。

①拿起软管,将喷嘴对着火源,拔出保险销,用力压下并抓住杠杆压把,灭火剂即喷出。

②用完后要排除剩余压力,待重新装入灭火剂后备用。

（四）有毒物质的基本预防措施

实验室中多数化学药品都具有毒性,几种常用的有毒物质的最高允许浓度见附录 3。有毒物质侵入人体有三种途径:经皮肤、经消化道、经呼吸道。因此,只要依据有毒物质危害程度的大小采取相应的预防措施,即可防止其对人体的危害。

（1）使用有毒物质时戴上防毒面具、橡皮手套,有时需要穿防毒服。

（2）实验室内严禁吃东西,离开实验室时应洗手,若面部或身体被污染,必须进行清洗。

（3）实验装置尽可能密闭,防止事故发生。

（4）采取通风、排毒、隔离等安全防范措施。

（5）尽可能用无毒或低毒物质替代高毒物质。

（五）电气对人体的危害及其防护

电气事故与一般事故的差异在于,电气事故往往在没有预兆的情况下瞬间发生,且造成的伤害较大,甚至危及生命。电伤可分为内伤与外伤两种,可单独发生,也可同时发生。因此,掌握一定的电气安全知识是十分必要的。

1. 电伤危险因素

电流通过人体某一部分即为触电。触电是最直接的电气事故,常常是致命的。其伤害的大小与电流强度、触电作用时间及人体的电阻等因素有关。实验室常用的电器使用的是电压为 220～380 V,频率为 50 Hz 的交流电,人体的心脏每跳动一次有 0.1～0.2 s 的间歇时间,此时对电流最为敏感。因此,当电流经人体脊柱和心脏时其危害极大。电流和电压对人体的影响见附录 4 和附录 5。

人体的电阻分为皮肤电阻(潮湿时约为 2000 Ω,干燥时约为 5000 Ω)和体内电阻(150~500 Ω)。随着电压增大,人体电阻相应减小。触电时会因皮肤破裂而使人体电阻骤然减小,此时通过人体的电流即随之增大而危及生命。

2．防止触电注意事项

(1) 电气设备要有可靠接地线,一般要用三孔插座。

(2) 一般不带电操作。特殊情况下需带电操作时,必须穿绝缘胶鞋并戴橡皮手套等防护用具。

(3) 安装漏电保护装置。一般规定其动作电流不超过 30 mA,切断电源时间应少于 0.1 s。

(4) 实验室内严禁随意拖拉电线。

(5) 对使用高电压、大电流的实验,至少需两人进行操作。

(六) 压力容器安全技术

压力容器一般可分为两大类:固定式及移动式。实验室常用的固定式压力容器有反应釜、管式反应器、无梯度反应器及压力缓冲器等。移动式压力容器主要是高压气体钢瓶等。压力容器的等级分类见附录 6。

1．高压气体钢瓶的安全使用

高压气体钢瓶是实验室常用的一种移动式压力容器,一般由无缝碳素钢或合金钢制成。高压气体钢瓶适合装压强在 15 MPa 以下的气体或常温下与饱和蒸气压相平衡的液化气体。由于高压气体钢瓶流动性大,使用范围广,若不加以重视,往往容易引发事故。

高压气体钢瓶按所充气体不同,涂有不同的标记以示识别,有关特征见附录 7。

2．高压气体钢瓶的安全使用

(1) 氧气钢瓶、可燃气体钢瓶应避免日晒,禁止靠近热源,离电源至少 5 m,室内严禁明火。高压气体钢瓶直立放置并加固。

(2) 搬运高压气体钢瓶应套好防护帽,不得摔倒和撞击,防止撞断阀门而引发事故。

(3) 氢气、氧气减压阀由于结构不同,丝扣相反,不准改用。氧气钢瓶阀门及减压阀严禁黏附油脂。

(4) 开启高压气体钢瓶时,操作者应侧对气体出口,在减压阀与高压气体钢瓶接口处无漏情况下,应首先打开高压气体钢瓶阀,然后调节减压阀。关气时应先关闭高压气体钢瓶阀,放尽减压阀中余气,再松开减压阀螺杆。

(5) 高压气体钢瓶内气体(液体)不得用尽。液化气钢瓶余压为 0.3~0.5 MPa,高压气体钢瓶余压为 0.5 MPa 左右,防止其他气体倒灌。

(6) 领用高压气体钢瓶(内存可燃、有毒的气体)时应先通过感观和异味来检查其是否泄漏。可用皂液(氧气钢瓶不可用此方法)及其他方法检查高压气体钢瓶是否泄漏,若有泄漏,应拒绝领用。在使用过程中发生泄漏时,应关紧高压气体钢瓶阀,注明漏点,并由专业人员处理。

(七) 实验事故的应急处理

实验操作过程中可能发生火灾、烫伤、中毒、触电等事故,在紧急情况下必须在现场立即进行应急处理,以减小损失,不允许擅自离开而造成更大的危害。

(1) 应选用合适的消防器材及时灭火。当电器发生火灾时,立即切断电源,并及时灭火。特殊情况下不能切断电源时,不能用水灭火,以防二次事故发生。若火势较大,应立即报告消防队,并说明情况。

(2) 由于设备泄漏等原因使易燃易爆物质逸散在室内,不可随意切断电源(包括仪器设备上的电源开关)。有时因通风设备没打开,一旦发生上述事故,欲加强通风而推上电源开关,这是非常危险的。某些仪器设备是非防爆型的,启动开关瞬间发生的微弱火花,可引发出一场原可避免的重大事故。应该打开门窗进行自然通风,切断相邻室内的火源,及时疏散人员,条件允许时可用惰性气体冲淡室内气体,同时立即报告消防队进行处理。

(3) 中毒事故一般应急处理方法。某种物质侵入人体而引发机体障碍,即发生中毒事故时,应在现场做必要处理,同时应尽快送医院或请医生诊治。

①急性呼吸系统中毒。立即将患者转移到空气新鲜的地方,解开衣服,使身体舒展。若患者呼吸能力减弱,马上进行人工呼吸。

②肠胃中毒时,为降低胃中药品浓度,延缓有毒物质的侵害速度,可口服牛奶、淀粉糊、橘子汁等。也可用 3%～5% 小苏打溶液或 1:5000 高锰酸钾溶液洗胃,可用手指、筷子等压舌根进行催吐。

③皮肤、眼、鼻、咽喉受毒物侵害时,应立即用大量水进行冲洗。尤其当眼睛被有毒物质侵害时,不要使用化学解毒剂,以防造成重大伤害。

(4) 烫伤或烧伤现场急救有两个原则。

①暴露创伤面。但要视实际情况而定,若覆盖物与创伤面紧贴或粘连时,切不可随意拉脱覆盖物,以防造成更大的伤害。

②冷却法。冷却水的温度在 10～15 ℃ 较为合适。当不能用水直接进行冷却时,可用经水润湿的毛巾包上冰片,敷于烧伤面上,但要注意经常移动毛巾以防同一部位过冷,同时立即送医院治疗。

(5) 发生触电事故的处理方法。

①迅速切断电源,如不能及时切断电源,应立即用绝缘体使触电者脱离电源。

②将触电者移至适当地方,解开衣服,使全身舒展,并立即找医生进行处理。

③若触电者处于休克状态等危急情况下,应立即实施人工呼吸及心脏按压,直至救护医生到达现场。

四、实验室环保知识

实验室排放废液、废渣、废气等,即使量不大,也要避免不经处理而直接排放到河流、下水道和大气中,以免危害自身或危及他人健康。

(1)实验室药品及中间产品必须贴上标签,注明物质名称,防止误用或因情况不明导致处理不当而发生事故。

(2)绝对不允许用嘴吸取移液管液体,应该用洗耳球吸取。

(3)处理有毒或带有刺激性的物质时,必须在通风橱内进行,防止这些物质散逸在室内。

(4)实验室的废液应根据其性质不同而分别集中在废液桶内,粘贴明显的标签,便于废液的处理。

(5)在集中废液时要注意,有些废液是不可以混合的,如过氧化物和有机物、铵盐与碱等。

(6)对接触过有毒物质的滤纸、器皿等,要分类收集后集中处理。

(7)一般的酸碱处理,必须用大量水稀释,才能排放到地下水槽。

(8)在处理废液、废渣、废气时,一般都要戴上防护眼镜和橡皮手套。处理具有刺激性、挥发性的废液时,要戴上防毒面具,且在通风橱内进行。

第 2 章　精细化学品获取实验

实验 1　食品防腐剂丙酸钙的合成

一、实验目的

（1）熟悉食品防腐剂丙酸钙的制备方法。

（2）掌握利用减压浓缩方法获得水溶性固体的操作。

二、实验原理

水溶性食品防腐剂丙酸钙是白色晶体，无臭，微溶于乙醇，易溶于水，虽其防腐作用较弱，但因为它是人体正常代谢的中间物，故使用起来较安全。丙酸钙主要用于面包和糕点的防霉。

将丙酸与氧化钙、氢氧化钙或碳酸钙反应即可得丙酸钙，本实验按以下反应进行制备：

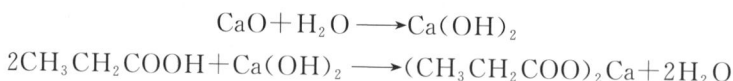

$$CaO + H_2O \longrightarrow Ca(OH)_2$$
$$2CH_3CH_2COOH + Ca(OH)_2 \longrightarrow (CH_3CH_2COO)_2Ca + 2H_2O$$

三、仪器与试剂

（1）仪器：搅拌器、滴液漏斗、三口烧瓶、温度计、加热套、冷凝管、圆底烧瓶、烘箱、抽滤瓶、布氏漏斗、水泵等。

（2）试剂：丙酸、氧化钙等。

四、实验步骤

（1）在装有搅拌器、冷凝管和滴液漏斗的 100 mL 三口烧瓶中，加入 6.0 mL 蒸馏水和 5.6 g（0.1 mol）氧化钙，搅拌，使反应完全，然后在搅拌下由滴液漏斗缓慢滴加 15 g（0.2 mol）丙酸。滴加完毕，取下滴液漏斗并装上温度计，温度计下端没入液面。利用加热套升温到 80~100 ℃ 并保温进行反应 3~3.5 h（当反应液 pH 为 7~8 时即为反应终点）。趁热过滤，得到丙酸钙溶液。将丙酸钙溶液移入圆底烧瓶中并组成减压蒸馏装置，加热减压浓缩到有大量细小晶粒析出为止，冷却，抽滤，烘干，得到白色晶体丙酸钙，质量约 15 g，产率约 80%。

（2）实验时间约为 6 h。

五、实验数据处理

（1）产品性状描述。

（2）计算产率，并填入表 2.1。

表 2.1　丙酸钙的合成实验记录

称取氧化钙的质量/g	理论上丙酸钙的质量/g	实际得到产品的质量/g	丙酸钙的产率/（%）

六、注意事项

（1）丙酸的滴加速度要缓慢。

（2）称量丙酸时，若不小心溅到皮肤上，要快速用水冲洗。

七、思考题

（1）如何控制反应的终点？

（2）理论产量、产率、转化率三者有何区别？

实验 2　从植物中提取天然香料

一、实验目的

（1）学习香料的基本知识和提取天然香料的实验方法。

（2）掌握水蒸气蒸馏法的操作。

二、实验原理

天然香料大多从植物中提取得到。植物中的天然香料有四种提取方法，即水蒸气蒸馏法、压榨法、浸提法和吸收法。吸收法不常见，下面详细介绍前三种方法。

（1）水蒸气蒸馏法：芳香化合物多数具有挥发性，可以随水蒸气逸出，冷凝后因其水溶性很低而易与水分离，因此水蒸气蒸馏法是提取植物中天然香料应用最广的方法。但由于提取温度较高，某些芳香化合物分子可能被破坏，香气或多或少会受到影响，所以，由水蒸气蒸馏法所得到的香料的留香性和抗氧化性一般较差。

（2）压榨法：用压榨法可从果实（如柠檬、柑橙等）中提取芳香油。此类果实的香味成分包藏在油囊中，用压榨机械将其压破即可将芳香油挤出，经分离和澄清可得到芳香油。压榨法通常在常温下进行，芳香油中的成分很少被破坏，因而可以保持天然香味。但制得的油常带颜色，而且含有蜡质。

（3）浸提法（萃取法）：适用于组分受热易被破坏和易溶于萃取剂的香料。目前浸提法主要用于从鲜花中提取浸膏和精油。浸提法通常是将鲜花置于密封容器内，用有机溶剂冷浸一段时间，然后将溶剂在适当减压下蒸馏回收，得到鲜花浸膏。这样得到的香料，其香气成分一般比较齐全，留香持久，但也含色素和蜡质，并且水溶性较差。必要时，浸提法可在适当加热的条件下进行。

三、仪器与试剂

所需仪器与试剂取决于所选的实验内容，可根据实验方法确定。

四、实验步骤

1. 水蒸气蒸馏法提取姜油

称取生姜 50 g，洗净后先切成薄片，再切成小颗粒，放入 250 mL 圆底烧瓶中，加入 50 mL 水和 2～3 粒沸石。圆底烧瓶上装有恒压滴液漏斗，漏斗上装有冷凝管。将漏斗下端旋塞关闭，加热使烧瓶内的水保持较剧烈的沸腾，水蒸气夹带着姜油蒸气沿着恒压滴液漏斗的支管上升进入冷凝管。从冷凝管回流下来的冷凝水和姜油被收集在恒压滴液漏斗中，冷凝液在漏斗中分离成油、水两层。每隔适当的时间将漏斗下端旋塞拧开，把下层的水排入烧瓶中，姜油则总是留在漏斗中。如此重复操作多次，经 2～3 h 后，降温，将漏斗内下层的水尽量分离出来，余下的姜油则作为产物移入回收瓶中保存。

用松针、香茅草、胡椒、柠檬叶、桉叶等代替生姜，可得到相应的清油，只是产率各不相同。

实验时间为 3.5 h。

2. 压榨法提取橙油

将新鲜的柑橘皮的里层朝外，晒干或晾干(1～2 天)备用。取干燥柑橘皮 200 g，切成小颗粒，放入研钵中研烂，尽量将油水挤出(有条件的可用小型压榨机)。将榨出物用布氏漏斗抽滤，滤渣用少量水冲洗 1～2 次，抽滤至干。合并所有的油水混合物并将其移入试管中，用高速离心机进行离心分离。5 min 后停机，将橙黄的油层用吸管吸出。残液应适当加水进行搅拌后，再重复上述操作，离心分离一次。将两次得到的橙油合并，得到粗橙油。将粗橙油中上层清油吸出，得到质量较好的压榨橙油。

实验时间为 3 h。

3. 浸提法提取茉莉花油

取茉莉花，平面铺开，风干一天备用。

称取 30 g 茉莉花，装入 500 mL 锥形瓶中，加入约 400 mL 沸点为 30～60 ℃ 的石油醚，以浸没全部茉莉花为度。塞好后静置 24 h 以上，然后将浸提液移入圆底烧瓶中，水浴加热回收溶剂。为降低蒸馏温度，可使用水流喷射泵适度减压进行蒸馏(最好在旋转蒸发器中蒸馏)，赶走大部分溶剂后，降温，将残余物移入小烧瓶内，继续用油浴加热直至蒸除全部溶剂。冷却后可得到油状或软膏状产物。新采摘的鲜花不经风干同样可用于浸提,但会带入更多的水分。

实验时间为 3 h(不含静置和浸提时间)。

4. 折射率的测定

使用阿贝折光仪对产品进行折射率的测定。

五、注意事项

注意烧瓶中液体的量,不要蒸干烧瓶内的液体。

六、思考题

(1) 植物中的天然香料通常有几种提取方法?

(2) 如何提高天然香料的产率?

实验 3　单硬脂酸甘油酯的合成

单硬脂酸甘油酯又称甘油单硬脂酸酯或硬脂酸单甘油酯,是甘油分子的三个羟基中有一个羟基与硬脂酸酯化生成的产物,属非离子型表面活性剂。甘油与硬脂酸生成的单硬脂酸甘油酯有两种异构体,熔点分别为 81.5 ℃ 和 74.4 ℃,一般制品的熔点为 56~57 ℃,碘值为 3~4,pH 为 9.3~9.7(3%),在冷水中不溶,可分散于热水中,能溶于乙醇、植物油和矿物油中,单硬脂酸甘油酯对人体没有毒性,主要作为乳化剂广泛应用于工业中。

一、实验目的

(1) 学习非离子型表面活性剂的知识及合成路线选择。

(2) 掌握酯化反应的实验操作。

二、实验原理

本实验的反应原理如下:

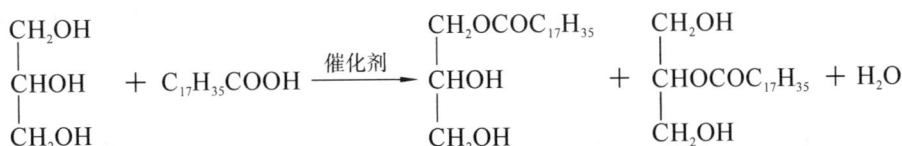

$$\begin{array}{c}CH_2OH\\|\\CHOH\\|\\CH_2OH\end{array} + C_{17}H_{35}COOH \xrightarrow{\text{催化剂}} \begin{array}{c}CH_2OCOC_{17}H_{35}\\|\\CHOH\\|\\CH_2OH\end{array} + \begin{array}{c}CH_2OH\\|\\CHOCOC_{17}H_{35}\\|\\CH_2OH\end{array} + H_2O$$

三、仪器与试剂

(1) 仪器:电动搅拌器、温度计、锥形瓶、冷凝管、三口烧瓶、烘箱等。

（2）试剂：丙三醇、杂多酸、乙醇、酚酞、氢氧化钾、硬脂酸、二甲苯、HCl 标准溶液、无水硫酸钠等。

四、实验步骤

单硬脂酸甘油酯的制备。

在装有电动搅拌器、温度计和冷凝管的三口烧瓶中，加入 25 g 硬脂酸，18 mL 甘油及 0.5 g 杂多酸，剧烈搅拌 2 h，冷却后滤去固体，滤液用 50 mL 水分 3 次洗涤，经无水硫酸钠干燥，得到单硬脂酸甘油酯粗品。再中和、水洗、减压，在压力为 220 mmHg（约 29 kPa）下搅拌加热，调节蒸馏温度至 140 ℃，此时烧瓶中温度为 220 ℃。保持烧瓶中温度不变，而蒸馏温度降低时，表明溶剂已除尽，停止加热，冷却至 70～80 ℃停止减压。加入热水 200 mL，趁热振荡后，静置分层，分出油层，重复几次操作。放入烘箱中烘干破乳，得到的油相即为产品。

酸值：中和 1 g 样品中游离脂肪酸所需要消耗 KOH 的毫克数。

取两份 3～5 g 样品分别加到 2 个锥形瓶中，加 50 mL 二甲苯-乙醇混合液摇匀，加入 3 滴酚酞指示剂，用 KOH 标准溶液滴定至溶液呈粉红色。

$$酸值 = V_{KOH} \times c \times 56.11/m$$

式中，V_{KOH} 为消耗 KOH 标准溶液的体积，mL；c 为 KOH 标准溶液的浓度，mol/L；m 为样品质量，g；56.11 是 KOH 的相对分子质量。

皂化值：在规定条件下皂化 1 g 样品所需要 KOH 的毫克数。

原理：用 KOH-C_2H_5OH 在回流条件下煮沸样品，接着用 HCl 标准溶液滴定过量的 KOH。

称取 1.5 g 样品，以 0.5 mol/L KOH 溶液（25 mL）和 95% 乙醇（25 mL）为溶剂，(85±2)℃水浴加热，回流 1 h，关闭加热，加入酚酞指示剂数滴，用 0.5 mol/L HCl 标准溶液滴定，终点为红色褪去。

同时做空白实验，计算皂化值。

$$皂化值 = (V_1 - V_2) \times c_{HCl} \times 56.11/m$$

式中：V_1 是空白实验消耗 HCl 标准溶液的体积，mL；V_2 为样品消耗 HCl 标准溶液的体积，mL；c_{HCl} 是盐酸的浓度，mol/L；m 是样品质量，g；56.11 是 KOH 的相对分子质量。

KOH-C_2H_5OH 溶液浓度为 0.5 mol/L。

注：测量皂化值时，如果样品为浅色用酚酞作指示剂，样品为深色用百里酚酞作指示剂，终点的颜色变化为蓝绿色转为黄色。

五、实验数据处理

测定产品的酸值和皂化值，并填入表 2.2。

表 2.2　酸值和皂化值的测定实验记录

序号	酸值	皂化值	外观
1			
2			
3			

六、注意事项

需要控制好实验的温度,且搅拌要充分。

七、思考题

(1) 单硬脂酸甘油酯的合成实验中,应注意哪些问题?

(2) 单硬脂酸甘油酯的合成主要有几条路线?

(3) 如何提高单硬脂酸甘油酯的含量?

实验 4　茶叶中咖啡因的提取

一、实验目的

(1) 学习从茶叶中提取咖啡因的基本方法,了解咖啡因的一般性质。

(2) 掌握用索氏提取器提取有机物的原理和方法。

(3) 进一步熟悉萃取、蒸馏、升华等基本操作。

二、实验原理

咖啡因,又名咖啡碱、茶素,具有刺激心脏、兴奋大脑神经和利尿等作用,可用作中枢神经兴奋药。它是阿司匹林等药物的组分之一。咖啡因易溶于氯仿、水及乙醇等。含结晶水的咖啡因为无色针状晶体,在 100 ℃时即失去结晶水,并开始升华,在 120 ℃发生明显升华,178 ℃升华很快。

茶叶中含咖啡因,占比为 1%~5%,还含有 11%~15% 的单宁酸,0.6% 的色素、纤维素、蛋白质等。为了提取茶叶中的咖啡因,可用适当的溶剂(如乙醇等)在索氏提取器中进行连续萃取,然后蒸去溶剂,即得粗咖啡因。粗咖啡因中还有其他生物碱和杂质(如单宁酸等),可利用升华法进一步提纯。咖啡因常见的物理常数见表 2.3。

表 2.3　咖啡因常见的物理常数

名称	相对分子质量	性状	相对密度	熔点/℃	沸点/℃	溶解性		
						水	醇	醚
咖啡因	194.19	白色针状或粉状晶体	1.2	234.5	178(升华)	微溶	微溶	不溶

三、仪器与试剂

(1) 仪器:圆底烧瓶、虹吸管、冷凝管、蒸馏头、量筒、天平、水浴锅、索氏提取器、移液管、温度计、蒸发皿、玻璃三角漏斗、烧杯等。

(2) 试剂:茶叶、乙醇、水杨酸、甲苯、石油醚、生石灰粉、沸石等。

四、实验步骤

(1) 将一张长、宽各 12~13 cm 的方形滤纸卷成直径略小于索氏提取器提取腔内径的滤纸筒,一端用棉线扎紧。在筒内放入 10 g 茶叶,压实。在茶叶上盖一张小的圆滤纸,将滤纸筒上口向内折成凹形。将滤纸筒放入提取腔中,使茶叶装载面低于虹吸管顶端。装上冷凝管,在圆底烧瓶中放入数粒沸石,将装置竖直安装在铁架台上。自冷凝管顶端注入 95% 乙醇,至提取腔中的液面上升至与虹吸管顶端相平齐并开始发生虹吸时再多加入约 10 mL 95% 乙醇,共用乙醇 80~100 mL。

(2) 用水浴加热圆底烧瓶。乙醇沸腾后蒸气经侧管升入冷凝管,冷凝形成的液体滴入滤纸筒中。当液面升至与虹吸管顶端相平齐时即经虹吸管流回圆底烧瓶中。连续提取 2 h,至提取液颜色很淡时为止。当最后一次虹吸刚刚过后,立即停止加热。

(3) 稍冷后改成蒸馏装置。水浴加热蒸出大部分乙醇。将瓶中残液趁热倒入蒸发皿中,加入 3~4 g 研细的生石灰粉末,拌匀。将蒸发皿放在一个大小合适并装有适量水的烧杯口上,用气浴蒸干,再移至石棉网上用小火焙炒片刻,勿使水分全部除去。

(4) 稍冷后小心擦去沾在边壁上的粉末,以免污染产物。用一张刺有许多小孔的圆滤纸平罩在蒸发皿内,使滤纸离被蒸物约 2 cm,在滤纸上倒扣一个大小合适的玻璃三角漏斗,漏斗尾部塞上一小团脱脂棉(不要太紧)。在石棉网上铺放厚约 2 mm 的细沙,将蒸发皿移放在沙上。

(5) 用小火缓缓加热升华(指固态物质不经液态直接转变成气态的现象,是物理变化),当滤纸孔上出现许多白色毛状结晶时,暂停加热。自然冷却后取下漏斗,小心揭开滤纸,用小刀仔细地将滤纸上下两面析出的晶体刮在表面皿上。将蒸发皿中的残渣轻轻翻搅后重新盖上滤纸和漏斗,用较大的火焰加热使升华完全。合并两次所得晶体,称重。

产量一般为 70 ～ 130 mg，最高经验产量为 210 mg，熔点为 236 ～ 238 ℃。

（6）在试管中加入 40 mg 自制咖啡因，再加入 30 mg 水杨酸和 2.5 mL 甲苯，水浴加热溶解，然后加入 1.5 mL 石油醚（60 ～ 90 ℃），振摇混合后用冷水浴冷却，应有晶体析出。若无，用玻璃棒或刮刀摩擦管内壁诱导结晶。干燥后测定熔点，以作为咖啡因的确证。

五、实验数据处理

进行数据量值的计算，并将结果填入表 2.4。

表 2.4　量值的计算实验记录

项目	理论上咖啡因的质量/g	滤纸的质量/g	滤纸与产品的总质量/g	产品质量/g	产率/(%)
量值					

六、注意事项

（1）当套筒内萃取液颜色较浅时，即可停止萃取。

（2）浓缩萃取液不可蒸得太干，否则因残留液黏度较大从而难以转移，造成损失。

（3）拌入生石灰要均匀，生石灰的作用除吸水外，还可中和除去部分酸性杂质。

（4）看到晶体后一定要自然冷却至 100 ℃ 左右。

（5）若滤纸筒过细，则茶叶装载面会高于虹吸管顶端，高出部分不能被充分提取。若滤纸筒过粗，则取放不方便，所以滤纸筒直径应以略小于提取腔内径为宜。

（6）使用索氏提取器时应注意保护侧面的虹吸管，勿使其破损。

（7）如果最初所用的乙醇为 80 mL，则蒸出乙醇约 55 mL，瓶中残液呈浓浆状，以能倒出来为宜。若残液过浓，可尽量倒净，然后用约 1 mL 馏出液润洗烧瓶，洗出液也并入蒸发皿中。

（8）焙炒时应注意加热强度，并充分翻搅，既要确保炒干，又要避免炒焦或升华损失，炒干后应呈松散的灰绿色粉末状。

（9）滤纸安放太高，咖啡因蒸气不易升入滤纸以上结晶；安放太低，则易受色素等杂质污染。所以滤纸安放高度应适宜。

（10）本实验的关键操作是在整个升华过程中都需用小火间接加热。若温度太高，会使产品发黄；温度太低，咖啡因会在蒸发皿内壁上结晶，与残渣混在一起。

（11）若升华仍未完全，可多次升华，直至完全。

七、思考题

（1）本实验中使用生石灰的作用有哪些？

（2）除可用乙醇萃取咖啡因外，还可用哪些溶剂萃取？

（3）从茶叶中提取出的粗咖啡因有绿色光泽，为什么？

（4）满足什么条件的固体有机物，才能用升华法进行提纯？

（5）在进行升华操作时，为什么只能用小火缓慢加热？

实验 5　食品抗氧化剂 BHT 的制备

一、实验目的

（1）掌握食品抗氧化剂的作用原理。

（2）掌握二丁基羟基甲苯（BHT）的合成原理和实验中所用到的实验方法。

二、实验原理

食品加工、运输和贮存过程中，为了防止发生不必要的物理变化、化学变化、酶及微生物的作用等，引起食品色、香、味异常，营养成分被破坏损失，甚至腐败变质，常常需要使用食品保护剂。食品保护剂包括防腐剂、抗氧化剂、保色剂、保香剂、涂膜剂等。

空气中的氧气会引起某些食品变质（如油脂变膻，是组成油脂的不饱和脂肪酸被氧化所致）。氧化还会使果蔬失去维生素 C（变为褐色），或破坏其他维生素。有些食品在加工过程中，与空气接触面增大，更易被氧化。为了防止食品被氧化，可以加入少量允许使用的抗氧化剂。

抗氧化剂是能阻止自动氧化反应过程的化合物。自动氧化会在有机物中引入氧原子，从而引起食物、橡胶和其他物质发生氧化降解。

自动氧化的主要反应包括自由基反应和链反应，主要步骤如下。

引发阶段：

$$RH + X \cdot \longrightarrow R \cdot + HX \tag{1}$$

链传递（或链增长）阶段：

$$R \cdot + O_2 \longrightarrow RO_2 \cdot \tag{2}$$

$$RO_2 \cdot + RH \longrightarrow RO_2H + R \cdot \tag{3}$$

$$RO_2H \longrightarrow RO \cdot + \cdot OH \tag{4}$$

在这个过程中重要的中间体是过氧基 $RO_2 \cdot$ 和氢过氧化物 RO_2H。反应方程式（4）中的氢过氧化物的分解为反应方程式（1）提供了更多的自由基，并会产生多种最终产物。一些不饱和食用油脂，在脂肪链中含有双键，对自动氧化很敏感，因为它们会形成相对稳定的烯丙基自由基。

自动氧化会引起食物失鲜和变质，但在有些情况下，这些反应又是人们所需要的。例如亚麻仁油和桐油的固化，常用于生产油漆和印刷油墨。

例如,2-叔丁基-4-甲氧基苯酚和 2,6-二叔丁基-4-甲基苯酚是两种无毒的酚,可以用作食品添加剂。它们可作为抗氧化剂,分别称为 BHA 和 BHT,俗名分别为丁基羟基茴香醚和二丁基羟基甲苯。

用具有高活性的对甲苯酚与叔丁醇、硫酸发生烷基取代反应,制备 BHT,分子式为 $C_{15}H_{24}O$。

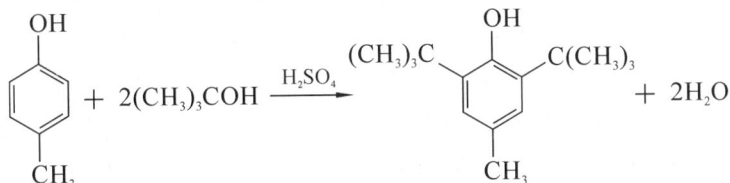

$$\text{对甲酚} + 2(CH_3)_3COH \xrightarrow{H_2SO_4} (CH_3)_3C\text{-}苯酚\text{-}C(CH_3)_3 + 2H_2O$$

在工业生产中,则使用异丁烯和三氟化硼来实现烷基化。

本实验中,要严格控制反应条件和反应物的物质的量之比,否则副产物会干扰 BHT 的分离。例如,把硫酸的浓度由 96% 降到 75%,很可能单取代的 2-叔丁基对甲苯酚会成为主产物。高强度的酸和过量的叔丁醇有利于二取代产物的生成,但过量的叔丁醇又会导致脱水反应,产生二异烯,使产物变得更加复杂。

三、仪器与试剂

(1) 仪器:气相色谱仪、锥形瓶、棕色容量瓶、磁力搅拌器、减压蒸馏装置、量筒、温度计、水浴锅、圆底烧瓶、毛细管、布氏漏斗、试管、显微熔点测定仪、紫外分光光度计、烧杯等。

(2) 试剂:叔丁醇 ($d_r = 0.79$)、对甲苯酚、冰乙酸、浓硫酸、氢氧化钾、甲基叔丁基醚、无水硫酸钠、甲醇、亚麻仁油、丙酮、无水乙醇等。

四、实验步骤

(1) 在一个干燥的 50 mL 锥形瓶中放入 2.16 g 对甲苯酚,1 mL 冰乙酸和 5.6 mL 叔丁醇(熔点为 26 ℃,量取前应先加热到 30～35 ℃,并且量具也应微热,以免凝固)。当对甲苯酚溶解后,把锥形瓶放到冰水浴中冷却,并置于磁力搅拌器上。边搅拌边滴加 5 mL 浓硫酸。如果溶液产生粉红色,就停止加入浓硫酸,直到颜色消失后再滴加,溶液颜色要保持浅黄色。酸加完毕后,继续在冰水浴中搅拌 20 min。记录发生的变化。

(2) 取出锥形瓶,加入几块冰,然后加水充满锥形瓶。将混合物倒入分液漏斗中,用 30 mL 甲基叔丁基醚冲洗锥形瓶,并将甲基叔丁基醚溶液倒入分液漏斗中,用力振摇 1～2 min。待溶液分层后,除去下层的水层,分别用 10 mL 水和 10 mL 0.5 mol/L 氢氧化钾溶液洗涤留下的甲基叔丁基醚。用无水硫酸钠干燥甲基叔丁基醚溶液,用棉花塞滤除硫酸钠后,蒸发除去甲基叔丁基醚至体积大约 10 mL(注意不能有明火),转移至圆底烧瓶中,用少量甲基叔丁基醚冲洗锥形瓶,洗液倒入圆底烧瓶中,尽可能完全蒸去甲基叔丁基醚后,减压蒸馏除去二异丁烯(沸点为 101~105 ℃)。蒸出的二异丁烯会在冷凝管上冷凝为液体,可用纸擦去。

(3)冷却剩余的液体至室温,刮擦容器壁,使晶体析出,并用冰-盐水浴冷却,使结晶完全。收集晶体于布氏漏斗中的滤纸上,尽可能地将其中的油状母液压出后,称量粗产品质量。每克粗产品加约 2 mL 甲醇进行重结晶,收集产生的晶体,称量并测定其熔点。若熔点低,则再用甲醇进行重结晶,测定最后产品的产率和熔点。

(4)含量测定:BHT 的含量测定可用气相色谱法、紫外分光光度法等。紫外分光光度法中,可利用 BHT 与 α,α-联吡啶-三氯化铁生成的橘红色配合物在 520 nm 处有吸收峰来测定,也可利用 BHT 在 277~283 nm 处有吸收峰,直接用紫外分光光度法进行测定。本实验选用紫外分光光度法。

①标准曲线的绘制:将每毫升含 1 mg BHT 的标准溶液用无水乙醇稀释成每毫升含 10 g 的 BHT 标准溶液。分别移取标准溶液 0.0 mL、0.5 mL、1.0 mL、1.5 mL、2.0 mL、2.5 mL 于 10 mL 棕色容量瓶中,用乙醇稀释至刻度,摇匀,用紫外分光光度计于 280 nm 处测定吸光度,绘制标准曲线。

②样品测定:准确称取实验制得的产品 0.01 g,加入少量乙醇溶解后,在 100 mL 棕色容量瓶中,用无水乙醇定容。吸取此溶液 1 mL 再稀释到 100 mL,摇匀,用紫外分光光度计于 280 nm 处测定吸光度,并从标准曲线上查得相应 BHT 的浓度。

说明:BHT 遇光易分解,测定要在避光的条件下进行。食用油中的 BHT 可用水蒸气蒸馏法将它分离出来,溶解于乙醇中,也可用此法测定其中 BHT 的含量。其他食品中 BHT 的测定时,测定方法也相同,只是从食品中提取出来的方法不同。

(5)抗氧化剂特性实验:评价抗氧化效率的一个快速而直接的方法是利用亚麻仁油的干燥性。由于亚麻仁油中含有很高比例的亚麻酸,亚麻酸是由非共轭三烯单元构成的。刷油漆和印刷油墨时,若要求快速干燥,可加入少量氧化铅,加热时,引起双键的异构化和聚合,使其很快变干,所需时间只有未经处理的 1/6。反之,若存在一种有效的自氧化抑制剂,则变干过程被抑制。

在 4 个小试管中分别加入 0.5 mL 亚麻仁油,并准备好 1% BHT 丙酮溶液,按下列方法稀释亚麻仁油。1 号试管中加 0.5 mL 丙酮作为空白,2 号试管中加 0.25 mL 1% BHT 溶液和 0.25 mL 丙酮,3 号试管中加 0.5 mL 1% BHT 溶液,4 号试管中加 0.5 mL 对甲苯酚溶液。

在每份溶液中分别放一根开口毛细管,充分振摇直至溶液混合均匀。然后从每支试管中分别吸 2~3 滴溶液,放在显微镜载玻片上。

在 70~80 ℃下加热载玻片,20 min 后比较四个样品的流动性或黏度,并记录观察结果。也可在室温下放置数小时或第二天再进行比较。

计算产品中 BHT 的含量并评估抗氧化效果。

五、注意事项

在本实验中,对甲苯酚和浓硫酸,特别是后者,会灼伤皮肤,万一接触皮肤,应立即用大量水冲洗,并涂上碳酸氢钠溶液。

六、思考题

(1) 计算烃基化时所用的对甲苯酚和叔丁醇的物质的量之比。

(2) 二异丁烯(C_8H_{10})是两种同分异构体的混合物,它们是由丁醇与浓硫酸反应生成的,写出反应方程式和产物结构式。

实验 6　食品防腐剂尼泊金甲酯的制备

一、实验目的

(1) 熟悉尼泊金甲酯的制备方法。

(2) 掌握经典的酯化反应的操作。

二、实验原理

尼泊金甲酯的学名是对羟基苯甲酸酯,由于具有低毒性、几乎无味、无刺激性以及在较宽的 pH 范围内能保持较好的抗菌效果等优点,它成为在食品加工中应用较广的食品防腐剂。尼泊金酯类防腐剂均为无色晶体或白色粉末,主要品种及其熔点如下:尼泊金甲酯 125~128 ℃;尼泊金乙酯 115~118 ℃;尼泊金丙酯 95~98 ℃;尼泊金丁酯 67~70 ℃。合成尼泊金酯类防腐剂的反应方程式如下:

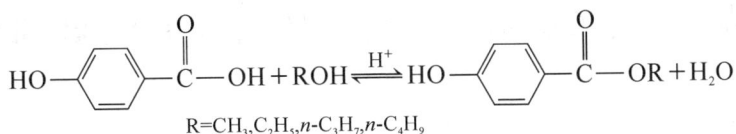

$$HO-\!\!\!\bigcirc\!\!\!-\overset{O}{\overset{\|}{C}}-OH + ROH \underset{}{\overset{H^+}{\rightleftharpoons}} HO-\!\!\!\bigcirc\!\!\!-\overset{O}{\overset{\|}{C}}-OR + H_2O$$

$$R = CH_3, C_2H_5, n\text{-}C_3H_7, n\text{-}C_4H_9$$

本实验以对羟基苯甲酸和甲醇为原料,用浓硫酸作催化剂,进行经典的酯化反应来制备尼泊金甲酯。

三、仪器与试剂

(1) 仪器:三口烧瓶、搅拌器、冷凝管、滴液漏斗、圆底烧瓶等。

（2）试剂：对羟基苯甲酸、甲醇、浓硫酸、氢氧化钠（50％溶液）、碳酸氢钠（10％溶液）、活性炭等。

四、实验步骤

在装有搅拌器、冷凝管和滴液漏斗的 250 mL 三口烧瓶中，放入 50.5 mL（40 g，1.25 mol）甲醇，搅拌下由滴液漏斗缓慢滴入 2.5 mL 浓硫酸，再加入 34.5 g（0.25 mol）对羟基苯甲酸，温热使固体全部溶解，再升温至轻微回流，保持 6 h。冷却至室温，用 50％氢氧化钠溶液调节 pH 至 6，蒸馏回收过量的甲醇。冷却，析出晶体，用 10％碳酸氢钠溶液调节 pH 至 7～8。抽滤，水洗结晶至洗液的 pH 为 6～7，晾置，烘干，得无色晶体尼泊金甲酯粗品约 33 g，产率约 85％。

将尼泊金甲酯粗品放入带有冷凝管的圆底烧瓶中，加入适量的甲醇，使在加热时尼泊金甲酯能全部溶解。冷却后加入适量的活性炭，微沸片刻，趁热过滤。滤液冷却结晶，抽滤，水洗，晾置，烘干，尼泊金甲酯精品熔点为 125～128 ℃。

根据反应方程式计算食品防腐剂尼泊金甲酯的产率。

五、注意事项

（1）除浓硫酸外，也可选用对甲基苯磺酸等有机强酸或强酸性阳离子交换树脂作催化剂。

（2）此酯化反应中，可用乙醇、丙醇或丁醇代替甲醇，分别制备尼泊金乙酯、尼泊金丙酯、尼泊金丁酯。

六、思考题

（1）试写出以对羟基苯甲酸和甲醇为原料合成尼泊金甲酯的反应机理。
（2）在此反应中，浓硫酸的作用是什么？
（3）还可以采用什么方法分离提纯尼泊金甲酯？

实验 7　皮革助剂——白色乳化蜡涂饰剂的制备

一、实验目的

（1）了解白色乳化蜡的主要组成和性能。
（2）掌握制备乳化蜡的方法、原理及工艺过程。

二、实验原理

（1）性质：乳化蜡作为重要的皮革助剂，具有填充、防黏、滑爽、上光、防水等多种功能，它可以使皮革手感柔软，涂层光泽自然，粒面细致，耐擦能力提高。

(2) 用途:主要用于皮革底、中、顶层涂饰,适合处理各种高档革(包括白色革),可单独使用,也可与丙烯酸类和聚氨酯类等多种涂饰剂配合使用。

(3) 原理:乳化蜡是以天然动物蜡为主,经非离子型表面活性剂及乳化剂乳化后,使得蜡均匀地分散于水中(O/W 型)而形成的稳定乳液(乳液粒径为 0.1~0.5 μm)。实验表明,单独选择一种蜡时,其被乳化的难易次序:微晶蜡>石蜡>蒙旦蜡>蜂蜡。随着含氧量和皂化值的增大,亲水性增强,易于乳化并分散于水中,而形成乳化蜡,乳化剂的最佳亲水亲油平衡值应为 11~13。

三、仪器与试剂

(1) 仪器:三口烧瓶、水浴锅、搅拌器、天平、温度计、pH 计等。

(2) 试剂:石蜡、蜂蜡、硬脂酸、OP-10、吐温-60、三乙醇胺等。

四、实验步骤

将石蜡 6 g 与蜂蜡 24 g 切成小块后放入三口烧瓶中,水浴加热,在蜡熔融时(85~95 ℃),加入 6 g 硬脂酸缓慢搅匀。

待石蜡与蜂蜡充分熔融时,依次加入 8 g OP-10 乳化剂,12 g 吐温-60 及 4 g 三乙醇胺,强烈搅拌 30 min 以上,使蜡充分地分散。

加入 40 g 95 ℃热水,强烈搅拌 30 min,使之形成凝胶,然后将剩余的 90 g 水在高速搅拌下缓慢加入,搅拌 30 min 即可。

描述产品的外观,检测产品的 pH。

五、注意事项

(1) 加热使石蜡熔融时,应用水浴加热,如直接以电炉(或明火)加热,则导致局部过热和变色分解。

(2) 加入热水进行乳化时,应高速搅拌,因为良好的搅拌有助于形成稳定的乳液。

六、思考题

(1) 乳化剂的类型及作用有哪些?

(2) 为什么制作好的乳化蜡应尽快使用?

实验 8　食品添加剂——磷酸酯淀粉的制备

一、实验目的

(1) 了解改性淀粉酯化反应的原理和方法。

（2）掌握磷酸酯淀粉的制备原理及工艺。

二、实验原理

（1）性能：磷酸酯淀粉具有糊化温度低、溶解度大、冻融稳定性高、抗冻力强等特点。

（2）用途：磷酸酯淀粉可用作冷冻食品增稠剂，用于制造淀粉软糖，并可在造纸工业中作为施胶剂和胶黏剂，在纺织工业中作为上浆剂，在化工中作为污物悬浮剂等。

（3）原理：改性淀粉也称变性淀粉。作为食品添加剂使用的淀粉，为了适应加工生产的需要，经过化学处理或酶处理而使其改变原有的物理性质，如水溶性、黏度、颜色、味道、流动性等，这种经过处理的淀粉，统称为改性淀粉。改性淀粉的种类很多，例如酸处理淀粉、碱处理淀粉、氧化淀粉、乙酸酯淀粉、磷酸钠酯化淀粉等。

淀粉（St—OH）中的部分羟基在一定条件下能与酸或酸式盐进行酯化反应，反应方程式如下：

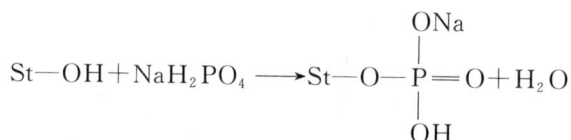

$$St{-}OH + NaH_2PO_4 \longrightarrow St{-}O{-}\overset{\displaystyle ONa}{\underset{\displaystyle OH}{\overset{|}{\underset{|}{P}}}}{=}O + H_2O$$

磷酸酯淀粉是具有网状结构的高分子化合物，分子中的极性基团如—OH、—COOH、$-\overset{\displaystyle O}{\overset{\|}{C}}-$ 等是其具有良好粘接能力的主要原因，而分子中的—ONa 结构又促进了其溶解性，使其不聚沉。酯化试剂除磷酸二氢钠外，也可用磷酸氢二钠、磷酸以及三者的混合液。

三、仪器与试剂

（1）仪器：三口烧瓶、烧杯、布氏漏斗、抽滤瓶、抽气泵、搅拌器、40 目筛、烘箱、pH 计、黏度计、量筒、天平等。

（2）试剂：淀粉、磷酸二氢钠、尿素、蒸馏水等。

四、实验步骤

在三口烧瓶中加入 110 mL 蒸馏水，并加入 50 g 淀粉，搅拌使之成淀粉乳。另在一烧杯中加入 5 g 磷酸二氢钠、12 g 尿素和 20 mL 蒸馏水，搅拌使之完全溶解。将此溶液缓慢加入上述淀粉乳中，搅拌 20 min。然后减压过滤。将滤饼弄碎，过 40 目筛，再放入烘箱中，160 ℃下反应 2 h，即得磷酸酯淀粉。

测定产品的 pH 和黏度。

五、注意事项

（1）磷酸盐不可过量，否则会使其溶液颜色加深，同时使磷酸酯淀粉易潮解。

（2）干燥第一阶段必须在低温下进行，否则易出现凝胶现象，给下阶段的干燥和粉碎带来困难。

六、思考题

（1）食品添加剂的作用有哪些？

（2）淀粉酯中哪些基团导致其具有良好的粘接能力？

实验 9　冷烫卷发剂第一剂——巯基乙酸铵的合成

一、实验目的

（1）学习化妆品的基本知识。

（2）掌握硫脲法合成巯基乙酸铵的实验方法和操作技术。

（3）了解冷烫卷发剂的配制和应用。

二、实验原理

冷烫卷发剂（简称冷烫剂），多数由还原剂（第一剂）和氧化剂（第二剂）组成。还原剂能切断头发角蛋白中的—S—S—键，使头发软化以利于卷曲。氧化剂能将卷好的头发中的—SH 氧化，使它与邻近的—SH 偶联成新的—S—S—键而固定头发的形状。本实验以巯基乙酸铵为还原剂（第一剂）。

巯基化合物的制法很多，例如由硫氢化钠、硫代硫酸钠、硫脲等与卤代烃反应均可制得硫醇。

$$RBr+NaSH \longrightarrow RSH+NaBr$$

$$RBr+NaOSO_2\!-\!SNa \longrightarrow RS\!-\!SO_2ONa+NaBr$$

$$\downarrow H_2O$$

$$RSH+NaHSO_4$$

$$2RSH+2KBr+2H_2O+H_2N\!-\!\underset{NH-C\equiv N}{\overset{NH}{C}}$$

硫氢化钠、硫代硫酸钠与卤代烃反应这两种方法的主要缺点是有硫醚生成。硫脲与卤代烃反应这种方法则没有硫醚生成,操作简单(甚至以醇、氢溴酸、硫脲等为原料也可只经一步反应得到硫醇),产率较高,是制取脂肪族巯基化合物最常用的方法。虽然上述3种方法都可制得巯基乙酸,本实验仍选用硫脲法。以氯乙酸为起始原料,制取巯基乙酸铵的反应如下:

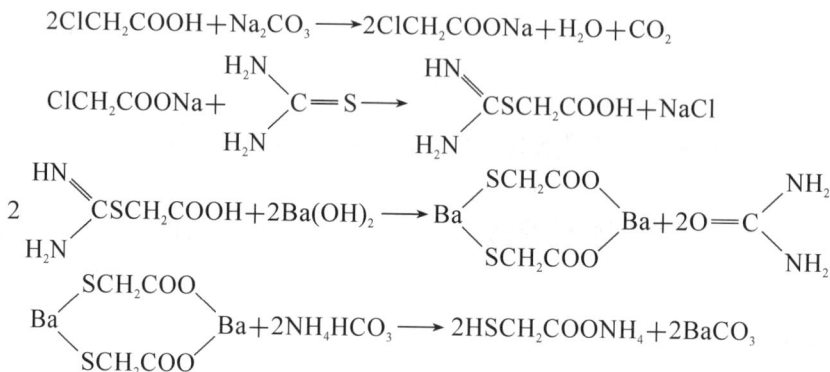

$$2ClCH_2COOH + Na_2CO_3 \longrightarrow 2ClCH_2COONa + H_2O + CO_2$$

$$ClCH_2COONa + \underset{H_2N}{\overset{H_2N}{\big\rangle}}C{=}S \longrightarrow \underset{H_2N}{\overset{HN}{\big\rangle}}CSCH_2COOH + NaCl$$

$$2\,\underset{H_2N}{\overset{HN}{\big\rangle}}CSCH_2COOH + 2Ba(OH)_2 \longrightarrow Ba\underset{SCH_2COO}{\overset{SCH_2COO}{\big\langle}}Ba + 2O{=}C\underset{NH_2}{\overset{NH_2}{\big\langle}}$$

$$Ba\underset{SCH_2COO}{\overset{SCH_2COO}{\big\langle}}Ba + 2NH_4HCO_3 \longrightarrow 2HSCH_2COONH_4 + 2BaCO_3$$

在反应过程中先后生成 S-羧甲基异硫脲和巯基乙酸钡,它们都是难溶于水的固体,可通过水洗与水溶性杂质分离。最后用碳酸氢铵分解巯基乙酸钡,生成的巯基乙酸铵,经过滤可与碳酸钡等不溶性杂质分离,滤液可直接用于配制卷发剂第一剂。

三、仪器与试剂

(1) 仪器:烧杯、布氏漏斗、抽滤瓶、抽气泵、搅拌器、pH 计、量筒、温度计、天平等。

(2) 试剂:氯乙酸、饱和碳酸钠溶液、硫脲、氢氧化钡、碳酸氢铵、浓氨水、EDTA、水溶性羊毛脂、白油、司盘-80、吐温-80、溴酸钠、磷酸氢二铵等。

四、实验步骤

在 100 mL 烧杯中,将 5 g (0.053 mol)氯乙酸溶于 10 mL 水中。将所得溶液用饱和碳酸钠溶液小心调节 pH 至 8 左右。

在另一个 100 mL 烧杯中,装入 20 mL 水和 4.5 g (0.059 mol)硫脲,加热至 50 ℃,使之完全溶解,然后把上述氯乙酸钠溶液加入其中。加热升温至 60 ℃,并保持在此温度下反应 30 min,在此过程中进行间歇搅拌。趁热过滤,收集生成的沉淀。用水洗净沉淀,抽干,得到 S-羧甲基异硫脲粗品。

在 100 mL 烧杯中,将 17.5 g (0.056 mol)氢氧化钡晶体[Ba(OH)$_2$ · 8H$_2$O]溶于 40 mL 热水中,再加入以上制得的 S-羧甲基异硫脲粗品。升温至 70 ℃,保持在此温度下反应 1 h,其间进行间歇搅拌,使沉淀物完全转化为巯基乙酸钡。待混合物冷却至室温后,抽滤收集巯基乙酸钡沉淀,用清水洗净,抽滤压干。

用 5 g 碳酸氢铵和 20 mL 水配制成溶液,再把洗净的巯基乙酸钡加入其中,搅拌 1 min 后过滤。滤渣再用由 5 g 碳酸氢铵和 20 mL 水配成的溶液重复处理一次。将两次滤液合并。所得到的巯基乙酸铵溶液呈浅红色,浓度约为 10％。

在制得的巯基乙酸铵溶液中,添加 28％的浓氨水 2.2 mL,加水至总量 100 g,调节 pH 至 9 左右,即可作为冷烫剂第一剂。但在市售的商品冷烫卷发剂中,一般还加入 0.2％的 EDTA、油性成分(例如 0.5％左右的水溶性羊毛脂和 0.5％左右的白油)和乳化剂(例如 1％司盘-80 和 2％吐温-80),效果更好。

第二剂可由 5％溴酸钠、4％磷酸氢二铵和 91％蒸馏水配成。

取适量的头发样品用洗衣皂洗净,把它在试管或玻璃载片上卷曲和扎紧,然后用配好的冷烫卷发剂第一剂充分润湿。放置 30 min(置入烘箱中加热可缩短时间),然后用清水冲洗干净。用冷烫卷发剂第二剂润湿,放置一段时间后再洗净,观察产品的效能。卷发速度与药剂中活性物的浓度、pH、是否含有表面活性剂或其他添加物(例如含约 10％的尿素等)及环境温度有关。

放置一段时间后再洗净,测试产品的卷发速度及 pH。

五、注意事项

(1) 氯乙酸的腐蚀性很强,皮肤沾上后即感到刺痛,使用时应戴上橡胶手套。氯乙酸又容易吸湿潮解,取用后应立即把盛装氯乙酸的容器密封好。

(2) 氯乙酸在碱性条件下易水解,因此,制备氯乙酸钠时,最后所得产品溶液的 pH 不超过 8。另外,在中和过程中,应注意避免加料太快,以免二氧化碳释放过于剧烈而损失物料。

(3) 巯基乙酸及其金属盐很容易被空气氧化而失效,当溶液中含铁离子等过渡金属离子时,可大大加速氧化,因此,制成的第一剂中铁离子含量一般要求低于 2 mg/L,不得高于 52 mg/L。制备时水中的铁离子含量不高于此值,不要使用铁制反应器或容器。制品中一般加入约 0.2％ EDTA 来掩蔽有催化活性的金属离子。

(4) 欧美白种人喜欢用稀过氧化氢溶液作为第二剂的氧化剂。但过氧化氢应用于亚洲黄种人的头发时,可能使头发变成红色或白色,因此国内禁用。用溴酸钠作氧化剂则无此弊端。

六、思考题

(1) 巯基乙酸铵结构中含有巯基和羧基,可作为抗氧化剂、催化剂等,在化学领域有哪些应用?

(2) 反应过程中生成的难溶于水的固体可通过什么方法进行分离?

实验 10　表面活性剂十二烷基硫酸钠的合成

一、实验目的

（1）掌握表面活性剂的合成方法。

（2）掌握后处理萃取工艺。

二、实验原理

十二烷基硫酸钠又称月桂基硫酸钠（sodium lauryl sulfate），是较早开发的合成洗涤剂之一，具有起泡性能好、去污能力强等优点。十二烷基硫酸钠作为合成洗涤剂不仅适用于软水，在硬水中也同样有效，再加上它能被微生物降解，尽管其价格较高，仍然得到广泛的应用。十二烷基硫酸钠由氯磺酸或浓硫酸与十二醇（月桂醇）反应生成：

$$ROH + H_2SO_4（浓）\Longleftrightarrow ROSO_3H + H_2O$$

本实验以氯磺酸与十二醇反应生成硫酸单十二烷基酯，再加入碳酸钠溶液，使其成盐，即生成十二烷基硫酸钠。由于十二烷基硫酸钠分子中既含有亲水基团，又含有憎水基团，在反应的后处理中，单用有机溶剂对产物进行萃取分离不易奏效，且极易发生乳化。因此，通常采用萃取与破乳相结合的方式来提取产物，本实验以正丁醇为萃取剂，通过加入过量固体碳酸钠，促进有机相与水相的分层，从而萃取出十二烷基硫酸钠。反应方程式如下：

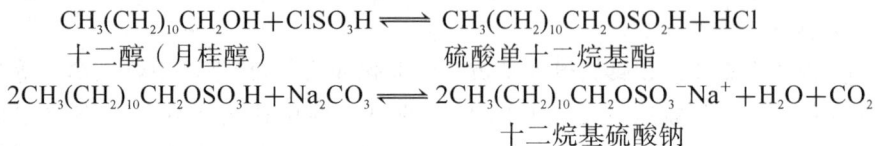

$$CH_3(CH_2)_{10}CH_2OH + ClSO_3H \Longleftrightarrow CH_3(CH_2)_{10}CH_2OSO_3H + HCl$$
十二醇（月桂醇）　　　　　　　　硫酸单十二烷基酯
$$2CH_3(CH_2)_{10}CH_2OSO_3H + Na_2CO_3 \Longleftrightarrow 2CH_3(CH_2)_{10}CH_2OSO_3^-Na^+ + H_2O + CO_2$$
十二烷基硫酸钠

三、仪器与试剂

（1）仪器：烧杯、分液漏斗、滴管、水泵、烘箱、水浴锅、温度计、天平、量筒、pH 计等。

（2）试剂：十二醇（月桂醇）、冰乙酸、氯磺酸、正丁醇、碳酸钠等。

四、实验步骤

将 1 mL 冰乙酸倒入干燥的 250 mL 烧杯中，并将烧杯置于冰浴中冷却至 5 ℃左右。然后，把冷却后的烧杯放在通风橱中，用滴管向烧杯中慢慢滴加 3.6 mL 氯磺酸。滴加完毕，将烧杯置入冰浴中，用玻璃棒边搅拌边将 10 g 十二醇慢慢加入烧杯中,5 min 左右加完。然后在 5 ℃条件下,继续搅拌 30 min,使十二醇全部溶解。如果还有部分醇没有溶解,可撤除冰浴,在室温下延长搅拌时间,直至十二醇完全溶解,反应即到达终点。

将盛有 30 g 碎冰的 250 mL 烧杯置于通风橱中,把反应混合物慢慢倒在碎冰上,再加入 30 mL 正丁醇,用玻璃棒充分搅拌 3 min。然后,在搅拌下慢慢滴加饱和碳酸钠溶液直到反应混合物呈弱碱性(pH=8)。再向混合物中加入 10 g 碳酸钠,稍加搅拌后静置片刻,使没有溶解的碳酸钠沉积在烧杯底部,然后将液相倾入分液漏斗,静置分层。收集上层油相,分离出来的水相再以 20 mL 正丁醇萃取。正丁醇萃取液与前面收集的油相合并,并将它们静置于分液漏斗中,将剩余水相分离完全。

打开水泵,在减压条件下蒸去正丁醇溶剂,当大部分溶剂蒸去后,洗涤剂十二烷基硫酸钠呈白色稠状物析出,将稠状物置于烘箱中在 80 ℃条件下烘干,然后称量并计算产率。十二烷基硫酸钠的熔点为 204～207 ℃。

本品为白色或淡黄色固体,根据反应方程式计算产率。

五、注意事项

(1) 在滴加氯磺酸并搅拌的过程中,切不可将水溅入烧杯中,因为氯磺酸会与水发生剧烈反应。

(2) 加入碳酸钠溶液会产生大量二氧化碳,滴加时不可太快,以防溶液随气体溢出烧杯。

(3) 十二醇的熔点为 24 ℃,室温较低时,反应前要将固体十二醇充分研碎。

六、思考题

(1) 氯磺酸与醇的硫酸化反应与芳烃磺化反应有何不同?

(2) 用正丁醇对十二烷基硫酸钠进行萃取时,为什么要加入过量的固体碳酸钠?

实验 11　红辣椒中红色素的分离

一、实验目的

(1) 掌握色谱柱分离和提纯天然产物的原理,掌握薄层色谱和柱色谱两种分离技术。

(2) 掌握从天然产物中提取分离食用色素的常用方法和操作技能。

二、实验原理

红辣椒含有颜色鲜艳的色素,这些色素可通过薄层色谱分离出来。其中红色素主要由辣椒红脂肪酸酯和少量辣椒玉红素脂肪酸酯组成,黄色素则是 β-胡萝卜素。

三、仪器与试剂

(1)仪器：圆底烧瓶、抽滤装置、色谱柱、冷凝管、广口瓶、硅胶 G 薄层板、烧杯、天平等。

(2)试剂：100～200 目的硅胶、CH_2Cl_2、红辣椒、沸石等。

四、实验步骤

1. 色素的提取

在 25 mL 圆底烧瓶中放入 1 g 干燥并研碎的红辣椒和 3 粒沸石，加入 10 mL CH_2Cl_2，装上冷凝管，加热回流 20 min。回流结束后，将烧瓶冷却至室温，然后抽滤，除去固体。蒸馏除去 CH_2Cl_2，便可得到色素的混合物。

2. 红辣椒色素混合物的薄层色谱

取极少量粗色素混合物放入烧杯中，用 5 滴 CH_2Cl_2 溶解，在已制备好的硅胶 G 薄层板上点样，然后放入广口瓶中，用 CH_2Cl_2 作为展开剂进行色谱分离。记录每一个斑点的颜色，并计算它们的 R_f 值。再用柱色谱分离 $R_f \approx 0.6$ 的红色素。

用干法装柱，以 100～200 目的硅胶为吸附剂，用 CH_2Cl_2 作为洗脱剂。将色素的粗混合物溶解在少量（约 1 mL）CH_2Cl_2 中，然后将溶液缓慢倒入色谱柱中，用 CH_2Cl_2 洗脱色素。分段收集洗脱液。当黄色素洗脱后，停止色谱分离。

3. 计算 R_f 值

$$R_f = \frac{溶质斑点中心到样品原点中心的距离}{溶质前沿到样品原点中心的距离}$$

R_f 值的可用范围：0.2～0.8。

R_f 值的最佳范围：0.3～0.5。

五、注意事项

(1)辣椒尽量研细，以提高提取效率。

(2)回流速度不可过快，以防浸泡提取不充分。

(3)尽量将溶剂蒸干。

六、思考题

(1)在色谱柱的洗脱过程中，色带不整齐而成斜带，对分离效果有何影响？应如何避免？

(2)红色素已开始应用于医药、高级化妆品和食品工业中。若以 95％食用乙醇为溶剂提取红色素，能否设计其工艺路线？

(3)色谱柱中有气泡会对色谱分离有何影响？怎么除去气泡？

实验 12 　化学共沉淀法制备纳米级 ZrO$_2$ 粉末

一、实验目的

（1）掌握化学共沉淀法制备纳米级 ZrO$_2$ 粉末的方法。

（2）了解纳米级粉末的表征方法。

二、实验原理

纳米级粉末是制备高性能精细材料的重要原料，随着材料科学技术及其应用的迅速发展，对材料粉体的制备提出了更高的要求。尽管材料种类繁多，但综合起来，其根本要求还是一致的，即化学组成精确，均匀性好，纯度高，颗粒尺寸适当，颗粒分布合适，有较高的化学活性与烧结活性等。这些是用传统的固相合成法无法达到的，为此，人们对非传统的纳米级粉末制备方法和技术十分关注，进行了广泛的研究，发展了众多各有特色的液相法纳米级粉末制备方法与技术。本实验采用化学共沉淀法制备纳米级 ZrO$_2$ 粉末，并介绍了相关检测手段。

1. ZrO$_2$ 粉末的制备方法

以氧氯化锆为主要原料，氨水为沉淀剂，也是 pH 调节剂，主要反应方程式如下：

$$n ZrOCl_2 + (n+1)H_2O \Longrightarrow (ZrO_2)_n H_2O + 2n HCl$$

采用化学共沉淀法制备纳米级粉末，主要存在以下优点：①所制备的粉末化学组成相对稳定，尤其对于多组分溶液体系达到分子级、原子级的混合，因此材料的均匀性得以保证。②可在较低温度下合成固体材料。因粉末的颗粒尺寸小，比表面积大，活性高，可降低材料的最终烧结温度。

2. 纳米级粉末团聚体的形成与控制

纳米级粉末在制备过程中极易形成非控制的团聚体，表现在烧结的显微结构上呈现出不均匀性，如何控制团聚体的形成是纳米级粉末制备所面临的一大难题。下面以 ZrO$_2$ 纳米级粉末的制备为例进行介绍。研究结果表明，沉淀过程、沉淀物干燥前处理过程、干燥过程，以及煅烧阶段都会不同程度地产生团聚，故对各环节控制尤为重要。

沉淀反应包括成核与生长两个过程，成核速度与生长速度的相对大小，决定着沉积物颗粒的结构与特性。

在 ZrOCl$_2$·8H$_2$O 溶液中，[Zr$_4$(OH)$_8$·(H$_2$O)$_{16}$]$^{8+}$ 四聚体是基本的离子单元，水解沉淀过程是与基本离子单元的聚集同时进行的。

加入 OH$^-$ 可以促进水解与聚集过程。当相互聚集的四聚体单元数为 12～24 时，就会有沉淀产生。

本实验采用返滴定法，即将 1 mol/L ZrOCl$_2$·8H$_2$O 溶液与 5 mol/L 氨水滴加

到 pH=8～9 的基液中,该方法所产生的胶粒内部孔隙多,结构疏松,胶体分布相对均匀。

沉淀物的水洗影响着干凝胶的结构及团聚状态,未经洗去的 NH_4^+、Cl^- 等吸附离子会使其吸附的水量增加,以颗粒间毛细管水的形式存在。干凝胶在煅烧过程中,紧密接触颗粒表面上的非架桥羟基,通过脱水反应在颗粒表面之间形成 Zr—O—Zr 键而产生硬团聚体。在表面张力的作用下,颗粒之间形成的坚实颈部亦会产生硬团聚体。

此外,沉淀物的脱水、表面处理、干燥度以及煅烧度对粉末性能(如粉末的表面能、颗粒形貌、粒度、分布、表面粗糙度和相态等)有着较大的影响。

三、仪器与试剂

(1) 仪器:强力搅拌器、真空过滤装置、真空干燥箱、煅烧炉、烧杯、细口瓶、三口烧瓶、滴液漏斗、普通漏斗、100 目筛、透射电镜(TEM)、热重分析仪、X 射线衍射仪、pH 计、量筒等。

(2) 试剂:氧氯化锆、氨水、无水乙醇、蒸馏水等。

四、实验步骤

1. 原料准备

(1) 配制 5 mol/L 氨水:将 25%氨水 50 mL 与蒸馏水 80 mL 分别倒入细口瓶中摇匀,即得 5 mol/L 氨水,备用。

(2) 配制盐溶液:以制备 10 g ZrO_2 纳米级粉末为例,计算 $ZrOCl_2 \cdot 8H_2O$(纯度 97%)的用量约为 27 g,溶解过滤后配成 1 mol/L 盐溶液约 80 mL。

(3) 配制基液:在 500 mL 三口烧瓶中盛装与盐溶液等体积的蒸馏水(即 80 mL),用氨水调其 pH 为 8～9,即为基液。

2. 沉淀

将 5 mol/L 氨水与 $ZrOCl_2 \cdot 8H_2O$ 盐溶液分别放入滴液漏斗中,在强力搅拌器的作用下,将配制好的氨水和 $ZuOCl_2 \cdot 8H_2O$ 溶液同时滴入基液中,保持基液 pH 在 8～9。滴定在 10 min 内完成,滴定完毕后继续搅拌 20 min,然后陈化 20 min 后抽滤。

3. 水洗、醇洗

将抽滤后得到的滤饼加入盛有 400 mL 蒸馏水的烧杯中,用氨水调节 pH 至 8～9,水洗搅拌 20 min 后抽滤,待凝胶呈滤饼状后,返回烧杯内,如此反复水洗 3～4 次,直至检测无 Cl^- 存在。

将无水乙醇 300 mL 和抽滤后的滤饼倒入三口烧瓶中,强力搅拌 20 min 后,将湿凝胶倒入真空过滤装置内抽滤。待凝胶呈滤饼状后,返回三口烧瓶内进行二次醇洗。醇洗的目的有两个:一是将凝胶中的水充分置换出来,避免水的存在导致硬团聚体的产生;二是对胶粒进行表面改性。

4. 干燥

将两次醇洗抽滤后的滤饼放入真空干燥箱内干燥,温度保持在 50～60 ℃。

5. 破碎、煅烧

将干燥后的凝胶破碎研磨后过 100 目筛,取少许样品,留作差热分析与热重分析;其余分成 3 份,做不同煅烧温度实验 (350 ℃、550 ℃、850 ℃)。对煅烧后的粉末样品进行 X 射线衍射(XRD)分析;取 850 ℃下煅烧后的粉末样品,通过 TEM 观察其晶粒大小,煅烧后的保温时间分别为 1 h。

干凝胶的热分析法包括差热分析和热重分析 (DTA-TG 曲线),两者结合起来可定性反映凝胶材料中吸附水排出情况和晶型转变情况。RO_2 干凝胶热分析温度不低于 800 ℃。在不同温度下煅烧后的粉末样品,通过 XRD 表征,材料在一定温度下的结晶程度和晶相分布情况。低温下 ZrO_2 晶型发育不完善,以无定形形式存在。高温时晶型发育逐渐完善,有 t-ZrO_2 和 m-ZrO_2 相特征峰存在。

6. 测定

利用 X 射线衍射仪对样品进行测定。

五、注意事项

(1) 每次水洗液均需用氨水调节 pH 至 8～9,且盛装容器用水洗净后均需用蒸馏水洗涤。

(2) 注意每次醇洗时,盛装容器用水洗净后均需用电吹风吹干。

六、思考题

(1) 化学共沉淀法制备纳米级金属氧化物粉末的过程中,关键步骤是什么? 应注意哪些事项?

(2) 在控制团聚体形成的过程中,还有哪些新思路?

实验 13　番茄中 β-胡萝卜素和番茄红素的提取

一、实验目的

(1) 熟悉和掌握从天然产物中分离提取食用色素的常用方法。

(2) 熟练掌握分离提取操作技能。

二、实验原理

食品的颜色是构成食品感官质量的一个重要因素,因此保持或赋予食品良好的颜色是食品科学技术的重要课题之一。

色素分为人工合成色素和天然色素两大类。一般合成色素都有不同程度的毒性,因而现在人们倾向于使用天然色素。天然色素来源于植物色素、动物色素和微生物色素,其中植物色素缤纷多彩,是构成食物颜色的主体。本实验从番茄中提取 β-胡萝卜素和番茄红素。

β-胡萝卜素和番茄红素都属于类胡萝卜素,是由异戊二烯残基为单元组成的以长链共轭双键为基础的一类多烯类色素。大多数类胡萝卜素可以看作番茄红素的衍生物。β-胡萝卜素和番茄红素实验式为 $C_{40}H_{56}$,结构如图 2.1 所示。

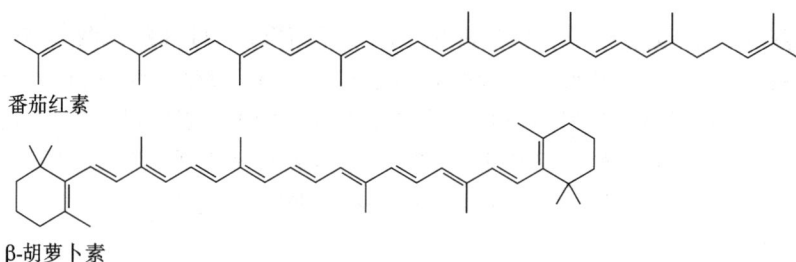

图 2.1　番茄红素和 β-胡萝卜素结构式

番茄红素的一端或两端环构化及环中双键位置的改变,便形成了它的各种同分异构体:α-胡萝卜素、β-胡萝卜素及 γ-胡萝卜素(图 2.2)。

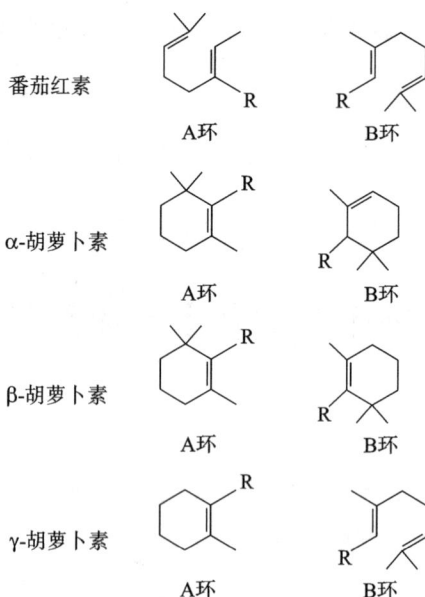

图 2.2　番茄红素和 α-胡萝卜素、β-胡萝卜素及 γ-胡萝卜素的结构

类胡萝卜素的颜色有黄色、橙色、红色、紫色,由于其不溶于水,因此其用途范围受到限制。现在人们把 β-胡萝卜素吸附在明胶上或用可溶性的糖载体(如 β-环状糊精)采用分子包埋法,经喷雾干燥成"微囊分散体",形成水溶性 β-胡萝卜素,使其应用较为广泛,可用于饮料、乳品、果汁、冰激凌等。一分子 β-胡萝卜素中间断裂可形成两分子维生素 A,故它是一种廉价的维生素 A 原。β-胡萝卜素既是一种天然色素,又是一种营养强化剂。番茄红素分子的两端没有 β-紫罗兰酮环,所以不能作为维生素 A 原,只可用作油性食品色素。

由于类胡萝卜素属于酯溶性物质,因此本实验采用二氯甲烷作萃取剂。因为二氯甲烷不与水混溶,所以必须先除去样品中的水分才能有效地从组织中萃取出类胡萝卜素。因此,先用 95%乙醇把番茄组织中的水分除去。提取的类胡萝卜素可用柱色谱进行分离,最后用薄层色谱法予以鉴定。

需要注意的是,β-胡萝卜素对光及氧极其敏感,光照下,在 20 ℃的空气中存放 6 周,活性迅速降低,最大吸收值可下降到初值的 25%。若将温度升高到 45 ℃,6 周内绝大部分 β-胡萝卜素会遭到破坏。β-胡萝卜素对酸、碱也敏感,在弱碱条件下比在酸性条件下稳定。重金属离子特别是铁离子可使其颜色消失。番茄红素的耐光、耐氧性能也很差,不稳定。与铁接触会使之变为褐色。所以在提取分离时要特别注意。

三、仪器与试剂

(1) 仪器:回流装置、抽滤装置、分液漏斗、锥形瓶(接收瓶)、色谱柱、色谱缸、圆底烧瓶、量筒、冷凝管、水浴锅、天平、烘箱等。

(2) 试剂:新鲜番茄、石油醚、95%乙醇、二氯甲烷、氧化铝(色谱用)、饱和氯化钠溶液、苯、硅胶 G、环己烷、无水硫酸钠、氯仿等。

四、实验步骤

1. 提取

称取新鲜番茄 30 g,捣碎,放入 50 mL 圆底烧瓶中,加入 15 mL 95%乙醇,摇匀,装上冷凝管,在水浴上加热回流 10 min,趁热抽滤(只把溶液倒出,残渣留在烧瓶中)。再加入 10 mL 二氯甲烷,在水浴上回流 5 min。冷却,将上层溶液倾出抽滤,固体仍留在烧瓶内,再加 10 mL 二氯甲烷重复萃取一次。合并乙醇和二氯甲烷的提取液,倾入 125 mL 分液漏斗中,加 5 mL 饱和氯化钠溶液,振摇,静置分层。将分出的二氯甲烷溶液用无水硫酸钠干燥,在通风橱中用热水浴蒸干,盖上盖子待用。

2. 柱色谱分离 β-胡萝卜素和番茄红素

称取 10 g 中性或酸性氧化铝,置于 50 mL 锥形瓶中,加入 10 mL 苯,搅拌均匀,呈浆状。将它从色谱柱顶端加入(此时柱中应先加入 7 mL 苯)。打开活塞,让液体流入锥形瓶中。继续旋摇锥形瓶,并将氧化铝注入柱中,直到得到 15 cm 高的氧化铝柱。在此过程中,应轻轻叩击柱子,以稳定的速度装柱,使柱装得均匀。装好的柱不能有裂缝和气泡,否则影响分离效果。在装好的氧化铝柱表面放 0.5 cm 厚的石英砂,然后放出过剩的溶剂,直至溶剂液面刚好与柱顶部石英砂表面相切,关闭活塞。将粗制的类胡萝卜素溶于 1～2 mL 苯中,用滴管加入柱顶,并留取少量以备用于薄层色谱。打开活塞,使有色物质流到柱上。当柱顶刚变干时即关闭活塞。用滴管沿柱壁加入 5 mL 苯,打开活塞,当液面下降到与石英砂表面相切时即可加 30 mL 环己烷与石油醚（1∶1）的混合液洗脱。黄色的 β-胡萝卜素在柱中移动较快,红色的番茄红素则移动较慢。收集洗脱液直至黄色的 β-胡萝卜素从柱上完全除去。然后换用极性较大的氯仿作洗脱剂淋洗番茄红素,并换接收瓶。将收集到的两个部分在通风橱中水浴蒸干,加塞,留待薄层色谱用。

3. 薄层色谱分离 β-胡萝卜素

将 3 g 硅胶 G 加 6 mL 蒸馏水,调成糊糊状,用平铺法或倾注法制成薄层板。在烘箱中于 105～110 ℃ 活化 30 min 后取出,保存在干燥器中待用。

在铺好的薄层板上距离底边约 1 cm 处,分别用毛细管点上 3 个样品。中间点为未提纯的混合物,两边分别点上从柱色谱分离得到的 β-胡萝卜素和番茄红素。将此薄板放入装有苯和环己烷（1∶9）的混合液（展开剂）的色谱缸中,盖上盖子。注意切勿让展开剂浸没样品点。待溶液前沿上升至离薄层板上端 1 cm 左右时,取出薄层板晾干。计算 R_f 值,比较 3 个样品之间的关系。

4. 测定

测定灼烧残渣中砷含量和重金属含量,并测定样品的溶解度。

本品（β-胡萝卜素）以干重计含 $C_{40}H_{56}$ 应为 96.0%～101.0%,干燥失重（真空干燥 4 h）不超过 1%,灼烧残渣不超过 0.2%,含砷不超过 3 mg/kg,重金属不超过 20 mg/kg,铅不超过 10 mg/kg。溶解度合格实验:本品 0.1 g 溶于 10 mL 氯仿,溶液应澄清。

五、注意事项

（1）二氯甲烷溶液具有类似于醚的刺激性气味,实验需要在通风橱中进行。

（2）如果配制的样品较稀,可多次在原来的位置上点样,但要使样品斑点尽量小。各样品斑点之间的距离为 1～1.5 cm。

六、思考题

（1）一般每千克新鲜成熟的番茄含 0.02 g 番茄素,试分析可能导致提取率降低的原因。

（2）柱色谱分离 β-胡萝卜素和番茄红素时,导致分离效果不好的可能原因有哪些?

实验 14　牛奶中酪蛋白的提取

一、实验目的

（1）学习从牛奶中提取酪蛋白的原理。

（2）熟练掌握酪蛋白的提取方法。

二、实验原理

牛奶中主要的蛋白质是酪蛋白，含量约为 35 g/L。酪蛋白的等电点为 4.7。利用等电点时溶解度最低的原理，将牛奶的 pH 调至 4.7 时，酪蛋白就会沉淀析出。用乙醇洗涤沉淀物，除去脂类杂质，便可得到纯酪蛋白。

三、仪器与试剂

（1）仪器：离心机、抽滤装置、量筒、布氏漏斗、精密 pH 试纸或 pH 计、电炉、烧杯、温度计等。

（2）试剂：新鲜牛奶、95% 乙醇、无水乙醚、乙醇-乙醚混合液（体积比 1：1）、0.2 mol/L pH 为 4.7 的乙酸-乙酸钠缓冲液。

A 溶液与 B 溶液的配制如下。

①A 溶液（0.2 mol/L 乙酸钠溶液）：称取三水乙酸钠 54.44 g，用水溶解并定容至 2000 mL。

②B 溶液（0.2 mol/L 乙酸溶液）：称取优级纯乙酸（含量大于 99.8%）24.0 g，用水溶解并定容至 2000 mL。

取 A 溶液 1770 mL，B 溶液 1230 mL 混合，即得 pH 为 4.7 的乙酸-乙酸钠缓冲液 3000 mL。

四、实验步骤

1. 酪蛋白的粗提

取 100 mL 牛奶，加热至 40 ℃，在搅拌下慢慢加入预热至 40 ℃，pH＝4.7 的乙酸-乙酸钠缓冲液 100 mL，用精密 pH 试纸或 pH 计调 pH 至 4.7。将上述悬浮液冷却至室温，离心 15 min（3000 r/ min）。弃去清液，得酪蛋白粗制品。

2. 酪蛋白的纯化

（1）用水洗涤沉淀 3 次，离心 10 min（3000 r/ min），弃去上清液。

（2）在沉淀中加入 30 mL 乙醇，搅拌片刻，将全部悬浊液转移至布氏漏斗中抽滤。用乙醇-乙醚混合液洗沉淀 2 次。最后用乙醚洗沉淀 2 次，抽干。

（3）将沉淀摊开在表面皿上，风干，得酪蛋白纯品。

3．计算

计算含量和产率。

含量：100 mL 牛乳中含有酪蛋白的质量(g)。

$$产率 = \frac{测得含量}{理论含量} \times 100\%$$

式中：理论含量为 3.5 g/100 mL 牛乳。

五、注意事项

（1）由于本法是应用等电点沉淀法来提取酪蛋白,故调节牛奶液的等电点一定要准确。最好用 pH 计测定。

（2）提取过程中所用的乙醚是挥发性、有毒的有机溶剂,应在通风橱内操作。

（3）目前市售牛奶是经加工的奶制品,不是纯牛奶,所以计算时应按产品的相应指标计算。

六、思考题

（1）提取过程中为什么要调节 pH？

（2）蛋白质纯化过程中离心的作用是什么？

实验 15　降压药硝苯地平类似物的合成

一、实验目的

（1）了解二氢吡啶类化合物的合成及相关机理。

（2）掌握利用薄层色谱跟踪检测反应进程的方法。

二、实验原理

1,4-二氢吡啶类化合物作为钙离子通道的调节剂,在临床上广泛应用于心绞痛、高血压、心律失常等心脑血管疾病。硝苯地平(nifedipine,NF),又名硝苯吡啶、利心平,全称为 2,6-二甲基-4-(2-硝基苯基)-1,4 二氢吡啶-3,5-二甲酸二甲酯,具有较好的抗高血压、治疗心绞痛功效。硝苯地平属二氢吡啶衍生物,是唯一的二氢吡啶环结构对称的地平类药物,由德国拜尔公司在 20 世纪 70 年代首次开发上市,是第一代钙拮抗剂中具有代表性的药物。经多年的临床应用和深入研究,它已成为非常好的抗高血压、防治心绞痛的药物,是 20 世纪 80 年代中期世界畅销的药物之一。该药起效快,可以使神经体液活化,经多年临床使用,其疗效已得到充分肯定。此外,它的价格便宜,消费者易于接受。作为钙拮抗剂中的一种,硝苯地平扩张冠状动脉和周围动脉作用最强,抑制血管痉挛效果显著,是变异型心绞痛的首选药物,临床适用于预防和治疗冠心病、心绞痛,特别是变异型心绞痛和冠状动脉痉挛所致的心绞痛;同时,它对各种类型的高血压也有较好疗效。由于能降低后负荷,对顽固性充血性心力衰竭亦有良好疗效,宜长期服用。以硝苯地平为代表的 1,4-二氢吡啶类化合物大多可以通过 Hantzsch 反应,由两分子酮酸酯和一分子醛、一分子氨缩合成环得到。硝苯地平可用乙酰乙酸乙酯、邻硝基苯甲醛以及氨水发生缩合反应得到,其反应机理如下:

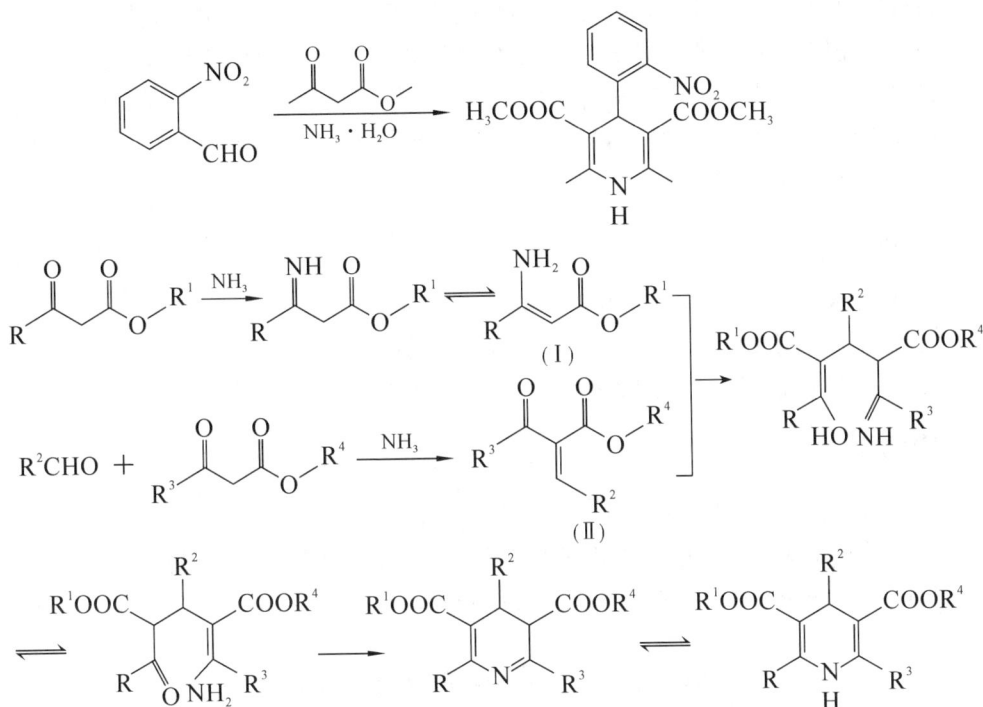

对于相同的酮酸酯(即 $R^1 = R^4$, $R = R^3$),中间体(Ⅰ)和(Ⅱ)结构一样,二者不必分离,可得到二氢吡啶化合物。对于结构不同的酮酸酯(即 $R^1 \neq R^4$ 或(和)$R \neq R^3$),中间体(Ⅰ)和(Ⅱ)要分别制备,最后再混合在一起进行缩合。该反应过程中的副反应较多,如乙酰乙酸甲酯的分解、中间体(含烯链)的缩合等。

本次实验,我们将邻硝基苯甲醛换为甲醛水溶液,氨水换为乙酸铵,进而合成硝苯地平类似物汉斯酯,其原理类似。

三、仪器与试剂

(1) 仪器:分析天平、量筒、两口烧瓶、搅拌磁子、冷凝管、抽滤瓶、布氏漏斗、磁力搅拌器、循环水真空泵、烘箱、紫外灯、红外光谱仪、核磁共振波谱仪等。

(2) 试剂:甲醛水溶液(40%)、乙酰乙酸乙酯(分析纯)、乙酸铵、乙醇(分析纯)、薄层色谱硅胶板等。

四、实验步骤

向 100 mL 两口烧瓶装中加入合适的搅拌磁子,装上冷凝管,在搅拌条件下依次加入 0.5 mL 甲醛水溶液、2.5 mL 乙酰乙酸甲酯、0.8 g 乙酸铵和 10 mL 水,加完后塞上塞子。搅拌条件下缓慢加热至回流状态(100 ℃),反应 2 h 后,冷却至室温。溶液内有越来越多的固体生成,然后进行减压过滤,用水尽量将烧瓶内的固体转移到布氏漏斗中,先用水洗涤,再用少量乙醇洗涤,即可得到亮黄绿色固体粉末。若要检测产物的纯度,可取用上述产物,用薄层色谱(TLC)检测反应情况,紫外灯下观察。必要时,可将粗产物用乙醇重结晶,40 ℃下干燥,得到更纯的目标产物。

计算产品的质量和产率。

五、注意事项

(1)加热应缓慢进行,温度不应过高。
(2)若欲得到颜色较浅的产品,可用活性炭脱色。
(3)产物对光敏感,应避光保存。

六、思考题

(1)查阅文献,总结二氢吡啶类化合物的主要用途。
(2)若将反应方程式中的邻硝基苯甲醛换成甲醛,将得到什么产物?
(3)利用网络查阅该产物的结构、熔点数据以及该化合物的核磁共振波谱数据。

实验 16 苯甲醇的制备

一、实验目的

(1)掌握由苯氯甲烷水解制备苯甲醇的原理和方法。
(2)掌握苯甲醇的分离方法。

二、实验原理

1. 主要性质和用途

苯甲醇(benzyl alcohol),别名苄醇,为无色液体,具有微弱的花香气味,沸点为205 ℃,密度为 1.0419 (20 ℃),折射率为 1.5392 (20 ℃)。苯甲醇是一种极有用的定香剂,是调制香精时不可缺少的香料。苯甲醇既可用于配制香皂、日用化妆香料,又可用于合成药品和化工用品。由于苯甲醇能缓慢自动氧化,故不宜久存。市售产品常带有杏仁香味,即一部分苄醇已被氧化为苯甲醛。

2. 合成原理

苯甲醇的合成方法较多,本实验采用苯氯甲烷水解的方法制备苯甲醇。副反应有以下两种。

(1) 由于苯氯甲烷中有二氯化物杂质存在,在水解时生成苯甲醛。

(2) 苯氯甲烷和苯甲醇在碱存在下相互作用生成二甲苯醚。

三、仪器与试剂

(1) 仪器:三口烧瓶、电动搅拌器、温度计、量筒、冷凝管、滴液漏斗、电热套、分液漏斗等。

(2) 试剂:苯氯甲烷、碳酸钾、四乙基溴化铵溶液(50%)、亚硫酸氢钠、乙醚、沸石等。

四、实验步骤

(1) 在装有电动搅拌器的三口烧瓶中加入 100 mL 碳酸钾水溶液(11 g 碳酸钾溶于 100 mL 去离子水中)和 2 mL 50%的四乙基溴化铵溶液,加几粒沸石。

(2) 装上冷凝管和滴液漏斗,在滴液漏斗中装 10.1 g 苯氯甲烷,开启搅拌器,用电热套加热至回流,并将苯氯甲烷滴入三口烧瓶中。

(3) 滴加完毕后,继续搅拌加热回流,直至油层不再沉到瓶底(暂停搅拌观察);此时,苯氯甲烷的气味消失,则可认定反应已完成(反应时间为 1.5～2.0 h,若不加相转移催化剂四乙基溴化铵,反应需 6～8 h 完成)。

(4) 停止加热,冷却到 30～40 ℃,将反应液转移到分液漏斗中,分出油层。将碱液层(水层)用 30 mL 乙醚分 3 次萃取。萃取液和粗苯甲醇溶液合并后加入 0.7 g 亚硫酸氢钠,稍加搅拌,并用去离子水洗涤数次直至不再呈碱性。分去水层,得到粗苯甲醇。再用碳酸钾除去粗苯甲醇中所混有的水分。

计算产品的质量和产率。

五、注意事项

(1) 因苯氯甲烷可溶解橡胶,水解装置各接口应为玻璃磨口。

(2) 苯氯甲烷有强烈的催泪作用,流泪时不能揉搓,应尽快离开苯氯甲烷的环境。

六、思考题

(1) 还有哪些方法制备苯甲醇?试写出反应方程式。

(2) 本实验用碳酸钾作为苯氯甲烷的碱性水解试剂,有何优点?

(3) 粗苯甲醇中为什么加亚硫酸氢钠?写出反应方程式。

实验 17　柠檬酸三丁酯的合成

　　我国为农业大国,薯干、玉米资源丰富,价廉易得。我国采用玉米等发酵生产柠檬酸,较美国等采用蜜糖精制发酵的成本低。柠檬酸酯是一种无毒增塑剂,随着食品、药品等工业的发展,对无毒增塑剂的需求与日俱增。美国食品药品监督管理局(FDA)对医药与食品增塑剂做了严格限制,认为柠檬酸三丁酯是较安全的增塑剂之一,它广泛应用于食品包装、医药器械、药用敷料、儿童玩具等塑料加工业。该产品对聚氯乙烯等树脂有良好相溶性,增塑效率高,并具有抗霉性,有很好的市场开发前景。

一、实验目的

　　(1)理解酯化反应的原理。
　　(2)掌握酯的分析方法。

二、实验原理

$$\underset{\overset{|}{CH_2COOH}}{\overset{\overset{CH_2COOH}{|}}{HO-C-COOH}} +3C_4H_9OH \xrightarrow{\text{催化剂}} \underset{\overset{|}{CH_2COOC_4H_9}}{\overset{\overset{CH_2COOC_4H_9}{|}}{HO-C-COOC_4H_9}} +3H_2O$$

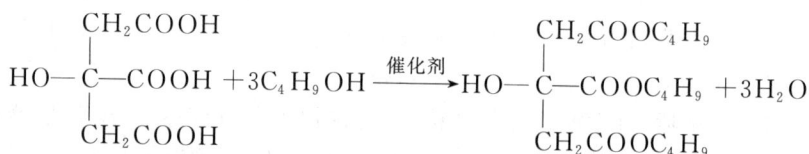

　　酯化反应是可逆反应,为了提高酯的产率,可采用增加醇的用量及不断将产物酯和水蒸出的措施,使平衡向右移动。

三、主要试剂

　　(1)仪器:搅拌器、温度计、油水分离器、冷凝管、四口烧瓶、电热套、气相色谱仪、阿贝折射仪等。
　　(2)试剂:柠檬酸、正丁醇、杂多酸催化剂、饱和碳酸钠溶液等。

四、实验步骤

　　在装有搅拌器、温度计、油水分离器、冷凝管的四口烧瓶中,加入一定量的柠檬酸、正丁醇和杂多酸催化剂,搅拌加热回流,使物料在沸腾的状态下反应,用油水分离器收集被正丁醇带出的水,醇水冷却分层后,醇又返回烧瓶中,继续反应,当收集于油水分离器的水量无明显增加时,显示反应接近终点,蒸馏出未反应的正丁醇,用饱和碳酸钠溶液中和、水洗,即得产品柠檬酸三丁酯。

　　1. 折射率测试
　　产品柠檬酸三丁酯经阿贝折射仪测试,测定其折射率,标准值为 1.4430。
　　2. 产品纯度分析
　　利用气相色谱仪对产品的纯度进行测定。色谱条件:进样口温度为 300 ℃,检测器温度为 260 ℃,柱温采用程序升温,初始温度为 80 ℃,保持 1 min 后,以 40 ℃/min 升温速度升温至 280 ℃,再保持 5 min。载气为高纯氮(99.999%),流量为 1.2 mL/min。在此条件下,柠檬酸三丁酯的保留时间约为 11.646 min。

五、注意事项

气相色谱仪进样口温度较高,须防止进样烫伤。

六、思考题

为了提高酯的产率,通常采取什么方法?

实验 18　抗爆剂甲基叔丁基醚的合成

一、实验目的

(1) 学习醇-醇醚化反应的实验方法。

(2) 熟练掌握甲基叔丁基醚的制备方法。

二、实验原理

MTBE(methyl tert-butyl ether)为甲基叔丁基醚的英文缩写,是一种高辛烷值汽油添加剂,化学含氧量较甲醇低得多,有利于暖车和节约燃料,蒸发潜热低,对冷启动有利,常用于无铅汽油和低铅汽油的调和,甲基叔丁基醚在空气中不易生成过氧化物,稳定性好,具有良好的抗爆性。而且它可与烃以任意比例互溶,对直馏汽油和烷化汽油有很好的调和效应。催化裂化汽油和催化重整汽油,经甲基叔丁基醚调和后,辛烷值相对提高。甲基叔丁基醚也可以重新裂解为异丁烯,作为橡胶及其他化工产品的原料。质量较好的甲基叔丁基醚,可以用于医药,是医药中间体,俗称"医药级MTBE"或"医药级甲基叔丁基醚"。对于甲基叔丁基醚的毒性、危险性,在贮存和使用过程中也要充分重视。

主反应:

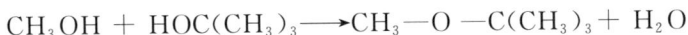

$$CH_3OH + HOC(CH_3)_3 \longrightarrow CH_3-O-C(CH_3)_3 + H_2O$$

副反应:

$$HOC(CH_3)_3 \longrightarrow (CH_3)_2C=CH_2 + H_2O$$

三、仪器与试剂

(1) 仪器:有机合成装置(三口烧瓶、电动搅拌器、冷凝管、恒压滴液漏斗、分馏柱、天平、量筒、温度计、沸石)、布氏漏斗、抽滤瓶、真空泵、电热套等。

（2）试剂：甲醇、叔丁醇、15％硫酸、无水碳酸钠、金属钠等。

四、实验步骤

在一个 250 mL 三口烧瓶的中口装配一支分馏柱，一个侧口装一支温度计（插到接近瓶底），另一个侧口用塞子塞住。分馏柱顶部装有温度计，其支管依次连接冷凝管、带支管的接引管和接收器。接引管的支管接一根长橡皮管，通到水槽的下水管中。接收器用冰水浴冷却。

仪器装好以后，在烧瓶中加入 90 mL 15％硫酸、20 mL 甲醇和 25 mL 90％叔丁醇，混合均匀。投入几粒沸石，加热。当烧瓶中的液体温度达到 75～80 ℃时，产物便慢慢地被分馏出来。仔细调整加热量，使得分馏柱顶部的蒸气温度保持在（51±2）℃。每分钟收集 0.5～0.7 mL 馏出液。当分馏柱顶部温度明显地上下波动时，停止分馏。总分馏时间约 1.5 h，共收集粗产物 27 mL 左右。

将馏出液移入分液漏斗中，用水多次洗涤，每次用 5 mL 水。为了除去其中所含的醇，需要重复洗涤 4～5 次。当醇被除掉后，醚层清澈透明，分出醚层，用少量无水碳酸钠干燥，将醚转移到干燥的回流装置中，加入 0.5～1 g 金属钠，加热回流 0.5～1 h。最后将回流装置改装为普通蒸馏装置，接收器用冰水浴冷却，蒸出甲基叔丁基醚，收集 54～56 ℃的馏分。产量约为 10 g。纯甲基叔丁基醚为无色透明液体，沸点为 54 ℃，相对密度为 0.7405。

计算叔丁醇的转换率和产物的产率。

五、注意事项

（1）取 18.5 g 叔丁醇，加入 2 mL 蒸馏水，配成 90％叔丁醇；若制备量大时，叔丁醇应分批（每次约 25 mL）加入。

（2）甲醇的沸点为 64.7 ℃，叔丁醇沸点为 82.6 ℃，叔丁醇与水的恒沸混合物（含醇 88.3％）的沸点为 79.9 ℃，所以分馏时温度应尽可能控制在 51 ℃左右（是醚和水的恒沸混合物），以不超过 53 ℃为宜。

（3）分馏后期，馏出速度大大减慢，此时略微调节火焰大小，分馏柱顶部温度会随之大幅度地波动，这说明反应瓶中的甲基叔丁基醚已基本蒸出。此时反应瓶中的温度约升至 90 ℃。

（4）洗涤至所加水的体积在洗涤后不再增加。如果增大制备量时，洗涤的次数应增多。

六、思考题

（1）醚化反应时为何用 15％硫酸？用浓硫酸行不行？

（2）分馏时柱顶的温度过高会有什么不利影响？

（3）用金属钠回流的目的是什么？如果不进行这一步处理，而将干燥后的醚层直接蒸馏，对结果会有什么影响？

实验 19　水杨酸甲酯(冬青油)的合成

一、实验目的

（1）学习酯化反应的基本原理和基本操作。

（2）学习有机回流装置的操作要点和无水反应的操作要点。

（3）学习蒸馏、减压蒸馏等基本操作。

二、实验原理

水杨酸甲酯（methyl salicylate），学名为邻羟基苯甲酸甲酯，最早是从冬青树叶中提得，所以又称冬青油（gaultheria oil），它具有特殊的香味和防腐止痛作用，可作为香料和防腐剂，医药上主要用于外擦止痛和治疗风湿等。水杨酸甲酯为具有香味的无色或微黄色油状液体，微溶于水，溶于氯仿、乙醚，与乙醇能混溶，水杨酸甲酯的沸点为 222.2 ℃（760 mmHg）、105 ℃（14 mmHg），相对密度为 1.182，折射率为 1.5365，在高温下易分解，所以常用减压蒸馏法提纯。

水杨酸甲酯在自然界中广泛存在，是鹿蹄草、小当药油的主要成分，还存在于晚香玉、丁香、茶等的精油中。工业上用水杨酸与甲醇在硫酸存在下酯化而得。将水杨酸溶解在甲醇中，添加硫酸，搅拌加热，于 90～100 ℃反应 3 h，降温至 30 ℃以下，分取油层，用碳酸钠溶液洗涤至 pH 在 8 以上，再用水洗一次。减压蒸馏，收集 95～110 ℃（1.33～2.0 kPa）馏分，即得水杨酸甲酯，产率在 80％以上。

主要反应方程式如下：

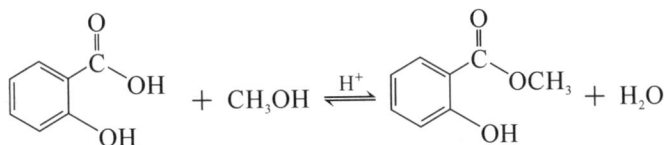

三、仪器与试剂

（1）仪器：加热回流装置（圆底烧瓶、冷凝管、干燥管）、蒸馏与减压蒸馏装置（蒸馏烧瓶、蒸馏头、接引管）、分液漏斗、真空泵、加热套、锥形瓶、水浴锅等。

（2）试剂：水杨酸、甲醇、浓硫酸、5％碳酸氢钠溶液、饱和氯化钠溶液、无水硫酸镁等。

四、实验步骤

将 28 g 水杨酸置于干燥的 250 mL 圆底烧瓶中,加入甲醇 81 mL,在不断振摇下,慢慢加入浓硫酸 16 mL,然后在水浴中加热回流 1.5～2 h。稍冷却后(约 30 ℃),改成蒸馏装置回收甲醇(64.8 ℃馏分),剩余溶液冷却后,倒入盛有 100 mL 水的分液漏斗中,振摇并静置,分出下层油状物,用 5%碳酸氢钠溶液洗至中性,再用水洗 1～2次,将水杨酸甲酯置于干燥小锥形瓶中,加入 5 g 无水硫酸镁,振摇,放置 0.5 h 以上,过滤,滤液进行减压蒸馏,收集 115～117 ℃(20 mmHg)或 100～102 ℃(12 mmHg)的产品,计算产率(产量为 15～20 g)。

实验制备出的产品通过性状测试(沸点、折射率),与文献值进行对比。通过红外光谱或核磁共振谱来鉴定水杨酸甲酯的品质。

五、注意事项

(1) 实验仪器一定要干燥,否则将降低水杨酸甲酯(冬青油)的产率。
(2) 反应过程温度不可过高,否则生成的酯容易分解,影响其产率。
(3) 用饱和碳酸氢钠溶液洗涤的目的是除去杂质酸(硫酸和水杨酸)。
(4) 加无水硫酸镁的目的是干燥水杨酸甲酯。

六、思考题

(1) 为什么实验中所有仪器必须干燥? 若有水存在会怎样?
(2) 实验过程可以使用明火加热吗?

实验 20　邻苯二甲酸二异辛酯的合成

一、实验目的

(1) 学习增塑剂邻苯二甲酸二异辛酯(DOP)的制备原理并掌握其制备方法。
(2) 掌握减压蒸馏等操作方法。
(3) 学习酯的测定方法。

二、实验原理

常温下 DOP 为无色黏稠液体,熔点为 −55 ℃(常温下),沸点为 384 ℃(常温下),折射率为 1.4853,闪点为 207 ℃,可溶于大多数有机溶剂,微溶于甘油、乙二醇,有特殊气味。DOP 是邻苯二甲酸酯类增塑剂中重要的品种之一,主要用作聚乙烯、硝化纤维素、电线包皮等塑料的添加剂。

采用间歇法制备 DOP,苯酐与 2-乙基己醇的用量比为 1:2,硫酸用量为苯酐的

0.3%（质量比），酯化同时加入总物料量的 0.1%～0.3%（质量比）的活性炭，酯化液用氢氧化钠中和、水洗、减压蒸馏，回收过量的 2-乙基己醇，再经脱色，压滤，即得成品。

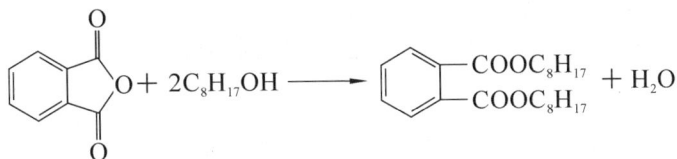

邻苯二甲酸酯由苯酐与相应的醇在硫酸或对甲苯磺酸作催化剂的条件下发生酯化反应制得，酸性催化剂的用量一般以苯酐计为 0.2%～0.5%（质量比）。在反应过程中不断把酯化反应所生成的水从反应系统中除去。由于酯化反应是可逆反应，当达到平衡时，[酯]·[水]/（[酸]·[醇]）＝K，式中，K 为平衡常数，不断除去水可使反应向正方向进行，一般在反应物中加入一种能与水形成共沸物的溶剂作为共沸剂。本实验采用过量醇作带水剂。现在工业催化剂的品种越来越多，在传统的硫酸催化酯化基础上，出现了许多催化效果更好的催化剂。本实验采用硅烷改性聚醚胶催化剂，与硫酸作催化剂的效果进行比较。

三、仪器与试剂

（1）仪器：减压装置、电子恒速搅拌器、电热套、四口烧瓶等。

（2）试剂：苯酐、异辛醇、氢氧化钠、活性炭、中性乙醇、酚酞、浓硫酸、硅烷改性聚醚胶（MS）等。

四、实验步骤

1. 酯化反应

将 40 g 苯酐、100 g 异辛醇、0.3 g 硫酸（或 0.3 g MS）加入 500 mL 四口烧瓶中，异辛醇按配比是过量的，在反应中同时作为水的共沸剂。反应过程用电子恒速搅拌器不断搅拌，常压下加热酯化。不再有水生成，表明反应结束，需要 3 h。

2. 中和与水洗

在搅拌下，以热的 2%～5% 氢氧化钠溶液中和粗酯数次，澄清后分去碱液，再用水洗至中性或微酸性。

3. 减压蒸馏

将粗酯吸入脱醇的四口烧瓶中进行减压蒸馏，蒸出醇和水分，经过脱醇的粗酯酸值应为 0.03。将催化剂浓硫酸改为 MS，重复上述各步骤，比较产品的性质，反应所需时间。

测定产品的酸值、皂化值及邻苯二甲酸二异辛酯的含量。

五、注意事项

（1）苯酐有毒，应小心添加。如果苯酐沾到手上、脸上，应用水快速冲洗。

（2）减压前要严格检查减压装置的气密性。

（3）细心观察酯化反应中第一滴水流出的时间、温度。

六、思考题

（1）酯化反应的特点是什么？

（2）非酸性催化剂和酸性催化剂相比在制备工艺上有什么不同？

（3）硫酸催化反应可能有哪些副反应？

（4）酸性催化剂的催化原理是什么？

（5）活性炭脱色原理是什么？

实验 21　黄连中黄连素的提取

一、实验目的

（1）了解黄连素的结构。

（2）掌握黄连素的提取方法。

（3）掌握化学方法鉴别黄连素的原理。

二、实验原理

黄连为毛茛科黄连属植物黄连、三角叶黄连或云连的干燥根茎。我国劳动人民很早就发现了黄连的药用价值。据《本草纲目》记载，黄连具有清热燥湿、清心除烦，泻火解毒的功效，是国产名药材之一。现代研究表明，黄连素（也称盐酸小檗碱）的抗菌力很强，对急性结膜炎、口疮、急性细菌性痢疾、急性肠胃炎等均有很好的疗效，是临床上治疗腹泻的非处方药。现代药理学的研究进一步发现黄连素还具有抗心力衰竭、抗血小板及改善胰岛素抵抗等作用，因而在治疗心血管系统和神经系统疾病方面日益受到重视。

黄连、黄柏、三颗针等中草药中都含有黄连素，其中黄连和黄柏中的含量最高，可达 4%～10%。除黄连素外，从黄连中还分离出掌叶防己碱、黄连碱等多种生物碱。

黄连素是黄色针状体，无臭，味极苦，熔点为 145 ℃。在 100 ℃下干燥后，黄连素会失去所含的结晶水而转变为棕红色。游离的黄连素微溶于水和乙醇，易溶于热水和热乙醇中，几乎不溶于乙醚、石油醚、苯、三氯甲烷等有机溶剂。黄连素含有异喹啉结构母核，属于原小檗碱型生物碱，在自然界中主要是以季铵碱的形式存在，在溶液中存在醛式、醇式、季铵碱式 3 种互变异构体。

虽然黄连素在黄连等植物体内以盐酸盐的形式存在,但黄连素的盐均较难溶于冷水,而易溶于热水。因此可采用在水、乙醇等溶剂中加热回流的方法,将黄连素从黄连中提取出来,再经酸化转化为相应的盐;得到的黄连素盐的粗品再经过重结晶的方法进一步提纯。

三、仪器与试剂

(1) 仪器:圆底烧瓶、水浴锅、天平、旋转蒸发仪、冷凝管、电磁加热搅拌器、减压过滤装置、烧杯等。

(2) 试剂:黄连(中药店有售)、95%乙醇、乙酸、浓盐酸、丙酮、氢氧化钠等。

四、实验步骤

1. 浸提

称取 10 g 用研钵磨细的中药黄连,放入 250 mL 圆底烧瓶中,加入 100 mL 95% 乙醇,装上冷凝管,在热水浴中加热回流 0.5 h,冷却并静置浸泡 1 h。

2. 过滤

减压过滤,滤渣用少量 95%乙醇洗涤 2 次。

3. 蒸馏

将滤液倒入 250 mL 圆底烧瓶中,安装普通蒸馏装置。加热蒸馏,回收乙醇。当烧瓶内残留液呈棕红色糖浆状时,停止蒸馏(不可蒸干)。

4. 溶解、过滤

向烧瓶内加入 30 mL 10%乙酸溶液,加热溶解,趁热抽滤,除去不溶物。将滤液倒入 200 mL 烧杯中,滴加浓盐酸至溶液出现浑浊(约需 10 mL)。将烧杯置于冰水浴中充分冷却后,黄连素盐酸盐呈黄色晶体析出,减压过滤。

5. 重结晶

将滤饼放入 200 mL 烧杯中,先加少量水,用石棉网小火加热,边搅拌边补加水,至晶体在受热情况下恰好溶解。停止加热,稍冷后,将烧杯放入冰水浴中充分冷却,抽滤,结晶,并用冰水洗涤 2 次,再用少量丙酮洗涤 1 次,压紧抽干,称量质量。

将得到的黄连素盐酸盐粗品溶于氢氧化钠溶液中,滴加丙酮后可观察到柠檬黄色沉淀析出。这也是原小檗碱型生物碱的常用化学鉴别方法之一。另外,向小檗碱酸性溶液中加入少量漂白粉,溶液变为樱红色。

计算产率。

五、注意事项

(1) 得到纯净的黄连素晶体比较困难。可用石灰乳将黄连素盐酸盐的热水溶液

pH 调节至 8.5～9.8,稍冷后滤去杂质,滤液用冰水浴冷却到室温以下,即可得到较纯的游离黄连素(针状体)晶体,于 50～60 ℃下干燥后,测定熔点为 145 ℃。

（2）后两次提取可适当减少乙醇用量,缩短回流时间。

（3）最好用冰水浴冷却。

（4）可用水重结晶改善晶型。

六、思考题

（1）黄连素为何种生物碱?

（2）为何要用石灰乳来调节 pH,用强碱氢氧化钠是否可行?

（3）请结合党的二十大报告中"促进中医药传承创新发展",简述提取黄连素的必要性。

实验 22　辅酶催化的安息香的合成与表征

一、实验目的

（1）了解酶催化反应的特点。

（2）掌握维生素 B_1 催化安息香缩合的原理。

二、实验原理

催化剂是能够降低反应活化能,显著改变化学反应速率,而自身在反应前后不发生变化的一类物质。催化剂广泛应用于合成氨、聚乙烯橡胶、聚丁烯橡胶等现代化工中。催化剂的种类繁多,不仅包括酸、碱、过渡金属等化学催化剂,也包括酶等生物催化剂。

酶是生物体内产生的具有催化能力的蛋白质、核酸及其复合物。酶催化反应条件温和、高效而且专一,但对温度、酸碱度及能引起蛋白质变性的因素很敏感,容易失活。人类很早就开始在酿酒、发酵等生产实际中利用酶的催化作用。随着科技的发展,人们对酶的本质及其催化功能的认识愈加深入,其地位也更加重要。把酶引入有机合成领域,在生物体外促进天然或人工合成物质的各种转化反应是当今化学化工的研究热点和重要发展方向之一。

安息香的化学名是 2-羟基-1,2-二苯基乙酮,是一种白色固体,密度为 1.310 g/mL,熔点为 137 ℃,不溶于水,微溶于热水,溶于乙醇。它广泛用作感光性树脂的光敏剂、染料中间体和粉末涂料的防缩孔剂,也是抗癫痫等药物的合成中间体。早期合成的安息香的催化剂是剧毒的氰化物,易对人体造成危害,因此需要探索安全环保的安息香合成路线。

维生素 B_1 又称硫胺素,是一种辅酶,其中噻唑环 C_2 上的质子受氮原子和碳原子影响,具有明显的酸性。其结构中含有嘧啶环和噻唑环:

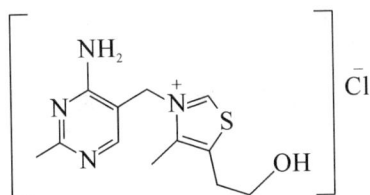

在生化过程中,本实验采用维生素 B_1 替代氰化物,催化两分子苯甲醛缩合制备安息香,操作安全、污染小。维生素 B_1 主要对 α-酮酸脱羧和 α-羟基酮(偶姻)生成等酶促反应起到催化作用:

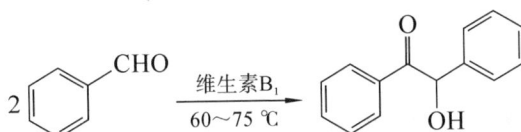

三、仪器与试剂

(1) 仪器:试管、天平、量筒、水浴锅、pH 计、薄层色谱扫描仪、薄层板、涂布器、展开缸、电磁加热搅拌器、三口烧瓶、熔点测定仪等。

(2) 试剂:维生素 B_1、苯甲醛(新蒸)、3 mol/L NaOH 溶液、95％乙醇等。

四、实验步骤

先将配制好的 3 mol/L NaOH 溶液 3 mL 放于试管中,用冰浴预冷。另将 1.7 g 维生素 B_1 和 4 mL 水混合于配有温度计的三口烧瓶中,搅拌下使之溶解后,加入 15 mL 95％乙醇。在冰浴冷却下,于 5 min 内将预冷的 NaOH 溶液逐滴加入烧瓶中。量取 10 mL 新蒸的苯甲醛,加入上述反应混合物中,置于 70～80 ℃水浴上加热。反应过程中需使溶液的 pH 维持在 8～9,并用薄层色谱检测反应进程。待反应结束,将反应混合物用冰浴冷却,使固体产品析出。抽滤并用 50 mL 冷水洗涤得到的安息香粗品。将上述安息香粗品用 95％乙醇重结晶(6 mL/g),干燥。

称重,计算产率并测定产品的熔点。

五、注意事项

(1) 维生素 B_1 受热导致结构中的噻唑环开环而失活,因此反应前维生素 B_1 溶液及 NaOH 溶液必须预冷。

（2）维生素 B₁ 在溶液中,易被空气氧化而失效,特别是光照和 Cu、Fe、Mn 等金属离子的存在可加速氧化。

（3）苯甲醛也极易被空气中的氧氧化,建议苯甲醛在使用前重新蒸馏纯化。

（4）本反应的 pH 太高会使维生素 B₁ 失活,pH 太低又无法形成所需的碳负离子,因此必须控制 pH 在 8～9。

（5）反应温度过高,维生素 B₁ 会失活,因此温度应控制在 70～80 ℃。

六、思考题

（1）安息香缩合、羟醛缩合、歧化反应有什么不同？

（2）安息香的核磁共振氢谱图中羟基氢的出峰位置和裂分情况如何？

实验 23　无溶剂的氧气(空气)氧化法制备苯甲酸

一、实验目的

（1）掌握苯甲醇制备苯甲酸的原理。

（2）掌握氧化反应的实验方法。

（3）了解催化剂循环使用的方法。

二、实验原理

物质因失去电子而导致氧化数升高的过程称为氧化。氧化反应是一种重要的化学反应。根据氧化剂不同,氧化反应主要分为氧气(空气)氧化法和化学试剂氧化法。后者具有选择性好、效率高等优点。但是在化工生产中,化学试剂氧化法需要耗费大量的有机溶剂和氧化剂,不仅增加生产成本,还产生大量废物,不符合绿色化工的要求。因此发展氧气(空气)氧化、无溶剂反应、使用可回收催化剂成为氧化反应的研究热点。

苯甲酸(安息香酸)为无色、无味的片状晶体。熔点为 122.13 ℃,沸点为 249 ℃,相对密度为 1.2695,微溶于水,易溶于乙醇、乙醚等有机溶剂。苯甲酸广泛应用于合成醇酸树脂、医药和染料的中间体及防腐剂。

目前制备苯甲酸的氧化法主要有高锰酸钾在水溶液中氧化甲苯、过氧化氢氧化苯甲醇或苯甲醛等。前者存在反应时间长、产生大量固体二氧化锰污染物等缺点。在开发新工艺的同时减少甚至消除对大自然的影响和损害,构建绿色化学体系,是时刻思考和面对的问题。氧气(空气)氧化法因对环境污染小而受到重视。特别是近年来,以空气为氧源、Cu(Ⅱ)配合物为催化剂的无溶剂绿色研究得到快速发展。

本实验以苯甲醇为原料,氧气(空气)为氧化剂,硫酸铜为催化剂,在碱性条件下制备苯甲酸。反应方程式如下：

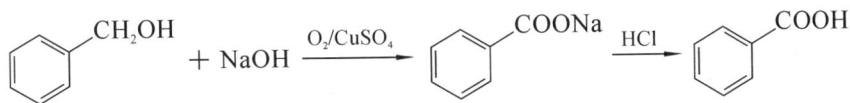

反应中使用的硫酸铜可以循环使用，减少了有害废物的排放，对环境更加友好。Cu(Ⅱ)可能的催化反应机理如下：

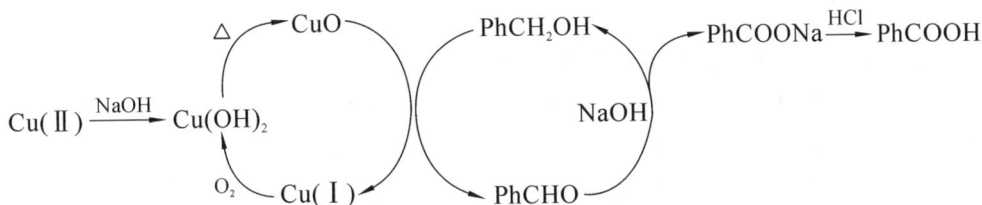

Cu(Ⅱ)无机盐首先在碱性条件下生成 Cu(OH)$_2$，后者受热分解为 CuO。CuO 将苯甲醇氧化为苯甲醛，同时自身转变为 Cu(Ⅰ)，使反应体系呈砖红色。在碱性条件下，Cu(Ⅰ)被 O$_2$ 重新氧化成 Cu(OH)$_2$，使催化反应得以循环进行。苯甲醛则通过歧化反应，分别生成苯甲醇与苯甲酸钠。待反应结束后，将体系酸化得到苯甲酸。

三、仪器与试剂

（1）仪器：带搅拌器的电热套、圆底烧瓶、抽滤瓶、冷凝管、布氏漏斗、马弗炉、坩埚、熔点测定仪、烧杯、量筒、pH 计、天平等。

（2）试剂：氢氧化钠、苯甲醇、无水硫酸铜、浓盐酸等。

四、实验步骤

（1）在装有冷凝管的 100 mL 圆底烧瓶中分别加入 1.00 g(0.025 mol)氢氧化钠、2.15 g(0.02 mol)苯甲醇和 0.26 g (0.0016 mol)无水硫酸铜。将圆底烧瓶放置在带有搅拌器的电热套中，回流至初始液体检测不到原料苯甲酸后，停止反应并冷却至室温。

（2）向圆底烧瓶中加入 25 mL 水，继续加热回流约 15 min，使反应完全，冷却后抽滤。滤饼用 5 mL 水洗涤，晾干后在马弗炉中焙烧，回收黑色的 CuO。滤液则转移到烧杯中，用浓盐酸酸化至 pH≤2，析出白色固体，静置后抽滤，得到苯甲酸粗品。将上述苯甲酸粗品用蒸馏水重结晶，干燥。

称重后计算产率，并测定产品的熔点。

五、注意事项

铜盐催化剂经过简单处理可重复使用，可避免浪费。

六、思考题

除了铜盐,其他金属盐是否也可以催化此反应?

实验24　十二烷基二甲基甜菜碱的合成及性能测定

一、实验目的

(1) 了解两性表面活性剂的性质与用途。
(2) 了解十二烷基二甲基甜菜碱的合成原理和合成工艺。
(3) 了解十二烷基二甲基甜菜碱起泡性能的测定方法。
(4) 学会使用乌氏黏度计测定溶液黏度的方法。

二、实验原理

两性表面活性剂易溶于水,难溶于有机溶剂;毒性小,杀菌性、耐硬水性、相溶性、洗涤性、分散性均较好。分子中有两个亲水基,一个带正电,一个带负电。两性表面活性剂含有阴离子亲水基和阳离子亲水基(阳离子部分:季铵盐等;阴离子部分:羧酸盐、磺酸盐、硫酸盐、磷酸盐等),在酸(碱)性溶液中呈阳(阴)离子而在中性溶液中有类似非离子型表面活性剂的性质。两性表面活性剂主要应用于香波起泡剂、护发剂、杀菌剂、纤维柔软剂、抗静电剂、防锈剂等。

十二烷基二甲基甜菜碱,又称月桂基二甲基甜菜碱、BS-12,属于羧基甜菜碱型两性表面活性剂,无色或淡黄色透明黏稠液体,密度为 1.03 g/cm^3($20 ℃$)。活性物含量为$(30 \pm 2)\%$,pH 为 $6.5 \sim 7.5$。在碱性、酸性和中性条件下均可溶于水,稳定性好,刺激性小,生物降解性和配伍性优良;有良好的去污、起泡、渗透和抗静电性能,杀菌作用温和。十二烷基二甲基甜菜碱适用于制造无刺激性的调理香波、纤维柔软剂、抗静电剂、匀染剂、防锈剂、金属表面加工助剂和杀菌剂等。

十二烷基二甲基甜菜碱是 N,N-二甲基十二烷胺和氯乙酸钠在一定条件下发生反应合成的,反应方程式如下:

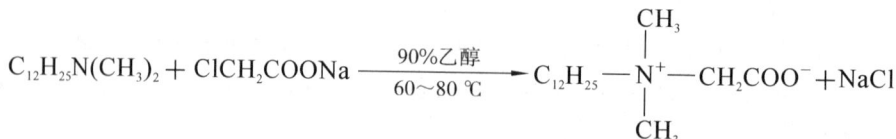

$$C_{12}H_{25}N(CH_3)_2 + ClCH_2COONa \xrightarrow[60 \sim 80 ℃]{90\%乙醇} C_{12}H_{25} - \overset{\overset{\displaystyle CH_3}{|}}{\underset{\underset{\displaystyle CH_3}{|}}{N^+}} - CH_2COO^- + NaCl$$

生成的甜菜碱型两性表面活性剂具有比氨基酸型两性表面活性剂更好的去污、渗透及抗静电等性能。其杀菌作用比较柔和,刺激性较少,不像阳离子型表面活性剂那样对人体有害。

三、仪器和试剂

(1) 仪器:三口烧瓶、水浴锅、电动搅拌器、烘箱、真空泵、移液管、布氏漏斗、滤纸、温度计、冷凝管、分析天平、玻璃棒、毛细管、酒精灯、乌氏黏度计、容量瓶、罗氏泡沫仪、涂-4 黏度计、秒表、pH 计等。

(2) 试剂:N,N-二甲基十二烷胺、氯乙酸钠、90%乙醇、盐酸、甘油、硫酸镁、氯化钙等。

四、实验步骤

1. 十二烷基二甲基甜菜碱的合成

(1) 将 250 mL 三口烧瓶、恒温水浴锅、电动搅拌器、温度计、冷凝管连接成反应装置。

(2) 称量 10.7 g N,N-二甲基十二烷胺、5.8 g 氯乙酸钠(摩尔质量为 116.48 g/mol),量取 30 mL 90%乙醇,先后在三口烧瓶中加入 90%乙醇、N,N-二甲基十二烷胺、氯乙酸钠。

(3) N-烷基化反应:60~80 ℃下回流反应,直至反应液变成透明状。

(4) 冷却,在搅拌状态下滴加盐酸,直至浑浊不再增多,测 pH。

(5) 减压抽滤所得固体,分别用 1 mL 90%乙醇溶液洗涤 2 次,然后干燥,得精制的十二烷基二甲基甜菜碱。

2. 十二烷基二甲基甜菜碱性能的测定

(1) 十二烷基二甲基甜菜碱起泡性能的测定(罗氏泡沫仪)。

①配制 150 mg/L 硬水:称取硫酸镁 0.143 g、氯化钙 0.132 g,溶解于 1000 mL 容量瓶中,加入蒸馏水定容,摇匀。

②试液的配制:准确称取 2.5 g 试样于 1000 mL 容量瓶中,加入配制好的硬水定容、摇匀。

③测定:水浴锅恒温至(40±1) ℃,先后用蒸馏水、试液冲洗罗氏泡沫仪管壁,应冲洗完全,自刻度管底部注入试液 50 mL,静置 5 min,调节活塞,使试液液面恰在 50 mL 刻度处(注意:此试液必须事先预热到 40 ℃再注入仪器内)。

④将罗氏泡沫仪的球管或液管注满 200 mL 试液,安装到测量装置上,使它与刻度管的断面垂直,保证试液沿刻度管中心线滴下,球管出口置于 900 mL 刻度线上。打开球管活塞,使试液流下,当球管中的试液流完时,立即启动秒表,并记录泡沫高度,再记录 5 min 后泡沫高度。

⑤重复以上实验 2~3 次,每次实验之间必须将管壁冲洗干净。将 2 次实验的平均值作为最后结果,误差应不超过 5 mm。

(2) 十二烷基二甲基甜菜碱的溶液黏度的测定。

①先将乌氏黏度计(图 2.3)用洗液和蒸馏水洗干净,然后烘干备用。

②调节乌氏黏度计恒温槽至(25.0±0.1) ℃,在黏度计的 B 管和 C 管上都套上橡皮管,然后将其垂直放入恒温槽,使水面完全浸没 G 球,并用吊锤检查是否垂直。

③用移液管分别吸取已知浓度的待测试样溶液 10 mL,由 A 管注入黏度计中,在 C 管处用洗耳球打气,使溶液混合均匀,浓度记为 c_1,恒温 15 min,进行测定。

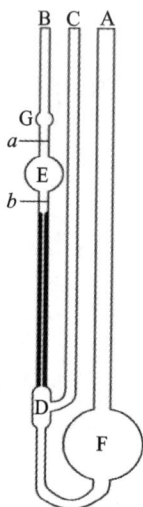

图 2.3　乌氏黏度计

④将 C 管用夹子夹紧使之不通气,在 B 管处用洗耳球将溶液从 F 球经 D 球、毛细管、E 球抽至 G 球 2/3 处,拿掉 C 管夹子,让 C 管通大气,此时 D 球内的溶液即回入 F 球,使毛细管以上的液体悬空。毛细管以上的液体下落,当液面流经 a 刻度线时,立即按秒表开始记时间,当液面降至 b 刻度线时,再按秒表,测得刻度线 a、b 之间的液体流经毛细管所需时间。

⑤重复以上操作至少 3 次,它们间相差不大于 0.3 s,取 3 次的平均值为 t。

⑥溶剂流出时间的测定:用蒸馏水洗净黏度计,尤其要反复清洗黏度计的毛细管部分。用水洗 1～2 次,然后由 A 管加入约 15 mL 蒸馏水,用同法测定溶剂流出的时间 t_0。

五、实验数据处理

(1) 十二烷基二甲基甜菜碱的合成。

干燥后十二烷基二甲基甜菜碱的样品质量_____g。

精制后十二烷基二甲基甜菜碱的质量_____g。

(2) 十二烷基二甲基甜菜碱的性能测定。

十二烷基二甲基甜菜碱的熔点:_____℃。

十二烷基二甲基甜菜碱的起泡性能:_____mm。

十二烷基二甲基甜菜碱的溶液的黏度:_____Pa·s。

六、注意事项

(1) 滴加浓硫酸时不能太多,以乳状液不再消失为准。

(2) 洗涤产品时,溶剂用量不能太大。

七、思考题

(1) 两性表面活性剂有哪几类?其在工业和日用化工方面有哪些用途?

(2) 甜菜碱型两性表面活性剂与氨基酸型两性表面活性剂相比,其性质上最大的差别是什么?

实验 25　草酸根合铁(Ⅲ)酸钾的制备及其组成的确定

一、实验目的

(1) 了解配合物的制备、结晶、组成分析并确定分子式的全过程。

(2) 掌握配合物的结构和性质的测试方法。

二、实验原理

草酸根合铁(Ⅲ)酸钾可由三氯化铁和草酸钾反应制得,要确定所得配合物的组成,必须综合应用各种方法。化学分析可以确定各种组分的百分含量,从而确定分子式。

配合物中的金属离子一般可以通过滴定法、比色分析法或原子吸收光谱法确定其含量。草酸根合铁(Ⅲ)酸钾配合物中铁含量采用磺基水杨酸比色法测定,或用高锰酸钾标准溶液来滴定亚铁离子并计算其含量。钾含量可以用原子吸收光谱法测定,也可以用离子选择电极法测定。

草酸根合铁(Ⅲ)酸钾中所含的结晶水和草酸根可通过红外光谱法做定性鉴定,并用热重分析法定量测定结晶水和草酸根的含量,还可用气相色谱法测定不同温度时热分解产物中逸出气的组分及其相对含量来确定。

草酸根合铁(Ⅲ)酸钾配合物中心离子 Fe^{3+} 的 d 电子组态及配合物是高自旋还是低自旋,可以由磁化率测定来确定,通过配离子电荷的测定可进一步确定配合物组成及在溶液中的状态。

三、仪器和试剂

(1) 仪器:分光光度计、离子计、热重分析仪、电导率仪、常用玻璃仪器、磁力搅拌器、红外光谱仪、磁天平、甘汞电极、天平、烧杯、量筒、布氏漏斗、容量瓶、移液管、滤纸、瓷坩埚等。

(2) 试剂:草酸钾、三氯化铁、氯化钾、氨水、磺基水杨酸等。

四、实验步骤

1. 草酸根合铁(Ⅲ)酸钾的制备

称取 12 g 草酸钾,放入 100 mL 烧杯中,注入 20 mL 蒸馏水并加热,使草酸钾全部溶解。在溶液近沸腾时边搅拌边注入 8 mL 三氯化铁溶液(0.4 g/mL),将此溶液在冰水中冷却,即有绿色晶体析出,用布氏漏斗过滤,得粗产品。将粗产品溶解在约 20 mL 热水中,趁热过滤,将滤液在冰水中冷却,待结晶完全后再过滤,用少量冰水洗涤晶体,并在空气中干燥。

2. 化学分析

(1) 样品中铁含量的测定:称取 1.964 g 干燥的经重结晶的草酸根合铁(Ⅲ)酸钾(样品),溶于 80 mL 水中,注入 1 mL 体积比为(1:1)盐酸后,在 100 mL 容量瓶中稀释到刻度。吸取上述溶液 5 mL,在 500 mL 容量瓶中稀释到刻度,此溶液为样品溶液(保存在暗处)。用刻度移液管分别吸取 0.0 mL、1.0 mL、2.5 mL、5.0 mL、7.5 mL、10.0 mL、12.5 mL 铁标准溶液,以及 25 mL 样品于 7 个 100 mL 容量瓶中,用蒸馏水稀释至约 50 mL,注入 5 mL 25%(含量)磺基水杨酸,用氨水(体积比 1:1)中和到溶液呈黄色,再注入 1 mL 氨水,然后用蒸馏水稀释到刻度,摇匀。在分光光度计上,用 1 cm 比色皿在 450 nm 处进行比色,测定各铁标准溶液和样品溶液的吸光度。

(2) 样品中钾含量的测定:用钾电极作指示电极,饱和甘汞电极作参比电极,连接到离子计上,用蒸馏水将钾电极洗至负电位基本不变,用干净滤纸将电极表面的水吸干后分别测定 1×10^{-5} mol/L、1×10^{-4} mol/L、1×10^{-3} mol/L、1×10^{-2} mol/L、1×10^{-1} mol/L KCl 标准溶液的电位,测定的顺序必须是从稀溶液到浓溶液,每次测量之前不必用蒸馏水清洗电极,只需用滤纸将电极表面吸干(注意电极表面不能有气泡),否则会影响电位。全部测定完后将电极浸在蒸馏水中,在磁力搅拌器上清洗几分钟,换上干净蒸馏水继续清洗,直到静止后,测得的电位与未测钾标准溶液前相近即可。在 150 mL 干燥烧杯中,注入 100 mL 样品溶液,测定电位 E_1,再用移液管注入 1 mL 1×10^{-1} mol/L KCl 标准溶液,搅拌 1 min 后测定电位 E_2,由测定的电位再计算样品中钾的含量。

3. 热重分析

在瓷坩埚中,称取一定量磨细的配合物样品,按规定的操作步骤在热天平上进行热分解测定,直至升温到 550 ℃。记录不同温度时样品的质量。

4. 样品与热分解产物的红外光谱

分别测定样品和 550 ℃ 热分解产物的红外光谱。

五、实验数据处理

1. 配合物中铁含量的测定

将分光光度法测定的实验结果记录于表 2.5。

表 2.5　分光光度法测定的实验结果

编号	$V(Fe^{3+})$/mL	$c(Fe^{3+})$/($\mu g \cdot mL^{-1}$)	吸光度 A		
			1	2	平均
1	0	0			
2	1.0	1.0			
3	2.5	2.5			
4	5.0	5.0			
5	7.5	7.5			
6	10.0	10.0			
7	12.5	12.5			
样品	25	x			

以吸光度 A 为纵坐标，Fe^{3+} 含量为横坐标作图，得一直线，即为 Fe^{3+} 的标准曲线。以样品的吸光度 A 在标准曲线上找到相应的 Fe^{3+} 含量，并按下式计算样品中 Fe^{3+} 的百分含量。

$$\omega(Fe^{3+}) = \frac{c_{样品} \times 10^{-6} \times 100 \times n}{m} \times 100\%$$

式中：n 为比色样品稀释倍数；m 为样品质量，g；c 为样品浓度，$\mu g \cdot mL^{-1}$；100 的单位为 mL。

2. 样品和 550 ℃ 热分解产物的红外光谱

根据样品所测得的红外光谱中基团的特征频率，分析样品中所含的基团，并与标准红外光谱对照，初步确定样品的结构。

3. 样品的热重分析

根据不同温度时的样品质量，作温度-质量的热重曲线。由热重曲线计算样品的失重率，并与各种可能的热分解反应的理论失重率做比较，并参考红外光谱，确定该样品的组成。

六、注意事项

(1) 草酸根合铁(Ⅲ)配离子溶液配制好后须保存在暗处，因为该配离子见光易分解生成 Fe^{2+} 和 CO_2。

(2) 测定样品中钾的含量时，每次测定电位前须用滤纸将钾电极表面吸干，注意电极表面不能有气泡。

(3) 红外光谱法测定样品时，应避免草酸根合铁(Ⅲ)酸钾在红外灯下照射，会导致其分解；550 ℃ 的热分解产物应迅速转移至干燥器中保存。

七、思考题

如何确定草酸根合铁(Ⅲ)酸钾的热分解产物？

实验 26　碘仿的电化学合成

一、实验目的

（1）通过碘仿的制备，了解电化学方法进行有机合成的基本原理，认识电化学方法在有机合成的应用。

（2）初步掌握用电化学方法进行有机合成的基本步骤。

二、实验原理

碘仿为淡黄色晶体，有特殊气味，熔点约为 120 ℃，在沸点会升华，遇高温分解而析出碘，能随水蒸气蒸馏。碘仿几乎不溶于水，能溶于醇、醚、乙酸、氯仿等有机溶剂。碘仿对皮肤及黏膜组织无刺激作用，遇组织液、分泌物、脓液等会分解出碘，故可用作消毒剂。碘仿一般由乙醇或丙酮与碘在碱性介质中发生卤仿反应制得。近年来，电化学方法在有机合成上的应用已经引起广泛的注意，其优点之一就是在某些反应中的转化率较高。例如，在丙酮-碘化钾溶液中通过电解反应，丙酮几乎全部转变为碘仿。本实验设计坚持"绿色化学"思想，最大限度地减少实验废弃物的产生，最大限度地发挥化学合成反应中的原子经济性，植入"节能减排"的思政理念，利用一种极为简单的装置来进行电解反应，电解示意图如图 2.4 所示。

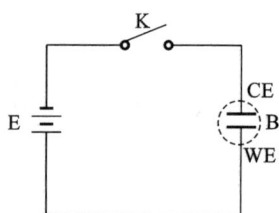

图 2.4　电解示意图

【反应方程式】

主反应：

$$2I^- - 2e^- \longrightarrow I_2, \quad I_2 + 2OH^- \longrightarrow IO^- + I^- + H_2O$$

$$CH_3COCH_3 + 3IO^- \longrightarrow CH_3COO^- + CHI_3 + 2OH^-$$

副反应：

$$3IO^- \longrightarrow IO_3^- + 2I^-$$

三、仪器与试剂

（1）仪器：电解池、磁力搅拌器、锥形瓶、布氏漏斗、水浴锅、量筒、铂片、碳棒等。

（2）试剂：碘化钾、丙酮、蒸馏水、异丙醇等。

四、实验步骤

1. 安装电解装置

图 2.4 中，B 为电解池，置于磁力搅拌器的承板上；CE 为辅助电极；WE 为工作电极；E 为 6 V 的直流电源；K 为开关。

2. 电解操作

电解池内放置 100 mL 蒸馏水、1 mL 丙酮和 6 g 碘化钾,开动磁力搅拌器,充分搅匀。闭合开关 K,接通电源。注意观察:工作电极周围出现何种颜色的物质(为什么?)? 随着电解的进行,产生何种特殊气味(是什么?)? 电解 20～25 min 后,即可进行产物的分离。

3. 分离、提纯碘仿

停止通电,用布氏漏斗减压滤取电解时生成的固体,再溶于 6～8 mL 异丙醇中(于水浴中微热),趁热过滤,用冷水冷却滤液,即析出黄色晶体碘仿。

最好使用两片 4 cm² 铂片作为工作电极和辅助电极,两电极间的距离越小越好,但不能互相接触,避免造成短路。若无合适的铂片,可用两根直径为 6 mm、长为 100 mm 的碳棒代替,也可使用甲号大电池中的碳棒。

GCA 5 A/6～24 V 充电机是实验室中最方便的直流电源,其输出“＋”接工作电极,输出“－”接辅助电极。

本实验中只通电 20～25 min,电解反应并未完全,故本实验不要求计算产率。

五、注意事项

(1) 重结晶时加入的溶剂应适量(一般过量 20% 为宜)。

(2) 加入活性炭为非必要步骤,其目的是脱色,若溶液澄清,则可略过此步骤。

(3) 若经冷却没有晶体析出,则可用玻璃棒摩擦锥形瓶内壁,以形成晶种,促进晶体生长。

六、思考题

(1) 分别写出工作电极(WE)和辅助电极(CE)上的主反应方程式。

(2) 电解液中的 KI 改为 KBr,电解所得的主要产物是什么?

实验 27　汽油添加剂甲基叔丁基醚的合成、分离和鉴定

一、实验目的

(1) 通过甲基叔丁基醚的合成,掌握均相催化反应技术。

(2) 进一步巩固蒸馏、洗涤等基本操作。

(3) 掌握用气相色谱仪、红外光谱仪等大型仪器对样品的鉴定方法。

二、实验原理

城市汽车废气造成的环境污染日益严重,传统的有毒含铅汽油将逐渐被禁用,取而代之的是含甲基叔丁基醚(MTBE)、乙基叔丁基醚(ETBE)等的无铅汽油。由于

甲基叔丁基醚价格低廉,所以它较乙基叔丁基醚使用更广泛。甲基叔丁基醚作为汽油添加剂可节约大量石油资源,缓解石油匮乏问题,解决汽车尾气排放造成空气污染的环保问题,是实现低碳石油应用最有效的一项科学技术。

甲基叔丁基醚为低沸点液体(沸点为 55.2 ℃),主要用作汽油添加剂,代替四乙基铅,提高汽油的辛烷值。它的毒性很小,也是一种较理想的溶剂。1985 年 Allen 等首次报道了用甲基叔丁基醚溶解胆结石的实验,在体外溶解胆结石仅需 60～100 min,动物实验及临床试验经皮肝穿刺胆囊插管或经内窥镜胆管插管溶解胆囊或胆管结石的效果也不错。

目前甲基叔丁基醚主要由异丁烯和甲醇在低压下通过离子交换树脂催化反应制得,但也有用改性沸石或固载杂多酸作为催化剂,以异丁烯和甲醇为原料气固相催化合成,其反应方程式如下:

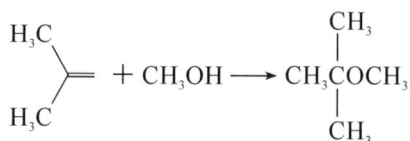

$$\underset{H_3C}{\overset{H_3C}{\diagup}} C {=} CH_2 + CH_3OH \longrightarrow \underset{CH_3}{\overset{CH_3}{\mid}} CH_3COCH_3$$

由于甲基叔丁基醚需求量的急剧膨胀,原料异丁烯远远满足不了需求。因此,需要开发制取甲基叔丁基醚的非异丁烯合成路线。从甲醇和叔丁醇制取甲基叔丁基醚是一条极有价值的工艺路线,因为叔丁醇很容易通过丁烷氧化而得到。国内外大量报道了甲醇和叔丁醇反应制备甲基叔丁基醚的催化剂,例如 ZSM-5、负载的 ZSM-5、负载的 Y-沸石和用氟磷改性的 Y-沸石以及杂多酸盐等。

在实验室中,甲基叔丁基醚可用威廉森制醚法制取:

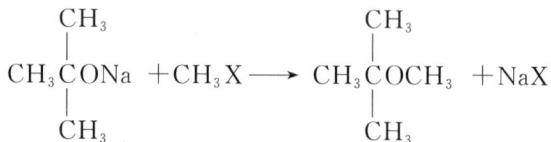

$$\underset{CH_3}{\overset{CH_3}{\mid}} CH_3CONa + CH_3X \longrightarrow \underset{CH_3}{\overset{CH_3}{\mid}} CH_3COCH_3 + NaX$$

也可用硫酸脱水法合成:

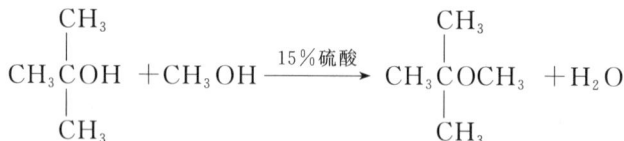

$$\underset{CH_3}{\overset{CH_3}{\mid}} CH_3COH + CH_3OH \xrightarrow{15\%硫酸} \underset{CH_3}{\overset{CH_3}{\mid}} CH_3COCH_3 + H_2O$$

本实验以甲醇和叔丁醇为原料,用 15％硫酸作催化剂,进行均相催化合成甲基叔丁基醚。

三、仪器与试剂

(1) 仪器:量筒、磁力搅拌器、水浴锅、三口烧瓶、恒压分液漏斗、温度计、分液漏斗、刺形分馏柱、冷凝管、气相色谱仪、折射率仪、红外光谱仪等。

（2）试剂：叔丁醇、甲醇、15％硫酸、无水碳酸钠、甲基叔丁基醚标准品等。

四、实验步骤

在带有磁力搅拌器，装有恒压滴液漏斗、刺形分馏柱（约 20 cm 长）的 250 mL 三口烧瓶中，加入 100 mL 15％硫酸、35 mL 甲醇及 10 mL 叔丁醇。搅拌并逐渐加热，控制反应温度在 80～85 ℃，使馏出物温度保持在 40～60 ℃，产物缓慢地蒸出并收集。约 1 h 后，从滴液漏斗中逐滴加入另外 25 mL 叔丁醇，1 h 内滴加完毕。继续收集馏出物，直至无馏出物（约 2 h）。

将馏出物移入分液漏斗中，用水反复洗涤（每次用 25 mL 水），以除去所含的醇，除去醇后，醚层清澈透明。分出醚层，加入少量无水碳酸钠，干燥。

将回流装置改为蒸馏装置，蒸出甲基叔丁基醚，收集 54～56 ℃的馏分。称重，求产率。

所得产品分别用气相色谱仪、折射率仪和红外光谱仪进行鉴定。

改变催化剂（硫酸）的量进行合成，确定最佳催化剂的用量。

（1）计算叔丁醇的转换率和产物的产率。

（2）分析产物的红外光谱。

（3）用折射率仪和气相色谱仪鉴定产物的纯度并分析气相色谱图。

五、注意事项

（1）洗涤、转移产品时操作要规范，防止产品损失。

（2）收集馏分的时机要准确，否则一部分产物会未被收集。

（3）量取或称量时操作要规范，防止称量时产生更大的误差。

（4）读数时要准确，防止产生更大的误差。

六、思考题

（1）叔丁醇的熔点为 25.5 ℃，当室温低于该温度时，如何能保证叔丁醇从滴液漏斗中逐滴加入？

（2）试述汽油添加剂的作用。

（3）通过查阅文献，总结国内外合成甲基叔丁基醚的方法，并比较其优缺点。

实验 28　白酒中总酯含量的测定

一、实验目的

（1）练习滴定操作，初步掌握确定终点的方法。

（2）练习酸碱标准溶液的配制。

（3）熟悉酚酞指示剂的使用和终点的变化,初步掌握酸碱指示剂的选择方法。

（4）掌握白酒中总酯含量的测定方法。

二、实验原理

白酒中的酯是有机酸与醇在酸性条件下经酯化反应而生成的。酒中香味在很大程度上与酯的组成及含量有关,它是酒的一个很重要的质量指标。白酒中酯的成分极为复杂,其中有乙酸乙酯、己酸乙酯、丁酸乙酯、乳酸乙酯等。用化学分析法所测定的总酯,常以乙酸乙酯计算。

用氢氧化钠标准溶液中和白酒的游离酸,再加入一定量的氢氧化钠标准溶液使酯皂化,过量的氢氧化钠溶液再用硫酸标准溶液进行返滴定,依据反应所消耗的硫酸标准溶液的体积,计算出总酯的含量。

其反应方程式如下:

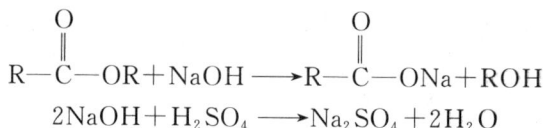

$$R{-}\overset{\overset{\displaystyle O}{\|}}{C}{-}OR+NaOH \longrightarrow R{-}\overset{\overset{\displaystyle O}{\|}}{C}{-}ONa+ROH$$

$$2NaOH+H_2SO_4 \longrightarrow Na_2SO_4+2H_2O$$

三、仪器与试剂

（1）仪器:分析天平、锥形瓶、容量瓶、酸式滴定管、碱式滴定管、量筒、洗耳球、移液管、铁架台、恒温水浴锅、全玻璃回流装置等。

（2）试剂:浓硫酸、无水碳酸钠、氢氧化钠、邻苯二甲酸氢钾、1%酚酞指示剂(1 g酚酞溶于 60 mL 乙醇中,用水稀释至 100 mL)、1%甲基橙指示剂(0.1 g 甲基橙,用水溶解并稀释至 100 mL)、白酒等。

四、实验步骤

1. 0.1 mol/L 硫酸标准溶液的配制与标定

准确移取浓硫酸 1.1 mL,用水定容至 200 mL,待用。分别称取无水碳酸钠0.1735 g、0.1625 g 、0.1747 g 溶于 25 mL 水中,在各溶液中滴加两滴甲基橙指示剂,用定容好的硫酸标准溶液滴定至浅粉色,30 s 内不褪色即为滴定终点,记录消耗硫酸标准溶液的体积,计算浓度,平行实验 3 次,取平均值,如表 2.6 所示。

表 2.6　浓硫酸平均浓度的计算

无水碳酸钠的质量/g	0.1735	0.1625	0.1747
消耗硫酸标准溶液的体积/mL			
硫酸标准溶液的平均浓度/(mol/L)			

$$c=m/(0.106\ V)$$

式中:c 为硫酸标准溶液的物质的量浓度,mol/L;m 为无水碳酸钠的质量,g;V 为滴定用去浓硫酸标准溶液的体积,mL;0.106 为与 1.00 mL 硫酸标准溶液 $[c(1/2H_2SO_4)=1.000 \text{ mol/L}]$ 相当的无水碳酸钠的质量的数值。

2. 0.1 mol/L 氢氧化钠标准溶液的配制与标定

准确称取氢氧化钠 2 g,用水定容至 500 mL,放于棕色试剂瓶中,待用。分别称取邻苯二甲酸氢钾 0.3150 g、0.3547 g、0.3178 g 于 25 mL 水中,在各溶液中滴加两滴酚酞指示剂,用定容好的氢氧化钠标准溶液滴定至浅粉色,30 s 内不褪色即为滴定终点,记录消耗氢氧化钠标准溶液的体积,平行实验 3 次,取平均值,如表 2.7 所示。

表 2.7　氢氧化钠平均浓度的计算

邻苯二甲酸氢钾的质量/g	0.3150	0.3547	0.3178
消耗氢氧化钠标准溶液的体积/mL			
氢氧化钠标准溶液平均浓度/(mol/L)			

$$N=G/(V\times 0.2042)$$

式中:N 为氢氧化钠标准溶液的物质的量浓度,mol/L;G 为邻苯二甲酸氢钾的质量,g;V 为消耗氢氧化钠标准溶液的体积,mL。

3. 白酒中总酯含量的测定

吸取白酒 25.00 mL 于 250 mL 锥形瓶中,加入酚酞指示剂 2 滴,将 0.1 mol/L 氢氧化钠标准溶液转入碱式滴定管中,调零,用 0.1 mol/L 氢氧化钠标准溶液滴定至浅粉色,且 30 s 内不褪色,记录消耗氢氧化钠标准溶液的体积。再加入氢氧化钠标准溶液 25 mL,若酒中总酯含量较高,则装上冷凝管,沸水浴回流 30 min(溶液沸腾时,从第一滴冷凝液开始计时),取下并冷却。将 0.1 mol/L 硫酸标准溶液装入酸式滴定管,调零,用 0.1 mol/L 硫酸标准溶液进行返滴定,直至微红色刚好完全消失,记录消耗 0.1 mol/L 硫酸标准溶液的体积。

五、实验数据处理

根据公式计算总酯的含量。

$$X=(c\times 25-c_1\times V)\times 0.088\div 25\times 1000$$

式中:X 为酒样中总酯的含量(以乙酸乙酯计),g/L;c 为氢氧化钠标准溶液的物质的量浓度,mol/L;25(第一个)为皂化时,加入 0.1 mol/L 氢氧化钠溶液的体积,mL;c_1 为硫酸标准溶液的物质的量浓度,mol/L;V 为测定时,消耗 0.1 mol/L 硫酸标准溶液的体积,mL;0.088 为与 1 mL 氢氧化钠标准溶液($c_{NaOH}=1.000$ mol/L)相当的乙酸乙酯的质量的数值;25(第二个)——取样体积,mL。

六、注意事项

不同香型的白酒有不同的标准,参考值如下所示。

（1）浓香型：总酸含量大于 0.6 g/L，总酯含量大于 3.0 g/L；

（2）酱香型：总酸含量为 1.5～3.0 g/L，总酯含量大于 2.5 g/L；

（3）清香型：总酸含量大于 0.6 g/L，总酯含量大于 2.0 g/L；

（4）米香型：总酸含量大于 0.3 g/L，总酯含量大于 0.8 g/L；

（5）药香型：总酸含量小于 4.5 g/L，总酯含量大于 2.5 g/L。

七、思考题

分析测定的白酒总酯含量是否符合标准。如不符合，存在哪些问题？该实验方法还有需要改进的地方吗？如何改进？

第3章　精细化工制剂成型实验

实验 29　通用液体洗衣剂(洗涤剂)的制备

通用液体洗衣剂为无色的或淡蓝色的黏稠液体,是液体洗涤剂的一种,易溶于水。液体洗涤剂是仅次于粉状洗涤剂的第二大类洗涤制品。因为液体洗涤剂具有诸多显著的优点,所以洗涤剂由固态向液态发展是一种必然趋势。最早出现的液体洗衣剂是不添加助剂或添加很少助剂的中性液体洗衣剂,基本属于轻垢型,这类液体洗衣剂的配方技术比较简单。而后来出现的重垢液体洗衣剂,更多的是添加助剂的,重垢型液体洗衣剂表面活性物质含量比较高,加入的助剂种类也比较多,配方技术比较复杂。液体洗衣剂除了上述两种外,还有织物干洗剂,它是无水洗衣剂,专门用于洗涤毛呢、丝绸、化纤等材料的高档衣物。另外还有预去斑剂,用于衣物局部(如领口、袖口)的重垢洗涤,还有织物漂白剂、衣物柔软剂、衣物消毒剂等。

一、实验目的

(1)掌握配制通用液体洗衣剂的工艺。

(2)了解各组分的作用和配方设计原理。

二、实验原理

配方设计原理:设计通用液体洗衣剂时首先考虑的是洗涤性能,既要有较强的去污能力,又不能损伤衣物;其次要考虑的是经济性,即制备工艺简单,配方合理,价格低廉;再次要考虑的是产品的适用性,既要适合我国的国情和人们的洗涤习惯,又要考虑配方的先进性等。总之要通过合理的配方设计,使制得的产品性能优良,成本低廉,且有广阔的市场。

通用液体洗衣剂主要由以下几部分组成。

1. 表面活性剂

液体洗衣剂中使用最多的是烷基苯磺酸钠,国外已基本实现了液体洗衣剂原料向醇系表面活性剂的转型。以脂肪醇为起始原料的各种表面活性剂广泛用于液体洗衣剂中,包括脂肪醇聚氧乙烯醚、脂肪醇硫酸酯盐、脂肪醇聚氧乙烯醚硫酸酯盐等。在阴离子表面活性剂中,α-烯基磺酸盐被认为是最有前途的表面活性剂。高级脂肪酸盐已是公认的制备液体洗衣剂的原料。

2. 助剂

液体洗衣剂常用的助剂主要有螯合剂。较常用且性能较好的螯合剂是三聚磷酸钠,但它的加入会使液体洗衣剂变浑浊,并会污染水体,近年来已被淘汰。乙二胺四乙酸二钠对金属离子的螯合能力较强,而且可提高溶液的透明度,但价格较高。常用的有机增稠剂为天然树脂和合成树脂,无机增稠剂为氯化钠或氯化铵。常用的增溶剂或助溶剂除烷基苯磺酸钠外,还有低分子醇或尿素;常用的溶剂是软化水或去离子水;常用的衣物柔软剂主要是阳离子表面活性剂;衣物消毒剂目前大量使用的仍是含氯消毒剂,如次氯酸钠、次氯酸钙、氯化磷三钠等;酶制剂有淀粉酶、蛋白酶、脂肪酶等,酶制剂的加入可提高产品的去污力;抗污垢再沉降剂常用的有羧甲基纤维素钠(CMC)、硅酸钠等。此外,还含有香精、色素等。对于上述各种表面活性剂和洗涤助剂,实验中可以根据它们的性能和配制产品的要求选取不同的量进行复配。

三、仪器与试剂

(1) 仪器:白度仪、具塞量筒、电炉、水浴锅、电动搅拌器、烧杯、量筒、滴管、托盘天平、温度计(0~100 ℃)等。

(2) 试剂:十二烷基苯磺酸钠 [ABS-Na(含量 30%)]、椰子油酸二乙醇酰胺 [尼诺尔,FFA(含量 70%)]、壬基酚聚氧乙烯醚 [OP-10(含量 70%)]、食盐、纯碱、水玻璃 [Na_2SiO_3(含量 40%)]、香精、色素、pH 试纸、脂肪醇聚氧乙烯醚硫酸钠[AES(含量 70%)]、二甲苯磺酸钾、荧光增白剂、4A 沸石、羧甲基纤维素钠(CMC)、磷酸、十二烷基二甲基甜菜碱(BS-12)、去离子水等。

四、实验步骤

1. 配方

液体洗衣剂配方见表 3.1。

表 3.1　液体洗衣剂配方

方法	含量/(%)			
	配方 A	配方 B	配方 C	配方 D
ABS-Na	20.0	30.0	30.0	10.0
OP-10	8.0	5.0	3.0	3.0
尼诺尔	5.0	5.0	4.0	4.0
AES	—	—	3.0	3.0
二甲苯磺酸钾	—	—	2.0	—
BS-12	—	—	—	2.0

续表

方法	含量/(%)			
	配方 A	配方 B	配方 C	配方 D
荧光增白剂	—	—	0.1	0.1
Na_2CO_3	1.0	—	1.0	—
Na_2SiO_3	2.0	2.0	1.5	—
4A 沸石	—	—	2.0	—
NaCl	1.5	1.5	1.0	2.0
色素	适量	适量	适量	适量
香精	适量	适量	适量	适量
CMC	—	—	—	5.0
去离子水	加水到 100	加水到 100	加水到 100	加水到 100

2. 操作步骤

(1) 按配方将 250 mL 蒸馏水倒入烧杯中,再将烧杯放入水浴锅中,加热使水温升到 60 ℃,慢慢加入 AES,并不断搅拌,到全部溶解为止,搅拌时间约 20 min。在溶解过程中,水温控制在 60～65 ℃。

(2) 在连续搅拌下依次加入 ABS-Na、OP-10、尼诺尔等表面活性剂,搅拌至全部溶解,搅拌时间约 20 min,保持温度在 60～65 ℃。

(3) 在不断搅拌下依次加入 Na_2CO_3、二甲苯磺酸钾、荧光增白剂、4A 沸石、羧甲基纤维素钠(CMC)等,并使其全部溶解,保持温度在 60～65 ℃。

(4) 停止加热,待温度降至 40 ℃以下时,加入色素、香精等,搅拌均匀。

(5) 测溶液的 pH,并用磷酸调节溶液的 pH (pH<10.5)。

(6) 降至室温,加入食盐调节黏度,使其达到规定黏度,本实验不控制黏度指标。测定通用液体洗涤剂的去污能力及发泡性能。

五、注意事项

(1) 按次序加物料,必须使前一种物料溶解后再加后一种。

(2) 控制好温度,加入香精时的温度必须低于 40 ℃,以防挥发。

六、思考题

(1) 通用液体洗衣剂有哪些优良性能?

(2) 通用液体洗衣剂配方设计有哪些原则?

(3) 怎样控制通用液体洗衣剂的 pH? 为什么?

实验 30　文化办公用品污渍去除剂的制备

液体洗涤剂是合成洗涤剂中发展速度最快的,其品种也最多。圆珠笔迹去除剂便是其中的一种。圆珠笔迹去除剂具有生产工艺简单,操作方便,设备投资少,节省能源,加工成本低,产品性能好等优点。它既适合机洗,也适合手洗,低温洗涤效果也较好。圆珠笔迹去除剂在使用前不需溶解,且使用方便,溶解(分散)速度快。圆珠笔迹去除剂是人们生活中必不可少的日用化工产品,它在合成洗涤剂中占据着重要的位置。

一、实验目的

（1）掌握圆珠笔迹去除剂的制备方法。

（2）掌握乳化操作的特点。

（3）掌握 HLB 值的计算方法。

（4）掌握乳化剂的选择方法。

二、实验原理

使用文化办公用品(如圆珠笔等)时常会因为不小心而沾染到衣物上,弄脏衣物。污渍去除过程中,可伴随着化学反应,如氧化还原反应。含蛋白酶的洗涤剂可以去除蛋白质污渍。当洗涤方法和条件一定时,洗涤效率取决于污渍和洗涤组分间的相互作用,甚至污渍与污渍之间的相互作用。纤维上最难去处的污渍是颜料,如炭黑、无机盐、改性蛋白质和某些染料色素,这些污渍通常以混合污渍的形式存在。一般把洗涤过程简化成以下表达式:

$$F-S+D \Longrightarrow F+S-D$$

式中:F 代表织物;S 代表污渍;D 代表洗涤剂。

污渍去除的物理作用包括表面活性剂吸附和螯合剂在极性污渍表面的特殊性吸附,还包括化学作用——通过离子交换从污渍中交换钙离子,从而使残留的污渍结构变得疏松,以及通过电解质效应压缩界面双电层,这些效应的综合作用使得污渍从纤维表面去除。

三、仪器与试剂

（1）仪器:数显恒温水浴锅、量筒、烧杯、电动搅拌器、pH 计等。

（2）试剂:乙酸、正丁醇、单乙醇胺、司盘-20、十二醇硫酸钠、三乙醇胺、十二烷基磺酸钠、丙二醇、壬基酚聚氧乙烯醚等。

四、实验步骤

实验中,配方选用的乳化剂是司盘-20。在 40 ℃的恒温水浴中,向 250 mL 烧杯中依次加入配方原料,即 37.5 mL 水,19 g 壬基酚聚氧乙烯醚,6.5 g 丙二醇,7.8 g 十二烷基磺酸钠,4.0 g 三乙醇胺,2.7 g 十二醇硫酸钠,1.0 g 司盘-20,13.5 g 单乙醇胺,6.0 g 正丁醇,2.0 g 乙酸,一边加入一边搅拌,反应 2 h 后即得产品。

对产品进行稳定性的测定、pH 的测定,以及污渍去除能力的测定。

五、注意事项

(1) 反应烧杯要带夹套,避免操作过程中烧杯松动。

(2) 搅拌器接头处要连接好,防止搅拌过程中打破烧杯。

(3) 搅拌速度不宜过快,避免产生大量泡沫,影响实验进行。

(4) 加料顺序应是先加水相再加乳化剂,最后加油相。

六、思考题

(1) 如何确定配方中的加料顺序?

(2) 如何确定配方中的 HLB 值?

(3) 如何选取乳化剂?

实验 31　润肤霜的制备

一、实验目的

(1) 了解润肤霜的制备原理和各组分的作用。

(2) 掌握润肤霜的制备方法。

(3) 掌握乳化法制备半固体制剂的方法。

二、实验原理

润肤霜一般为乳剂类化妆品。乳剂是指一种液体以极细小的液滴分散于另一种互不相溶的液体中所形成的多相分散体系。

润肤霜通常是以硬脂酸皂为乳化剂的水包油(O/W)型乳化体系。水相中含有多元醇等水溶性物质,油相中含有脂肪酸、长链脂肪醇、多元醇脂肪酸酯等非水溶性物质。当润肤霜涂于皮肤上时,水分挥发后,吸水性的多元醇与油性组分共同形成一个控制表皮水分过快蒸发的保护膜,它隔离了皮肤与空气的接触,避免皮肤在干燥环境中由于表皮水分蒸发过快导致的皮肤干裂。还可以在润肤霜配方中加入可被皮肤吸收的营养物质。

润肤霜的基础配方包括硬脂酸皂（含量 3.0%～7.5%）、硬脂酸（含量 10%～20%）、多元醇（含量 5%～20%）、水（含量 60%～80%）。配方中,一般控制碱的加入量,使硬脂酸皂的含量占全部硬脂酸的 15%～25%。

润肤霜的理化指标要求:膏体稳定性,包括耐热性、耐寒性;弱碱性(pH≤8.5)或弱酸性(pH 4.0～7.0)。感官指标要求:颜色、香气(无刺激性,使人容易接受)和膏体结构(细腻,抹在皮肤上应润滑、无面条状)。

三、仪器与试剂

（1）仪器:烧杯、电动搅拌器、温度计、显微镜、托盘天平、电炉、水浴锅、精密 pH 试纸等。

（2）试剂:硬脂酸、单硬脂酸甘油酯、十六醇、白油、丙二醇、氢氧化钾、氢氧化钠、香精、防腐剂等。

四、实验步骤

1. 配方

硬脂酸 15.0 g、单硬脂酸甘油酯 1.0 g、白油 1.0 g、十六醇 1.0 g、丙二醇 10.0 g、氢氧化钾 0.6 g、氢氧化钠 0.05 g、香精适量、防腐剂适量,加水至 100 g。

2. 制备方法

按配方中的量分别称量硬脂酸、单硬脂酸甘油酯、白油、十六醇和丙二醇,将称量好的原料加入 250 mL 烧杯中,将水、氢氧化钠、氢氧化钾加入另一 250 mL 烧杯中,分别加热至 90 ℃,使物料溶解均匀。装水的烧杯在 90 ℃下保持 20 min 灭菌,然后在搅拌下将水慢慢加入油相中,继续搅拌,当温度降至 50 ℃时,加入防腐剂,温度降至 40 ℃后,加入香精,搅拌均匀。静置,冷却至室温。调整膏体的 pH,使其在要求的范围内。

对润肤霜感官指标及理化指标进行测试。

五、注意事项

（1）加入少量氢氧化钠有助于增大膏体黏度,也可以不加。

（2）降温至 55 ℃ 以下,继续搅拌使油相分散更细,加速硬脂酸的皂化,出现珠光现象。

（3）降温过程中,黏度逐渐增大,则搅拌带入膏体的气泡不易逸出,因此,黏度较大时,不宜过分搅拌。

（4）使用工业一级硬脂酸,可改善润肤霜的贮存稳定性。

六、思考题

（1）配方中各组分的作用是什么?

（2）配方中硬脂酸的皂化率是多少?

（3）制备润肤霜时，为什么药品必须在 2 个烧杯中分别配制后再混合？

实验 32　聚乙酸乙烯酯乳胶漆的制备

聚乙酸乙烯酯乳液又称白乳胶，为乳白色黏稠液体，具有优良的粘接能力。聚乙酸乙烯酯乳胶漆是普遍使用的建筑内表面涂料，具有价廉、使用方便、耐水性好等优点。

一、实验目的

（1）学习涂料的基本知识。
（2）了解自由基聚合反应的原理。
（3）掌握聚乙酸乙烯酯乳液的合成原理，以及乳胶漆的制备方法。

二、实验原理

1. 聚合原理

乳液聚合是指不溶于水或微溶于水的单体在强烈的机械搅拌作用及乳化剂的作用下与水形成乳状液，在水溶性引发剂作用下进行的聚合反应。

乳液聚合与悬浮聚合相似，都是将油溶性单体分散在水中进行的聚合反应，因而也具有导热、反应温度易控制的优点。与悬浮聚合显著不同的是，在乳液聚合中，单体虽然同样是以单体液滴和单体胶束形式分散在水中的，但由于采用的是水溶性引发剂，因而聚合反应不是发生在单体液滴内，而是发生在增溶胶束内形成的乳胶粒内。

乳液聚合的反应机理不同于一般的自由基聚合，增大乳化剂浓度，即增加乳胶粒数量，可以同时提高聚合速率和相对分子质量。而在悬浮聚合中，使聚合速率增大的因素往往使相对分子质量降低。所以乳液聚合具有聚合速率大、相对分子质量高的优点。乳液聚合在工业生产中的应用也非常广泛。

乳化剂的选择对乳液聚合十分重要，可降低溶液表面张力，使单体容易分散成小液滴，并在乳胶粒表面形成保护层，防止乳胶粒凝聚。常见的乳化剂分为阴离子型乳化剂、阳离子型乳化剂和非离子型乳化剂 3 种，实验中还常合并使用两种乳化剂，其乳化效果和稳定性比单独使用一种好。本实验合并使用聚乙烯醇和 OP-10 两种乳化剂。

市场上的"白乳胶"就是采用聚合方法制备的聚乙酸乙烯酯乳液。聚乙酸乙烯酯（PVAc）乳胶漆具有黏度小、相对分子质量较高、不用易燃的有机溶剂等优点。作为黏合剂时（俗称白胶），可用于木材、织物和纸张。聚合反应通常在装有冷凝管的搅拌反应釜中进行，加入乳化剂、引发剂和单体后，一边搅拌，一边加热，可以得到乳液。聚合温度一般控制在 70～90 ℃，pH 为 2～6。由于该聚合反应放热较大，反应温度上升显著，采用一次投料法获得高浓度的稳定乳液比较困难，故一般采用分批加入引发剂或单体的方法。聚乙酸乙烯酯的聚合机理与一般聚合机理相似,但是由于乙酸乙烯酯在水中有较高的溶解度,而且容易水解,产生的乙酸会干扰聚合;同时,乙酸乙烯酯自由基十分活泼,链转移反应显著。因此,除了乳化剂,聚乙酸乙烯酯乳液生产中一般还加入聚乙烯醇来保护胶体。

乙酸乙烯酯也可以与其他单体聚合制备性能更优异的聚合物乳液,如与氯乙烯单体聚合可改善聚氯乙烯的可塑性或改良其溶解性,与丙烯酸聚合可改善乳液的粘接性和耐碱性。

制备聚合物乳液所用的引发剂是水溶性的,如过硫酸盐。当溶液的 pH 太低时,过硫酸盐引发的聚合速率太小,因此制备聚合物乳液要控制好 pH,使反应平稳,同时达到稳定乳胶液分散状态的目的。

2. 复配原理

将乳胶进一步加工成涂料,必须使用颜料和助剂。基本的助剂有分散剂、增稠剂、防霉剂等。常用助剂及其功能简介如下。

(1) 分散剂和润湿剂:这类助剂能吸附在颜料微粒的表面,使水能充分润湿颜料微粒并向其内部空隙渗透,使颜料微粒能分散于水和乳胶中,分散的颜料微粒也不发生聚集和絮凝。使用无机颜料时,常用六偏磷酸钠或多聚磷酸盐等作分散剂。

(2) 增稠剂:能增加涂料的黏度,起到保护胶体和阻止颜料微粒聚集、沉降的作用,还能改善乳胶漆的涂刷施工性能和涂膜的流平性。一般用水溶性高分子化合物,如聚乙烯醇、纤维素衍生物、聚丙烯酸铵盐等。

(3) 防霉剂:加有增稠剂的乳胶漆一般容易在潮湿环境中长霉,故需加入防霉剂。常用防霉剂有五氯酚钠、乙酸苯汞、三丁基氧化锡。三丁基氧化锡效果很好,但有剧毒且价格昂贵。使用防霉剂均要注意防止中毒。

(4) 增塑剂和成膜助剂:涂覆后的乳胶漆在溶剂挥发后,余下的分散微粒须经过接触合并,才能形成均匀的树脂膜。因此,树脂必须具有在低温下容易变形的性质。添加增塑剂可使树脂具有较易成膜的性质,并且使固化后的漆膜有较好的柔顺性。成膜助剂则是有适当挥发性的增塑剂。成膜助剂在树脂和水(两相)中都有一定的溶解度,既可增加树脂的流动性,又能降低水的挥发速率,有利于树脂逐渐形成漆膜。常用的成膜助剂有乙二醇、己二醇、二乙二醇、乙二醇丁醚乙酸酯等。

(5) 消泡剂:涂料中存在泡沫时,在干燥的漆膜中会形成许多针孔。消泡剂的作用就是去除这些泡沫。磷酸三丁酯、$C_8 \sim C_{12}$ 的脂肪醇、水溶性硅油等都是常用的消泡剂。

(6) 防锈剂:防止包装铁罐的生锈腐蚀和钢铁表面在涂刷过程中产生锈斑的浮锈现象。常用的防锈剂有亚硝酸钠和苯甲酸钠。

(7) 填料(颜料):在涂料中起到"骨架"作用,使涂膜更厚、更坚实,有良好的遮盖力。常用的填料有钛白粉、立德粉、滑石粉和轻质碳酸钙。

三、仪器与试剂

（1）仪器：天平、pH 计、三口烧瓶、冷凝管、滴液漏斗、温度计、量筒、玻璃棒、烧杯等。

（2）试剂：乙酸乙烯酯、聚乙烯醇、过硫酸钾、乳化剂 OP-10、邻苯二甲酸二丁酯、碳酸氢钠溶液（5％）、正辛醇、去离子水、羧甲基纤维素、聚甲基丙烯酸钠、六偏磷酸钠、亚硝酸钠、乙酸苯汞、滑石粉、钛白粉、氨水等。

四、实验步骤

1. 聚乙酸乙烯酯乳液的制备

将 2.0 g 聚乙烯醇与 36 mL 去离子水加入三口烧瓶中，加热至 85 ℃左右，搅拌使聚乙烯醇溶解完全。降温至 60 ℃以下，加入 0.4 g 乳化剂 OP-10、0.1 mL 正辛醇和 5 g 乙酸乙烯酯。搅拌至充分乳化后，加入 3 滴用 0.07 g 过硫酸钾和 1 mL 新制备的去离子水配制的引发剂溶液。加热至瓶内温度达到 65 ℃时，即可撤去热源，让反应混合物自行升温回流，直至回流减缓而温度达到 80～83 ℃时，按照在 6～8 h 加完 31 g 的速度滴加乙酸乙烯酯，同时每隔 1 h 补加 1 滴引发剂。整个过程控制反应温度在（80±2）℃的范围内，并不停搅拌。单体滴加完毕后，把余下的引发剂全部加入，让瓶内温度自行上升至 95 ℃，并在此温度下继续搅拌 0.5 h，冷却。当温度下降至 50 ℃时，加入 2 mL 5％碳酸氢钠溶液。控制 pH＝6，最后再加 4 g 邻苯二甲酸二丁酯并搅拌 1 h 以上。冷却后得到白色聚乙酸乙烯酯乳液。

2. 聚乙酸乙烯酯乳胶漆的制备

在烧杯中加入 43 mL 去离子水、0.18 g 羧甲基纤维素和 0.15 g 聚甲基丙烯酸钠，室温下搅拌至全部溶解。再加入 0.28 g 六偏磷酸钠、0.55 g 亚硝酸钠和 0.18 g 乙酸苯汞，搅拌溶解。在强力搅拌下，依次加入 15 g 滑石粉和 48 g 钛白粉。继续强力搅拌至固体达到最大限度的分散后，将所得聚乙酸乙烯酯乳液加入。充分调配均匀。最后加氨水调 pH 至 8 左右，制得白色的聚乙酸乙烯酯乳胶漆。

本实验制得的聚乙酸乙烯酯乳胶漆属于质量优良的品种。按照前面所述的配方，可以改变功能成分，制成颜料（填料）基料之比高出一倍以上的、较价廉的品种。产品质量可以通过在墙上的涂刷实验进行简单的观察比较。对产品的质量检验可按照国标进行。

在工业生产中，颜料和填料在含有分散剂及各种助剂的水中的分散操作是通过球磨机或其他分散设备完成的。

五、实验数据处理

反应过程中温度变化的数据记录如表 3.2 所示。

表 3.2　温度变化记录表

时间	温度	聚乙酸乙烯酯乳液的质量	黏度

六、注意事项

（1）乙酸乙烯单体必须是新精馏的，因醛和酸有显著的阻聚作用，聚合物的相对分子质量不易增大，使聚合反应复杂化。

（2）利用聚合反应制备乳液会用到水溶性引发剂，如过硫酸盐和过氧化氢，本实验用过硫酸钾。

（3）聚乙烯醇是聚乙酸乙烯酯乳液制备最常用的乳化剂，它能降低单体和水的表面张力，提高单体在水中的溶解度。

（4）在按上述配方操作时，开始反应时加入过硫酸盐作为引发剂，由于聚合反应过程中回流和连续缓慢加入单体，温度可在一段时间内保持在 80 ℃左右。反应继续进行，需补加少量过硫酸钾以维持反应温度不下降。经过反复实验，就能在不同的设备条件下摸索出最适宜的单体加入速度、每小时补加过硫酸钾的量等操作条件，使反应温度稳定在 78~82 ℃，使聚合反应能平稳地进行。所以在实际操作过程中需要很好地控制热量平衡。操作时如果反应剧烈，温度上升很快，则应少加或不加过硫酸钾，并适当加快单体加入速度。若温度偏低，则应稍多加过硫酸钾，并适当减慢单体加入速度。

（5）单体加完后加入引发剂，使温度升至 90 ~ 95 ℃，并保温 30 min，目的是尽可能地减少最后未反应的剩余单体量，这对乳液的稳定性和乳胶漆的质量是有利的。因为游离单体存放中会水解而产生乙酸和乙醛，使乳液的 pH 降低，影响乳液和乳胶漆的稳定性。一般在 9×10^4 Pa 真空下抽滤 1 ~ 2 h 能使剩余单体量减至 1% 以下。

（6）将乳化剂先和单体一起搅拌乳化，再加入引发剂引发聚合，这种操作的反应十分剧烈，较难制备质量好的乳液。可以先将乳化好的乳液部分放入反应器内，加入部分引发剂引发聚合，然后慢慢连续加入乳化好的乳液，并定时补加一定量的引发剂。

七、思考题

（1）乙酸乙烯单体的聚合是什么类型的反应？

（2）为什么乙酸乙烯单体必须新精馏？

（3）本实验的引发剂是什么？为什么要分期加入？

（4）聚乙烯醇在聚乙酸乙烯酯的合成反应中有什么作用？

（5）如何简单评定制备的乳胶漆的质量？

实验 33　内墙涂料的制备

　　聚乙烯醇-水玻璃内墙涂料制备简单,原料易得,无毒无味,而且有阻燃作用,此类涂料制备操作方便,施工中干燥快,大量用于内墙涂装。此涂料是一种典型的水溶性涂料。聚乙烯醇(PVA)是本涂料的主要成分,起成膜作用,是白色至奶黄色的粉末,是由聚乙酸乙烯酯经皂化作用形成的高聚物。

　　在工业上使用碱皂化的甲醇工艺生产聚乙烯醇,故该皂化又称为醇解。聚乙酸乙烯酯转化为聚乙烯醇的程度,称为皂化度或醇解度,醇解度不同的聚乙烯醇在水中的溶解度差异很大。本实验使用的聚乙烯醇,要求醇解度在 98% 左右。聚合度约为 1700。

一、实验目的

　　(1) 学习内墙涂料的基本知识。
　　(2) 掌握聚乙烯醇-水玻璃内墙涂料的制备方法。

二、实验原理

　　本内墙涂料的制备和成膜原理是利用表面活性剂的乳化作用,在剧烈搅拌下将聚乙烯醇和水玻璃充分混合并高度分散在水中,形成乳胶液,然后加入其他成分搅匀,成为产品,将涂料涂覆在内墙面上,在水分挥发之后,可形成一层光洁的、包含填料和其他成分并起装饰和保护作用的涂膜。

三、仪器与试剂

　　(1) 仪器:电动搅拌器、滴液漏斗、温度计、三口烧瓶、水浴锅、量筒、pH 计等。
　　(2) 试剂:聚乙烯醇、水玻璃(模数＝3)、乳化剂 BL、钛白粉(300 目)、立德粉(300 目)、滑石粉(300 目)、铬黄或铬绿、轻质碳酸钙(300 目)等。

四、实验步骤

　　(1) 向装有电动搅拌器、滴液漏斗和温度计的三口烧瓶中加入 128 mL 水,搅拌下加入 7 g 聚乙烯醇,水浴加热,逐步升温至 90 ℃,搅拌至完全溶解,成为透明的溶液,冷却至 50 ℃,加入 0.5～1.0 g 的乳化剂 BL,在 50 ℃以下搅拌 0.5 h,再降温至30 ℃,慢慢滴加 10 g 水玻璃。滴加完毕升温至 40 ℃,继续搅拌 0.5～1.0 h,形成白色胶体,停止加热。

　　(2) 搅拌下慢慢加入 5 g 钛白粉、8 g 立德粉、8 g 滑石粉、32 g 轻质碳酸钙和适量的铬黄或铬绿颜料,充分搅拌均匀,即可得到成品(约 200 g)。

　　(3) 测定产品的黏度。

　　（4）样品测试。测试样品的黏度、pH、附着力、细度等指标。本产品在涂装前墙面要清扫干净,若有旧涂层最好将其清除,若有麻面或孔洞,可用本涂料加滑石粉调成的腻子粉埋补,再涂刷 1~2 遍可成美观的涂层,实验时间为 3~4 h。

五、实验数据处理

　　实验数据记录如表 3.3 所示。

表 3.3　数据记录

涂料名称	底板类别	遮盖力/(g/m²)	附着力或附着强度/级	冲击强度/(kg/cm)	柔韧度/mm

　　测试记录如表 3.4 所示。

表 3.4　测试记录

项目名称	数值	项目名称	数值
黏度		细度	
pH		柔韧度	
附着力或附着强度		冲击强度	

六、注意事项

　　（1）水浴加热要逐步升温,而且要充分搅拌。
　　（2）滴加水玻璃时要控制温度为 40 ℃。
　　（3）久置的涂料使用前要先搅匀,但不可加水稀释,以免脱粉。

七、思考题

　　（1）何为醇解度?聚乙烯醇要求的醇解度是多少?
　　（2）什么是水玻璃的模数?
　　（3）内墙涂料的制备成膜原理是什么?

实验 34　乳液或涂料黏度的测定

一、实验目的

(1) 熟悉毛细管黏度计及旋转黏度计测量黏度的原理。

(2) 掌握毛细管黏度计及旋转黏度计的使用方法。

二、实验原理

黏度可以通过黏度计的测量直接得到,也可以通过黏度法测量聚合物的平均相对分子质量或流体的流动活化能等数据间接得到。

(1) 毛细管黏度计:当液体在重力作用下流经毛细管黏度计时,遵循公式:

$$\eta/\rho = \pi h g r_4 t/(8lV) - mv/(8\pi lt)$$

式中:η 为液体黏度;ρ 为液体密度;l 为毛细管长度;r 为毛细管半径;t 为体积 V 的液体流经毛细管的时间;h 为流过毛细管液体的平均液柱高度;g 为重力加速度;m 为动能校正系数(当 $r/l \ll 1$ 时,$m=1$)。对某一给定毛细管黏度计,公式可改写为

$$\eta/\rho = At - B/t$$

式中:当 $B<1,t>100$ s 时,第二项可以忽略。

通常测定在稀溶液中进行,溶剂与溶液密度近似相等,则有

$$\eta_r = \eta/\eta_0 = t/t_0$$

式中:η_r 为相对黏度;η_0 为纯溶剂黏度;t 和 t_0 分别为溶液和纯溶剂的流出时间。

(2) 旋转黏度计:程控电机根据程序给定的转速带动转轴稳定旋转,通过扭矩传感器再带动标准转子旋转。当转子在某种液体中旋转时,受到液体的黏滞阻力,转子的扭力与黏滞阻力抗衡最后达到平衡,通过扭矩传感器测量扭力的大小,再乘特定的系数即得液体的黏度。为了测量较宽的黏度范围,黏度计配备了几种规格的标准转子和不同的转速,由它们组成各种不同的组合,就可以测出一定范围内的黏度。

三、仪器与试剂

(1) 仪器:毛细管黏度计、旋转黏度计、恒温槽、烧杯、量筒(100 mL)、洗耳球等。

(2) 试剂:甘油、待测产品等。

四、实验步骤

1. 黏度计的操作方法

(1) 毛细管黏度计。

①乌氏黏度计:如图 2.3 所示,待测液从 A 加入黏度计中,恒温 10 min 左右,B、

C 两管各套一胶管,C 管用螺旋夹夹紧。用吸液球从 B 管上端将溶剂吸至 G 球一半,取下吸液球,开启 C 管,使空气进入 D 球,以秒表记录溶剂流经 a、b 刻度线之间的时间,重复 3 次,误差不得超过 0.5%,取溶剂的流出时间 t 的平均值。根据相关公式计算待测液的黏度。

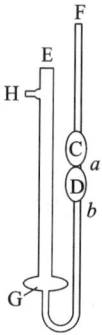

②品(平)氏黏度计(图 3.1):左手拿黏度计,并用食指堵住 E 管(粗管)的管口,将黏度计倒过来,将 F 管(长管)伸入样品内,用洗耳球从支管 H 管口吸液,把样品吸到 b 刻度线处(使液面与圈线相切),保持住,然后把黏度计取出并倒转过来。垂直安装好,恒温 10 min。用洗耳球从 F 管口吸液,将液体吸至 a 刻度线以上少许,去掉洗耳球,以秒表记录溶剂流经 a、b 刻线之间的时间,重复 3 次,其误差不得超过 0.5%,取溶剂的流出时间 t 的平均值。根据相关公式计算待测液的黏度。

图 3.1　品(平)氏黏度计

(2)旋转黏度计:以国产 NDJ 型黏度计为例,将仪器调水平,安装转子保护架和转子。通过升降架将转子没入待测液中,液面与转子刻度线相平,再次调水平。打开电源开关,按"转子"键选择与转子配套的型号;按"转速"键调节合适的转速,按"测量"键即可开始测量。仪器内部带有数据存储器。测试完毕,记录数据,按"复位"键停止测试。

2. 溶液的配制与测量

(1)毛细管黏度计:量取甘油和蒸馏水,分别称重,于烧杯内混合均匀,配制不同含量的甘油水溶液(总质量 10 g)备用。用小量筒量取 7 mL 待测液,从 E 口加入毛细管黏度计中。待温度恒定后,用洗耳球从 F 管将待测液吸至 a 刻度线以上少许,移除洗耳球,以秒表记录待测液流经 a、b 刻线之间的时间,重复 3 次,其误差不得超过 0.5%。记录时间和温度数据。黏度计中更换待测液时,要先用待测液润洗黏度计。

(2)旋转黏度计:量取甘油和蒸馏水,分别称重,于烧杯内混合均匀,配制不同含量的甘油水溶液(总质量 300 g)备用。将旋转黏度计调水平,依次安装转子保护架和转子。通过升降架将转子没入待测液中,液面与转子刻度线相平,再次调水平。打开电源开关,按"转子"键选择与转子配套的型号;按"转速"键调节合适的转速,按下"测量"键开始测量,当屏幕上显示的黏度数值稳定后,记录转子号、转速、温度和显示的黏度数据。测试结束,按"复位"键停止。将转子升起,更换待测液。转子应先取下,用水清洗干净、滤纸擦干,再安装好。注意不要使转子掉落或弄弯转子杆。

(3)待测产品:选择合适直径的毛细管黏度计或转子,取待测产品按照步骤 2 进行测量。

五、实验数据处理

以甘油水溶液黏度的测量为例,毛细管黏度计的测量数据填入表 3.5 中,旋转黏度计的测量数据填入表 3.6 中。

表 3.5　毛细管黏度计测量结果

序号	水	10%甘油	20%甘油	30%甘油	40%甘油	其他样品
1						
2						
3						
平均值						

表 3.6　旋转黏度计测量结果

项目	80%甘油	85%甘油	90%甘油	95%甘油	纯甘油	其他样品
转子号						
转速/(r/min)						
温度/℃						
黏度/(mPa·s)						

六、注意事项

(1) 黏度计必须洁净,溶液中若有絮状物,不能将它移入黏度计中。

(2) 实验过程中恒温槽的温度要恒定,待测液(包括转子)恒温后才能测量黏度。

(3) 黏度计要竖直放置。实验过程中不要振动黏度计。

(4) 电机不得长时间连续旋转,以免损坏。

(5) 使用前和使用后都应将转子洗净擦干,以保证测量精度。

(6) 提前预习旋转黏度计的使用方法及注意事项。网上查阅 NDJ-8S 型黏度计的相关使用方法。

七、思考题

(1) 在本实验中影响数据准确性的关键因素是什么?

(2) 两种测量方法的优缺点分别有哪些?

(3) 测量液体的黏度还有哪些方法?

附:旋转黏度计(NDJ-8S 型)操作说明

一、操作步骤

(1) 调水平:调节底部前端两个水平调节脚,直至黏度计顶部的水泡在中央位置。

(2) 安装转子保护架(向右旋装入,向左旋卸下)。安装转子,用手将连接螺杆微微抬起,然后固定不动,将选配好的转子旋入连接螺杆(向左旋入装上,向右旋出卸下）。若转子已经安装好，不需更换转子，则省略此步骤。

（3）准备待测液，倒入洁净的烧杯，准确地控制待测液的温度。

（4）旋转升降旋钮，使仪器缓慢地下降（升降时要用手拖住黏度计主机，防止升降槽滑丝，黏度计因自重而下落），转子逐渐浸入待测液中，直至转子液面标志和液面相平为止（没有转子保护架时，转子下端不可接触烧杯底部）。转子和待测液应在测试温度下保持恒温，以保持示值稳定准确。

（5）再次调水平，使顶部水泡处在中央位置。

（6）打开主机，屏幕显示正常后再操作。

（7）选择转子：按"转子"键一次，屏幕显示的转子号相应改变，直至屏幕显示为所选转子号。

（8）选择转速：按"转速"键一次，屏幕显示转速值，并显示相应转速和转子条件下黏度的测量范围，根据待测液的黏度设置合适的转速。

（9）按下"测量"键，步进电机开始旋转，适当时间（读数大致稳定）后即可记录屏幕显示的当前转子号、该转速下的黏度和百分计标度（扭矩）。百分计标度在 20%～90%为正常值，否则应更换转速或转子。

（10）测量完毕后，按"复位"键，同时关闭电源开关。旋动升降架旋钮，同时手扶黏度计主机以防掉落，使黏度计缓慢上升，取出测量样品。

（11）小心卸下转子，将其擦干净，不要把转子留在仪器上进行擦拭。拆卸转子时，用手将连接螺杆微微抬起，然后固定不动，另一只手拧动转子，向右旋出卸下，注意不要掉落或横向受力使转子杆弯曲变形。擦干净后的转子可放回转子盒（保护架）中。

二、注意事项

（1）转子的选择：先估计待测液的黏度范围，黏度较高可选择 3、4 号转子和较小转速，黏度不太高可选用 1、2 号转子和较大转速。当估测不出待测液的大致黏度时，应先设定为较高的黏度。试用从大号到小号的转子，以及由慢到快的转速。低转速测黏度时，测定时间要相对长些。

（2）仪器升降时应用手托住，防止仪器因自重而坠落。

（3）仪器与转子一对一匹配，不要把数台仪器的转子弄混淆。

（4）装卸转子时应小心操作，应将连接螺杆微微抬起，不要用力过大，不要让转子横向受力，以免转子弯曲。

（5）装上转子后不得将仪器侧放或放倒。

（6）装上转子后不得在无液体的情况下"旋转"，以免损坏轴尖。

（7）连接螺杆和转子连接端面及螺纹处应保持清洁，否则将影响转子的正确连接及转动的稳定性。

（8）每次使用后卸下来的转子应及时擦干净并放回转子盒（保护架）中。不要把转子留在仪器上进行擦拭。

（9）当更换待测液时，请及时清洁转子及转子盒（保护架），避免由于待测液混淆而引起的测量误差。

（10）调换转子后，及时输入新的转子号。

（11）悬浮液、乳浊液、高聚物以及其他高黏度液体中很多都是"非牛顿液体"，表观黏度值随着切变速度和时间的变化而变化，故在不同的转子、转速和时间下测定，其结果不一致属正常情况，并非仪器不准（一般非牛顿液体的测定应规定转子、转速和时间）。

（12）本仪器适合在常温下使用，待测液的温度变化应在 $\pm 0.1\ ℃$ 以内，否则会严重影响测量的准确度。

（13）仪器搬动和运输时应套上黄色保护帽，托起连接螺杆，拧紧帽上螺钉。

（14）做到下面各点有助于测得较为准确的黏度值。

①保证环境温度变化较小，精确地控制待测液的温度。

②将转子以足够长的时间浸于待测液中并同时进行恒温，使其能和待测液温度一致。

③保证待测液的均匀性，并防止转子浸入待测液时有气泡黏附在转子下。

④测定时尽可能将转子置于容器中心，尽量使用转子保护架进行测定。

⑤尽可能用接近满量程的挡位进行测量。

⑥保证转子清洁。

实验 35　肥皂的制备

肥皂是高级脂肪酸金属盐（以钠、钾盐为主）的总称，包括软皂、硬皂、香皂和透明皂等。肥皂是最早使用的洗涤用品，对皮肤刺激性小，具有便于携带、使用方便、去污力强、泡沫适中等优点。虽然近年来各种新型的洗涤剂不断涌现，但肥皂仍是一种深受用户欢迎的洗涤用品。

一、实验目的

（1）学习肥皂的基本知识。

（2）熟悉制造肥皂的基本操作。

二、实验原理

以各种天然的动、植物油脂为原料，在碱性条件下发生皂化反应制得肥皂，是目前仍在使用的生产肥皂的传统方法。

不同种类的油脂，由于其组成不同，皂化反应时需要的碱的用量不同。碱的用量与各种油脂的皂化值（完全皂化 1 g 油脂所需的氢氧化钾的毫克数）和酸值有关。

油脂：指植物油和动物脂肪，在制肥皂过程中它提供长链脂肪酸。由于以 $C_{12}\sim$

C_{18} 的脂肪酸所构成的肥皂洗涤效果最好,因此制肥皂的常用油脂是椰子油(C_{12} 为主)、棕桐油($C_{16} \sim C_{18}$ 为主)、猪油或牛油($C_{16} \sim C_{18}$ 为主)等。脂肪酸的不饱和度会对肥皂品质产生影响。不饱和度高的脂肪酸制成的皂,质软而难成块状,抗硬水性也较差。所以通常要把部分油脂催化加氢使其为氢化油(或称硬化油),然后与其他油脂搭配使用。

碱:主要使用碱金属氢氧化物。由碱金属氢氧化物制成的肥皂具有良好的水溶性。由碱土金属氢氧化物制得肥皂一般称作金属皂,难溶于水,主要用作涂料的催干剂和乳化剂,不作洗涤剂用。

为了改善肥皂的外观和拓宽其用途,可加入色素、香料、抑菌剂、消毒剂及乙醇、白糖等,以制成香皂、药皂或透明皂等产品。

三、仪器与试剂

(1) 仪器:恒温水浴锅、电子恒速搅拌器、万用电炉、烧杯、漏斗、温度计等。

(2) 试剂:牛油、椰子油、氢氧化钠、蓖麻油、乙醇、甘油、蔗糖、香精等。

四、实验步骤

(1) 称取氢氧化钠 8 g,在 250 mL 烧杯(1 号)中用 25 mL 蒸馏水溶解,加入 20 mL 乙醇,混合均匀,备用。

(2) 在 250 mL 烧杯(2 号)中依次加入 20 g 牛油、10 g 椰子油,放入 75 ℃恒温水浴锅中混合熔化,如有杂质,应用漏斗配加热过滤套趁热过滤,以保持油脂澄清;然后加入 30 g 蓖麻油(长时间加热易使颜色变深)。

(3) 快速将 1 号烧杯中物料加入 2 号烧杯中,在 80～85 ℃时,匀速搅拌 1.5 h,完成皂化反应(取少许样品溶解在蒸馏水中呈透明状),即可停止加热。

(4) 同样,另取一个 100 mL 烧杯,加入 10 g 甘油、10 g 蔗糖、20 mL 蒸馏水,搅拌均匀,预热至 80 ℃,呈透明状,备用。

(5) 将步骤(4)中物料加入反应完的 2 号烧杯,均匀搅拌 30 min,降温至 60 ℃,加入香精,继续搅拌后,出料,倒入冷水冷却的冷模或大烧杯中,迅速凝固,得光滑的透明皂。

测试产品的去油效果。

五、注意事项

(1) 实验过程中要注意安全,避免碱溶液溅到皮肤或眼睛,如不慎溅到,应立即用大量清水冲洗。

(2) 碱溶液的配制要小心,避免溅洒和吸入。

(3) 植物油加热时要注意控制温度,过高的温度可能导致植物油燃烧或发生其他危险。

（4）实验器材要干净，以免杂质影响肥皂的质量。

六、思考题

（1）制备肥皂的油脂，如果选用的是不饱和度高的脂肪酸，它对产品会有何影响？

（2）在制备肥皂过程中，用碱土金属氢氧化物代替碱金属氢氧化物，是否可行？为什么？

实验 36　浴用香波的制备

浴用香波也称沐浴液，是一种皮肤清洁剂。浴用香波有真溶液、乳浊液、胶体和喷雾剂型等多种产品。高档产品有浴奶、浴油、浴露、浴乳等，可在产品中加入各种天然营养物质，还可加入各种药物，使产品具有多种功能。

一、实验目的

（1）掌握浴用香波的配方及制备方法。
（2）了解浴用香波各组分的作用。

二、实验原理

浴用香波的主要原料是合成的低刺激性的表面活性剂和泡沫丰富的烷基硫酸酯盐及烷基酰胺等表面活性剂。大部分产品使用多种添加剂，以便得到较好的性能。常用的添加剂主要有：①螯合剂（乙二胺四乙酸钠是最常用的螯合剂，除此之外还有柠檬酸、酒石酸等）；②增泡剂（浴用香波要求有丰富和细腻的泡沫，对泡沫的稳定性也有较高的要求）；③增稠剂；④珠光剂；⑤滋润剂；⑥缓冲剂；⑦维生素；⑧色素；⑨香精等。浴用香波和洗发香波在配方结构和设计原则上有许多相似之处，但也有差别。产品对人体的安全性仍然是第一位的。洗涤过程中首先应不刺激皮肤，不脱脂。洗涤剂在皮肤上的残留物对人体无害，没有遗传病理作用等。产品应有柔和的去污力和适度的泡沫。要求产品具有与皮肤相近的 pH（中性或弱酸性），避免对皮肤的刺激。对产品要求既有去污作用又不脱脂是不易做到的。在配方时不用脱脂性强的原料，最好加入对皮肤有滋润作用的辅料，使产品更加完美。还可添加具有柔润性、营养性的添加剂，增加产品功能，提高档次。香气和颜色也是重要的选择性指标，要求产品香气醇正，颜色协调，让使用过程真正成为一种享受，用后留香并给人以身心舒适感。配方中还要考虑加入适量的防腐剂、抗氧化剂、紫外线吸收剂等成分。总之，要综合考虑各种要求和相关因素，使配制的产品满足更多消费者的需求。

三、仪器与试剂

(1) 仪器:电炉、水浴锅、电动搅拌器、温度计(0～100 ℃)、烧杯、量筒、托盘天平、滴管、玻璃棒等。

(2) 试剂:香精、色素、十二烷基硫酸三乙醇胺盐(含量 40%)、硬脂酸乙二醇酯、脂肪醇聚氧乙烯醚硫酸钠(AES,含量 70%)、月桂酰乙二醇胺、甘油软脂酸酯、羊毛酯、丙二醇、聚氧乙烯油酸酯、椰子油二乙醇酰胺(尼诺尔)、柠檬酸、十二烷基二甲基甜菜碱、乙醇酰胺、壬基酚聚氧乙烯(4) 硫酸钠、氯化钠、尼泊金甲酯等。

四、实验步骤

1. 配方

浴用香波配方见表 3.7。

表 3.7　浴用香波配方

名称	含量/(%)			
	配方 A	配方 B	配方 C	配方 D
AES	33.0	12.0	4.0	—
尼诺尔	3.0	—	—	—
十二烷基硫酸三乙醇胺盐	—	20.0	—	—
硬脂酸乙二醇酯	—	2.0	2.0	—
月桂酰二乙醇胺	—	5.0	—	6.0
甘油软脂酸酯	—	1.0	—	—
十二烷基二甲基甜菜碱	—	—	6.0	15.0
乙醇酰胺	—	—	1.5	—
聚氧乙烯油酸酯	—	—	15.0	1.0
羊毛脂	—	2.0	5.0	—
壬基酚聚氧乙烯(4)硫酸钠	—	—	—	15.0
尼泊金甲酯	—	—	—	2.5
丙二醇	—	5.0	—	—
柠檬酸	适量	适量	适量	适量
氯化钠	2.5	2.0	适量	适量

名称	含量/(%)			
	配方 A	配方 B	配方 C	配方 D
香精、色素	适量	适量	适量	适量
去离子水	加水到 100 mL	加水到 100 mL	加水到 100 mL	加水到 100 mL

2. 操作步骤

按配方要求将去离子水加入烧杯中，加热使温度达到 60 ℃，边搅拌边加入难溶的 AES，待全部溶解后再加入其他表面活性剂，并不断搅拌，温度控制在 60 ℃左右。然后加入羊毛酯，停止加热，继续搅拌 30 min 以上。待液体温度降至 40 ℃时，加入丙二醇、色素、香精等，并用柠檬酸调整 pH 至 5.0～7.5，待温度降至室温后用氯化钠调节黏度，即为成品。

按配方 C 配制时不需加热，只按顺序加入水中，搅拌均匀即可。

表 3.7 给出的配方中，配方 A 为盆浴浴剂的配方，配方 C、配方 D 为淋浴浴剂的配方，配方 B 制得的浴剂既可用于盆浴，也可用于淋浴。

用罗氏泡沫仪测定香波的泡沫性能。

五、注意事项

配方中高浓度表面活性剂必须慢慢加入水中，而不是把水加入表面活性剂中，否则会形成黏度极大的团状物，导致溶解困难。

六、思考题

（1）浴用香波各组分的作用是什么？

（2）浴用香波配方设计的主要原则有哪些？

实验 37　芸苔素内酯水剂的制备及性能研究

一、实验目的

（1）了解芸苔素内酯水剂的配方。

（2）熟悉芸苔素内酯水剂的制备方法以及助剂的选择方法。

（3）熟悉芸苔素内酯水剂的性能测定方法。

二、实验原理

芸苔素内酯也称为油菜素内酯。芸苔素内酯可以调动植物体内多种生物酶，从多方面促进植物的生长代谢，改善作物品质，它可以在植物整个生长周期中发挥

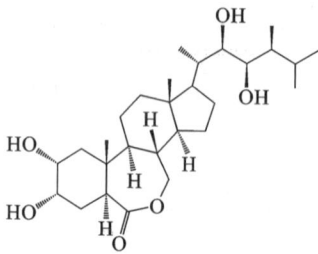

图 3.2　芸苔素内酯结构式

作用,可以促进植物果实的生长。此外,它还可以提高作物产量,协调植物的营养平衡,提高植物的抗旱性、抗寒性、耐盐性和耐碱性等。农业生产实践证明,芸苔素内酯基本适用于各种植物,尤其对于水稻、小麦等农作物和果蔬等经济作物具有增产效果,且效果非常稳定,投入产出比率较高。芸苔素内酯的化学结构式如图 3.2 所示。

芸苔素内酯具有非常好的混配性和兼容性,可与赤霉酸、乙烯利等复配,其中芸苔素内酯的含量为 0.0016%～0.04%,且芸苔素内酯经常与叶面肥、杀虫剂、杀菌剂等搭配使用。

随着芸苔素内酯的使用,还可以减少农药、化肥的使用,从而减少对生态环境的污染,也减少了农作物的种植成本。

水剂是一种传统的农药剂型。其中的农药活性成分以直径小于 0.001 μm 的分子或离子形式分散在介质(水或亲水性极性溶剂)中。这种剂型通常由有效成分、极性有机溶剂和适当的助剂组成,具有加工方便、低毒、易稀释、安全和方便等优点。在配方设计方面,首先用不同表面活性剂制备水剂,筛选出最合适的表面活性剂。然后用不同用量的表面活性剂确定其最佳用量,通过测量不同增效剂的铺展效果,选择铺展效果最好的增效剂。最终测试水剂的热贮稳定性、低温稳定性、持久起泡性和有效成分含量,按照农药标准对水剂进行改进,并确定水剂的配方。

三、仪器与试剂

(1) 仪器:电子天平、离心机、恒温箱、冰箱、超声波清洗仪、高效液相色谱仪、玻璃瓶、具塞量筒等。

(2) 试剂:芸苔素内酯、无水乙醇、OP-10、吡啶、甲醇、乙腈、吐温-20、乙酸、乳酸、柠檬酸、乙酸乙酯、萘硼酸、硫酸铝、乙二醇、二甲基硅油、硫酸钠等。

四、实验步骤

1. 芸苔素内酯水剂的制备

(1) 用乳酸或乙酸将 20%乙醇溶液从碱性调节为酸性,pH 为 3～6。

(2) 称取 0.010 g 芸苔素内酯,7.0 g OP-10,2.0 g 乙二醇,1.0 g 硫酸铝,1.0 g 柠檬酸,2.0 g 吐温-20,0.1 g 二甲基硅油,加水至 100 g,充分溶解(总质量以 100 g 计算)。

(3) 将混合液置于超声波清洗仪中超声波振荡至原药和助剂完全溶解,取出制剂,放置至室温,密封贮存备用,配方如表 3.8 所示。

表 3.8　0.01%芸苔素内酯水剂推荐配方

试剂名称	作用	含量/(%)
芸苔素内酯	原药	0.01(±0.025)
OP-10	表面活性剂	2～7
硫酸铝	增溶剂	0.5
柠檬酸	稳定剂	1
吐温-20	增效剂	2
乙二醇	防冻剂	2
二甲基硅油	消泡剂	0.1

2. 性能测试方法

(1) 热贮稳定性:用 GB/T 19136—2003 中的方法测试。取 30 mL 制备的水剂于 50 mL 玻璃瓶中,密封,在(54±2)℃的恒温箱中贮存 14 天,观察溶液是否有沉淀、分层等现象,并于 24 h 内测试有效成分含量等规定项目。

(2) 低温稳定性:用 GB/T 19137—2003 中的方法测试。取 30 mL 制备的水剂于 50 mL 玻璃瓶中,密封,在(0±2)℃条件下贮存 7 天,观察溶液是否有分层、沉淀等现象,若没有上述现象则为合格品。

(3) 持久起泡性:测定方法参考 GB/T 28137—2011。称取 1.0 g 制备的水剂于 250 mL 具塞量筒内,加标准硬水至距量筒底部(9±0.1)cm 的刻度线处,盖上塞子,以量筒中部为中心,上下颠倒 30 次,每次 2 s,垂直放在实验台上,静置。记录在 1 min±10 s 时间内的泡沫体积,重复测定 3 次,取平均值。

(4) 有效成分含量:取 0.001 g 芸苔素内酯、0.002 g 萘硼酸和 1 mL 吡啶于 10 mL 容量瓶内,常温反应 10 min,然后用甲醇定容,制成芸苔素内酯标样。称取 10 g 样品溶于 200 mL 乙酸乙酯中,然后用 300 mL 饱和硫酸钠溶液分 3 次萃取,上清液于 30 ℃旋转蒸发浓缩至 1 mL,再用氮气将溶剂吹干,加少量甲醇溶解转移至 10 mL 容量瓶中,向容量瓶中加入 0.002 g 萘硼酸和 1 mL 吡啶,反应 10 min,待反应完全后,用甲醇定容,制成样品溶液。用高效液相色谱仪进行含量分析,检测波长为 222 nm,乙腈和水为流动相,体积比为 80∶20,柱温为 30 ℃。

五、数据处理

(1) 观察水剂的外观、颜色、气味和稳定性等。

(2) 通过高效液相色谱测试的标样和样品的峰面积计算含量。

六、注意事项

测量样品的有效含量时不能直接上样,需要萃取浓缩后、在吡啶催化下用萘硼酸进行衍生化,再上样检测。

七、思考题

(1)为什么要测量水剂的持久起泡性？合格指标是多少？

(2)样品为什么要进行衍生化，用萘硼酸衍生化的反应机理是什么？

实验 38　可剥离型面膜的制备

一、实验目的

(1)学习面膜的基本知识。

(2)了解面膜的作用机理。

(3)掌握可剥离型面膜的制备方法。

二、实验原理

面膜通过阻隔皮肤与空气的接触、抑制皮脂分泌和汗水蒸发，使皮肤温度上升，促进血液循环，使面膜内的有效成分渗入皮肤表皮层或深层。血液循环加快会使皮肤红润、有光泽，而皮肤吸收更多水分、营养精华及各种有效成分后，可有效改善皮肤缺水和黯淡，减少细纹生成，延缓皮肤衰老，并在一定程度上起到祛斑和除痘的功效；面膜还可软化角质、扩张毛孔、促进汗腺分泌和清除表皮细胞代谢物，达到清洁与保养皮肤的效果。

可剥离型面膜在使用时依靠皮肤温度将面膜中水分蒸发后成膜。涂抹在面部的面膜干燥后，将面膜整体从面部撕下，从而去除面部的角质层和皮质等杂质，达到美容和洁肤效果。面膜一般由聚乙烯醇（PVA）配制，聚乙烯醇有多种规格，主要区别在聚合度和醇解度上。聚乙烯醇是面膜的主要原料之一，其粘接性较好，此类面膜较多地做成"吸黑头面膜"，又称"鼻贴"。面膜配方组成见表3.9。

表 3.9　面膜配方

组分	含量
1788PVA	10.0%
甘油	10.0%
吐温-80	0.8%
水溶性防腐剂	适量
香精	0.2%
其他功能性添加剂	适量
水	余量

三、仪器与试剂

（1）仪器：温度计、量筒、玻璃棒、烧杯、加热套、搅拌器等。

（2）试剂：1788PVA、甘油、吐温-80、香精、其他功能性添加剂、水溶性防腐剂等。

四、实验步骤

按表 3.9 中的配方加入 1788PVA，加热至 80～90 ℃，待 1788PVA 完全溶胀后加入一定比例的甘油，降温到 50～60 ℃时，加入香精、防腐剂及吐温-80。分析面膜的可剥离性。

五、注意事项

避免频繁使用剥离型面膜，面膜撕下后，需要先用清水洗脸，再抹爽肤水或润肤露。

六、思考题

（1）在面膜制备过程中应注意哪些问题？

（2）面膜中各组分的作用是什么？

实验 39　保湿乳液的配制

一、实验目的

（1）掌握保湿乳液的配制原理和方法。

（2）了解配方中各组分的作用。

二、实验原理

1. 保湿乳液的主要性质和用途

胶原蛋白对于人体来说是非常重要的，它几乎遍布于我们人体的每一个部位，但胶原蛋白是大分子物质，直接使用不利于人体吸收。胶原蛋白肽是胶原蛋白进行完全水解之后形成的小分子肽，也被称为水解胶原蛋白。它是小分子肽，相对分子质量小。在胶原蛋白水解生成小分子肽的过程中，溶解度会随着水解程度的增大而增大。胶原蛋白肽因具有相对分子质量小和溶解度高的双重特点，所以极易被皮肤吸收，具有良好的可吸收性，是补充人体皮肤营养的优异原料，还可以促进其他蛋白质的吸收。保湿是人类抗衰老永恒的主题，而胶原蛋白肽具有高效的保湿性能，将其应用到乳液中，对皮肤有很大的调理功效，不仅可以起到保湿的作用，还可以改善皮肤，修复受损皮肤。

2. 保湿乳液的配制原理

保湿乳液的配制原理主要是以胶原蛋白肽等为原料,通过乳化作用,将水和油两种互不溶性的物质混合均匀,形成一个稳定的乳状体系。乳化剂通常由亲水基团和疏水基团组成,亲水基团与水相亲,疏水基团与油相亲,能够将油相包裹在亲水基团中,形成微小的油滴,并稳定这些油滴,防止它们相互聚集。

三、仪器与试剂

(1)仪器:数显高速分散均质机、pH 计、离心机电动搅拌器、电热套、温度计(0~100 ℃)、冷凝管、三口烧瓶、烧杯、表面张力仪等。

(2)试剂:甜杏仁油、凡士林、胶原蛋白肽、吐温-80、丙二醇、丙三醇、液体石蜡、硬脂酸、尼泊金甲酯、黄原胶、防腐剂等。

四、实验步骤

1. 保湿乳液的配制

将甜杏仁油、凡士林、液体石蜡、硬脂酸作为油相;吐温-80、丙二醇、黄原胶作为水相。油相的混合:将甜杏仁油与液体石蜡加热至60 ℃后,加入凡士林溶解至50 ℃后加入硬脂酸溶解,使油相加热到60~75 ℃。水相的混合:将丙二醇、黄原胶、去离子水加热至50 ℃后,加入吐温-80 溶解,加热水相到60~75 ℃;两相维持加热20 min,最后将油相倒入水相,在2600~3500 r/min 的转速下搅拌10~15 min,继续缓慢搅拌至35 ℃,加入防腐剂,得到水包油型保湿乳液,配方如表3.10 所示。

表3.10　保湿乳液的配方

原料名称	含量/(%)
甜杏仁油	7.0
凡士林	3.0
吐温-80	7.6~7.7
丙二醇	2.0
黄原胶	0.5
胶原蛋白肽	5~15
尼泊金甲酯	0.5
去离子水	余量

2. 性能测定

(1)pH:称取一定量的胶原蛋白肽保湿乳液,加水稀释至10 倍体积,40 ℃下进行溶解,冷却至室温,用 pH 计测试胶原蛋白肽保湿乳液的 pH。

(2)离心实验:称取一定量的胶原蛋白肽保湿乳液于离心管中,在室温条件下,以2500 r/min 的转速离心30 min,观察有无分层现象。

分析产品的稳定性和保湿性。

五、注意事项

(1) 控制配制温度。

(2) 按加料顺序添加。

六、思考题

配方中各组分的作用是什么?

实验 40　离子液体的制备

一、实验目的

(1) 熟悉离子液体的制备方法。

(2) 了解离子液体的性能。

二、实验原理

1. 主要性质和用途

基础润滑油并不能满足现代工业的严格要求。因此,必须添加功能性添加剂以适应现代化工业的发展要求。随着人们对润滑油环保要求的不断提高,传统润滑油添加剂面临着巨大的挑战。一些活性元素(P、S、N、Cl、Zn、Mo 和 B)的有机衍生物作为添加剂以相对较低的浓度混合到基础油中,具有显著的效果。苯并三氮唑类化合物种类多样、用途广泛、性能优良、发展前景广阔。含苯并三氮唑结构的润滑油添加剂由于其具有抗磨损性、环境友好性等特性而具有巨大的发展潜力。

2. 制备原理

第一步:苯并三氮唑与氯乙酸乙酯在 $70 \sim 80\ ℃$ 的条件下,发生亲核取代,生成中间体乙酸乙酯基苯并三氮唑阳离子卤盐。

第二步:中间体与六氟磷酸钾在 $80\ ℃$ 的条件下,发生离子交换反应,生成乙酸乙酯基苯并三氮唑六氟磷酸盐离子液体。

反应合成路线如下。

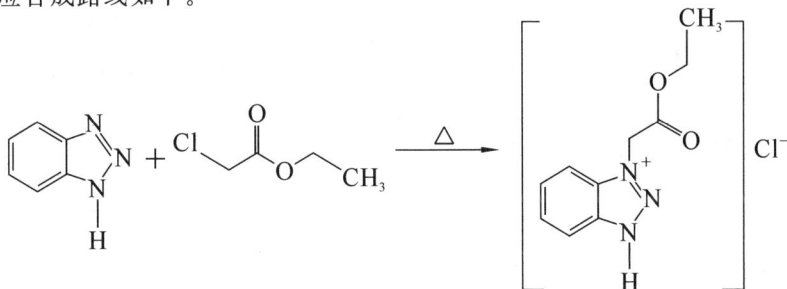

$$\left[\begin{array}{c} \text{CH}_3 \\ \text{O} \\ \text{O} \end{array}\right] \text{Cl}^- + \text{KPF}_6 \xrightarrow{\triangle} \left[\begin{array}{c} \text{CH}_3 \\ \text{O} \\ \text{O} \end{array}\right] \text{PF}_6^- + \text{KCl}$$

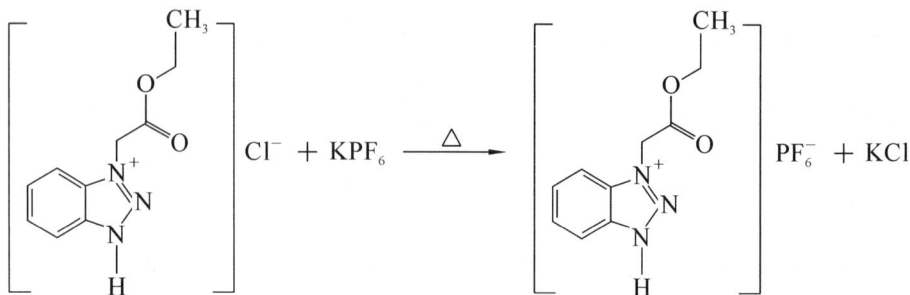

三、仪器与试剂

（1）仪器：电动搅拌器、电热套、抽滤机、温度计、恒温水浴锅、减压蒸馏装置、三口烧瓶、烧杯、表面张力仪等。

（2）试剂：苯并三氮唑、氯乙酸乙酯、六氟磷酸钾、无水乙醇等。

四、实验步骤

（1）称取 11.9 g 苯并三氮唑固体加入三口烧瓶中，移取 20.0 mL 无水乙醇，放入装有苯并三氮唑固体的三口烧瓶中。

（2）称取 16.0 g 氯乙酸乙酯，加入三口烧瓶中，设定恒温水浴锅温度为 70 ℃，开启电动搅拌器进行搅拌。

（3）连续反应 5 h 后，停止加热、搅拌。待恒温水浴锅温度降至 55 ℃ 以下时，开启真空泵，并设定恒温水浴锅温度为 55 ℃，进行减压蒸馏除去乙醇溶剂和剩余的反应物氯乙酸乙酯。

（4）减压蒸馏完成后，关闭恒温水浴锅，取下真空泵橡胶管，关闭抽滤机。将三口烧瓶内剩余液体倒入一称重后的烧杯中，静置一段时间后，得到乳白色固体乙酸乙酯基苯并三氮唑阳离子卤盐。

对样品进行称重，并计算产率，计算公式如下：

$$中间体产率 = \frac{中间体实际产量}{中间体理论产量} \times 100\%$$

（5）称取 12.0 g 中间体乙酸乙酯基苯并三氮唑阳离子卤盐，置于三口烧瓶中，移取 30.0 mL 无水乙醇进行溶解，称取 11.0 g 六氟磷酸钾，加入三口烧瓶中。

（6）设定恒温水浴锅温度为 80 ℃，并开启电动搅拌器进行搅拌。连续反应 8 h 后，停止加热、搅拌，对三口烧瓶中的固液混合物进行抽滤，并用无水乙醇分多次洗涤。再进行减压蒸馏除去溶剂，得到产品。

五、注意事项

注意控制反应条件。

六、思考题

制备的苯并三氮唑型离子液体的润滑机理是什么？

实验 41　1-丁基-3-甲基咪唑四氟硼酸盐离子液体的制备

一、实验目的

(1) 进一步熟悉离子液体的制备原理和制备方法。

(2) 了解离子液体的组成、特点和应用。

二、实验原理

离子液体(ionic liquids,ILs)是一类熔点低于 100 ℃,一般在室温下呈液态的,由有机阳离子与阴离子构成的盐。它们具有难挥发性、热稳定性、可溶解多种有机物和无机物、易于分离和可循环利用等特点,被誉为"绿色溶剂",可以代替传统的分子型有机溶剂作为溶剂使用,并且在金属离子、有机物、生物小分子等的萃取分离方面具有良好的应用性能。还具有可设计性,可以通过改变其化学结构获得具有特殊性质的功能型离子液体,以满足特定用途的需求。离子液体可满足清洁安全生产和可持续发展需求,已广泛用于化学分离、电化学、催化及材料合成领域。

咪唑型离子液体的热稳定性好,实际应用广泛。1-丁基-3-甲基咪唑四氟硼酸盐是咪唑型离子液体的代表性物质,其合成方法有两步法、一步法和微波法等。两步法的普适性好,产率高。两步法的过程主要分为阳离子的形成和阴离子交换,第一步为卤代烷 RX 与烷基咪唑发生烷基化反应制备出含目标阳离子的卤化物,合成反应可表示为 $C_4H_9Br + C_4H_6N_2 \longrightarrow [C_4mim]Br$。第二步用目标阴离子 Y^- 的无机盐 MY(通常为银盐或铵盐)置换出第一步产物中的卤离子,合成反应可表示为 $[C_4mim]Br + NaBF_4 \rightarrow [C_4mim][BF_4] + NaBr$。去除产生的 AgX 沉淀或 NH_3 气体,再用极性溶剂萃取离子液体,最后真空去除有机溶剂得到纯净的离子液体。利用红外光谱法和核磁共振波谱法可对产物结构进行确定。

三、仪器与试剂

(1) 仪器:磁力搅拌器、旋转蒸发器、真空干燥箱、分液漏斗、圆底烧瓶、分析天平、真空泵等。

(2) 试剂:N-甲基咪唑、正溴丁烷、四氟硼酸钠、二氯甲烷、三氯乙烷、硝酸银溶液、无水硫酸镁等。

四、实验步骤

1. 溴化 1-丁基-3-甲基咪唑的合成

在圆底烧瓶中加入 82 g(1 mol)新蒸馏的 N-甲基咪唑和 150 mL 三氯乙烷,在强烈搅拌下将上述混合液升温至 70 ℃,然后逐滴加入 150 g(1.1 mol)新蒸馏的正溴丁烷,滴加时间超过 1 h,滴加完毕后在 83 ℃下回流 6 h。反应现象是,滴加正溴丁烷初期溶液变浑浊,之后变为橙黄色黏稠液体,停止搅拌后分层,上层为橙黄色液体,下层为无色透明液体。趁热用分液漏斗将产物分离出来,再用 90 mL 三氯乙烷洗涤 3 次。在 65 ℃下旋蒸 1 h,然后在 65 ℃真空干燥 5 h,得到黏稠液体,产率约为 95%。

2. 1-丁基-3-甲基咪唑四氟硼酸盐的合成

在圆底烧瓶中加入 66 g(0.3 mol)[C_4mim]Br,再加入 40 mL 水搅拌。将 60 g 四氟硼酸钠溶于 100 mL 水中,将溶液滴转入圆底烧瓶,60 ℃下搅拌 12 h 后停止,此时溶液为浅黄色均相液体。将反应混合液转移至分液漏斗中,用二氯甲烷多次萃取生成的四氟硼酸盐离子液体,再将有机层多次用水洗涤,直到在洗涤水相中滴加硝酸银溶液没有白色沉淀出现。产品用无水硫酸镁干燥后,过滤、旋蒸除去二氯甲烷溶剂,然后在 65 ℃下真空干燥 6 h,最终得到浅黄色油状液体产物[C_4mim][BF_4],产率约为 55%。

记录产品外观特征和质量,并计算产率。

五、注意事项

(1) 溴化 1-丁基-3-甲基咪唑的合成中正溴丁烷可略微过量,方便后期除去,回流反应时间可以适当延长。

(2) 1-丁基-3-甲基咪唑四氟硼酸盐的合成中有机层要用水充分洗涤。

(3) 水溶性离子液体应密封放入干燥器内保存。

六、思考题

(1) 在离子液体萃取分离过程中如何减少阴、阳离子在水相中的流失?

(2) 查阅文献了解离子液体的应用。

实验 42　　咪唑啉缓蚀剂的制备

一、实验目的

(1) 理解缓蚀剂的缓蚀原理。

(2) 掌握咪唑啉缓蚀剂的制备方法。

二、实验原理

本实验采用溶剂法制备咪唑啉缓蚀剂。油酸与三乙烯四胺脱水生成酰胺，进一步升温环化、脱水，生成咪唑啉中间体，再进行季铵化反应（选用二氯甲烷为季铵化试剂）。

$$RCOOH + NH_2(CH_2)_2NH(CH_2)_2NH(CH_2)_2NH_2 \xrightarrow[140\sim160\ ℃]{-H_2O}$$

$$\underset{\overset{\|}{O}}{RCNH}(CH_2)_2NH(CH_2)_2NH(CH_2)_2NH_2$$

$$+RCN\!\!-\!\!\begin{matrix}CH_2CH_2NH_2\\CH_2CH_2NH_2\\CH_2CH_2NH_2\end{matrix} \xrightarrow[180\sim220\ ℃]{-H_2O}$$

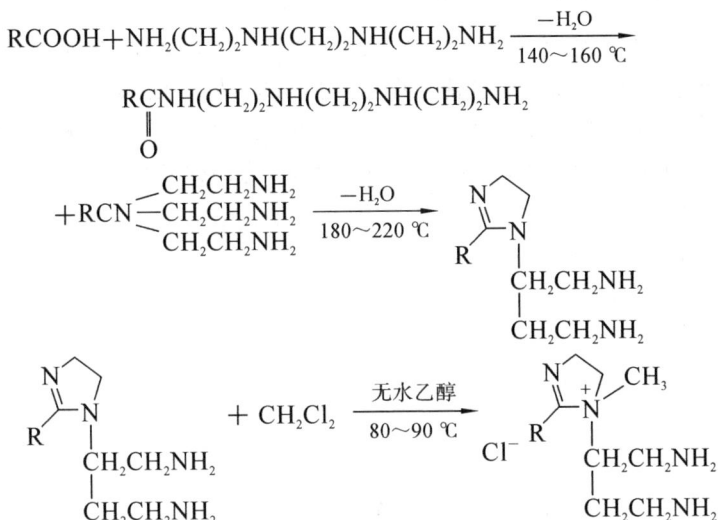

三、仪器与试剂

（1）仪器：电化学工作站、电动搅拌器、电热套、温度计、冷凝管、分析天平、三口烧瓶、烧杯、锌片、铂电极、甘汞电极等。

（2）试剂：三乙烯四胺、无水乙醇、油酸、二氯甲烷、3.5%NaCl 溶液、油酸等。

四、实验步骤

（1）用分析天平准确称取一定量三乙烯四胺与油酸，溶于三口烧瓶中，三口烧瓶其中一口插入温度计，组装好装置。

（2）升温至 80～110 ℃，反应过程中通过电动搅拌器不停搅拌，反应 1 h；后续每小时升温 5 ℃，直至 140 ℃，在 140～180 ℃下反应 4 h，升温至 210～220 ℃时，持续反应 2 h，有水蒸出，表明反应物开始环化，直至无水蒸出，提示环化过程完成，常温冷却，得到油酸咪唑啉中间体。

（3）将步骤（2）得到的油酸咪唑啉中间体加入一定比例的二氯甲烷、无水乙醇，进行季铵化反应，反应温度维持在 70～100 ℃，回流 1 h，得到油酸咪唑啉季铵盐，冷却到室温。

（4）通过以下公式计算产率：

$$\eta = \frac{n_{水}}{n_{酸} \cdot (p/a)} \times 100\%$$

式中:$n_{水}$为蒸出的水的物质的量;$n_{酸}$为加入油酸的物质的量,p/a代表水与油酸的化学计量系数之比。

(5)抗腐蚀性测试:为测定物质的抗腐蚀性,常用极化曲线法测试金属的腐蚀速度,利用测试电流与电压之间的关系,测得腐蚀电位,以打磨好的锌片为工作电极,铂电极为辅助电极,甘汞电极为参比电极。在室温条件下,将电极插入 100 mL 配制好的 3.5% NaCl 溶液(模拟海水腐蚀),作为空白实验;另一组加入 1 g 油酸咪唑啉季铵盐,静置 72 h,使用电化学工作站,扫描速度为 0.1 V/s,扫描电压范围为 $-2 \sim 2$ V,待测得的腐蚀电位稳定后,开始测试极化曲线,为确保实验数据的可靠性与准确性,重复测试 3 次。

分析产品的抗腐蚀性。

五、注意事项

反应过程中注意控制反应温度。

六、思考题

咪唑啉缓蚀剂抗腐蚀性的原理是什么?

实验 43　汽车轮毂清洗剂的配制

一、实验目的

(1)掌握汽车轮毂清洗剂的配制方法。
(2)理解配方中各组分的作用。

二、实验原理

水基清洗剂主要通过表面活性剂的乳化等作用来进行清洗,这一类产品对于油污有很好的清洗效果,而且对自然环境和人类生产生活十分友好,因此具有很好的开发前景。

三、仪器与试剂

(1)仪器:电动搅拌器、数显恒温水浴锅、电热套、烧杯、温度计、具塞量筒等。
(2)试剂:十二烷基硫酸钠、柠檬酸、椰子油脂肪酸二乙醇酰胺(6501)、钼酸钠、硅酸钠、乙二胺四乙酸二钠、苯甲酸钠、苯并三氮唑等。

四、实验步骤

（1）向装置中加入适量的蒸馏水，加热，控制蒸馏水的温度在 50 ℃。

（2）加入一定量的十二烷基硫酸钠后开启电动搅拌器，不断搅拌至全部溶解。

（3）保持温度在 50 ℃，在连续搅拌下加入一定量的椰子油脂肪酸二乙醇酰胺（6501），继续搅拌 20 min，配制组分 A。

（4）向复配装置中加入适量的蒸馏水，加热，控制水温在 50 ℃，向装置内加入 0.5 g 柠檬酸和 1 g 硅酸钠后开启电动搅拌器，不断搅拌至全部溶解，配制组分 B。

（5）向复配装置中加入蒸馏水，加热，控制水温在 50 ℃，依次加入 0.3 g 乙二胺四乙酸二钠、0.2 g 钼酸钠、0.2 g 苯甲酸钠和 0.1 g 苯并三氮唑后开启电动搅拌器，不断搅拌至全部溶解，配制组分 C。

（6）将配制好的 A、B、C 3 种组分和蒸馏水加入复配装置中搅拌 40 min。

（7）泡沫性能的测试：将清洗剂与水按体积比 1∶100 的比例混合，先预热至 30 ℃左右，然后取出 50 mL 清洗剂与水的混合溶液，倒入 500 mL 的具塞量筒中。盖上塞子后立即上下摇动 1 min，摇动距离约为 40 cm，频率为 100～110 次/分。摇动完毕后，立即记录产生泡沫的体积，作为溶液起泡性能的量度。观察泡沫的消失情况，10 min 后，再次记录液面高度。

（8）清洗能力的测试：将制得的清洗剂涂抹在轮毂污垢处，清洗后观察清洗效果。

测试产品的泡沫性能及清洗能力。

五、注意事项

注意加料顺序。

六、思考题

（1）汽车轮毂清洗剂的种类有哪些？请逐一评价。

（2）本配方中各组分的作用是什么？

实验 44　维生素 C 脂质体的制备

一、实验目的

（1）了解制备维生素 C 脂质体的基本原理。

（2）掌握薄膜分散-超声波乳化法制备维生素 C 脂质体的操作方法。

（3）了解维生素 C 脂质体对提高维生素 C 的生物利用度的重要性。

二、实验原理

脂质体是 20 世纪 60 年代由 Bangham 博士在剑桥大学首次发现并命名的。脂质体的载体特性可使维生素 C 更好地与其他药物或活性成分结合,形成复合制剂,进一步提高疗效。其将活性物质包封于类脂质双分子层内而形成的微型泡囊,称为类脂小球或液晶微囊,类脂质双分子层厚度约为 4 nm。

脂质体可降低皮肤的粗糙度,降低包覆成分的刺激性,并提高其稳定性等。脂质体根据结构分为单室脂质体和多室脂质体。含有单一双分子层的泡囊称为单室脂质体或小单室脂质体,粒径为 0.02~0.1 nm,大单室脂质体为单层大泡囊,粒径为 0.1~1.0 nm。含有多层双分子层的泡囊称为多室脂质体,粒径为 1.0~5.0 pm,其中每层均可包封活性物,水溶性活性物包封于泡囊的亲水基团夹层中,脂溶性活性物则分散于泡囊的疏水基团夹层中。大单室脂质体包封的活性物量可为小单室脂质体的 10 倍。大单室脂质体通过膜滤后也可得到小单室脂质体。

脂质体的膜材主要有磷脂和添加剂,这两种成分是形成脂质体双分子层的基础物质。磷脂主要有天然磷脂(如卵磷脂、脑磷脂、大豆磷脂等)与合成磷脂(如合成磷脂酰丝氨酸、二硬脂酰磷脂酰胆碱等)。常用的添加剂有胆固醇、十八胺、磷脂酸等。胆固醇是主要的添加剂,它与磷脂是构成细胞膜和脂质体的基础物质,具有调节膜流动性的作用,故可称为脂质体"流动性缓冲剂"。当低于相变温度时,胆固醇可减小膜的有序性,增加膜的流动性;当高于相变温度时,胆固醇可增加膜的有序排列,减少膜的流动性。胆固醇还可以调节膜的通透性。十八胺、磷脂酸可以改变脂质体表面的电荷性质。脂质体由骨架膜材磷脂及添加剂组成。磷脂有两条疏水链,在水中能形成脂质双分子层,这与表面活性剂构成的胶束不同,表面活性剂胶束由单分子层组成。将类脂质的醇溶液倒入水中时,醇很快溶于水中,而类脂质分子则排列在空气-水的界面,极性部分在水的内部,而非极性部分则伸向空气中,类脂质分子在空气-水界面布满后则转入水中,被水完全包围,此时极性基团面向外侧的水相,非极性的烃基彼此面对面形成板状双分子层或球状。

磷脂为两性物质,含有一个磷酸基和一个季铵基,均为亲水性基团,还有两个较长的烃基为疏水链。胆固醇也属于两性物质,其结构中也含有疏水性基团与亲水性基团,其疏水性相对强于亲水性。用磷脂和胆固醇作脂质体的膜材时,必须用有机溶剂先将其配成溶液,然后蒸发除去有机溶剂,在器壁上形成均匀的薄膜,此薄膜由磷脂与胆固醇混合分子相互间隔定向排列的双分子层组成。磷脂分子的极性端与胆固醇分子的极性基团相结合,这样亲水基上连有两个疏水链,其中一个疏水链是磷脂分子中的两个烃基,另一个是胆固醇结构中的疏水链。当薄膜形成后,加入磷酸盐缓冲液振荡或搅拌即可形成单室脂质体或多室脂质体。

在不断搅拌下,水膜中容纳大量的水溶性活性物,脂溶性活性物则结合于双分子层之间的疏水链部分。磷脂分子形成脂质体时,两条疏水链指向内部,亲水基在膜的内外两个表面上,磷脂双分子层构成一个封闭小室,内部包含水溶液,小室中水溶液被磷脂双分子层包围而独立,磷脂双室形成的泡囊又被水相介质分开。脂质体可以是单层的封闭双层结构,也可以是多层的封闭双层结构。在电镜下脂质体的外形常见的有球形、椭圆形等,直径在几十纳米到几微米之间。

脂质体的制备方法可分为三大类,即物理分散法、两相分散法和表面活性剂处理法。物理分散法的基本原理是将类脂材料干燥成薄膜,然后加入水溶性介质分散、膨胀、水合(即以薄膜分散法为基础),再进一步处理。物理分散法又可细分为薄膜分散法、超声波分散法、膜挤压法、微乳化法、预脂质体法、冷冻干燥法等。两相分散法的基本原理是将类脂材料溶于有机溶剂中,作为油相与水相接触,同时将溶剂蒸发,变成脂质体。两相分散法又可分为乙醇注入法、乙醚注入法和逆相蒸发法。表面活性剂处理法是由表面活性剂、类脂和蛋白质混合形成胶束,膜悬浮液澄清时用适当方法除去表面活性剂,当表面活性剂浓度降低后,原来的类脂和蛋白质形成空心球的结构。这种方法一般不作为脂质体的主要制备方法,但这种方法有其优点:温和,不发生水解和氧化,调节表面活性剂与类脂之比可得到满意的尺寸。其缺点是除去表面活性剂时需要渗析,这需要几小时,甚至几十小时才能完成。除上述方法之外,制备脂质体还有复乳法、熔融法、离心法、钙融合法等。

维生素 C 也称抗坏血酸,是一种水溶性维生素,具有良好的抗氧化性,可以促进骨胶原合成。维生素 C 广泛用于化妆品工业,特别是护肤霜和洗面奶中,用来使皮肤保湿、增强皮肤的免疫力。但是,维生素 C 本身对光和热具有不稳定性,因此在大多数情况下,将其添加到护肤产品中都需要经过改性处理,目前使用最多的是维生素 C 衍生物。本实验用脂质体包封维生素 C,采用薄膜分散-超声波乳化法制备维生素脂质体,并用聚乙二醇对脂质体进行表面包覆,以提高维生素 C 脂质体的稳定性。

脂质体属于胶体分散体系,是热力学不稳定体系。脂质体的稳定性包括物理稳定性、化学稳定性和生物稳定性三个方面。脂质体经长时间放置可发生颗粒的聚集、絮凝、融合等,从而产生沉淀,这属于物理稳定性的范畴。构成脂质体的磷脂多含有不饱和双键,极易发生氧化降解反应,此过程称为脂质过氧化,属于化学稳定性的范畴。本实验主要对脂质体的物理稳定性进行测定。

三、仪器与试剂

(1) 仪器:减压蒸发装置、超声波清洗仪、透析袋(截流相对分子质量 3500)、紫外-可见分光光度计、茄形瓶。

(2) 试剂:维生素 C(分析纯)、大豆卵磷脂(食品级)、氯仿、磷酸盐缓冲液、聚乙二醇(PEG1500,化学纯)、胆固醇(分析纯)等。

四、实验步骤

首先用薄膜分散-超声波乳化法制备维生素 C 脂质体,按 n(大豆卵磷脂):n(胆固醇):n(维生素 C) = 4:1:0.15 的比例将三者加入 100 mL 茄形瓶中,加 30 mL 氯仿使其溶解,减压蒸发氯仿,脂质在瓶内壁形成一层薄膜。将维生素 C 溶于

pH 6.4 的磷酸盐缓冲液中,减压条件下洗膜 30 min。再利用超声波清洗仪超声波振荡 90 s,得到均匀的乳白色微透明脂质体乳浊液。然后包覆聚乙二醇,将含量 3% 的聚乙二醇的磷酸盐缓冲液与等体积制备好的脂质体混合,并在 4 ℃下放置 60 min 后,再加入相同体积磷酸盐缓冲液,继续在 4 ℃ 下放置 60 min。

五、实验数据处理

脂质体物理稳定性的测定:将所制得的脂质体乳状液分成 4 份,其中 2 份分别置于光照和避光 4 ℃(冰箱或冰柜)条件下,另 2 份光照和避光置于室温条件下(记录室温),5~10 天后(可安排在一周后的下次实验时)观察乳状液的变化,有无沉淀或分层,并以水为空白,测定脂质体在 500 nm 处的吸光度 $A_{500\,nm}$,吸光度大表明脂质体粒径相对较大,有聚集、絮凝、融合等情况,从而考察温度和光照对脂质体物理稳定性的影响。

六、注意事项

使用氯仿时应在通风橱中进行,确保良好的通风条件,避免吸入有害挥发性气体。

七、思考题

(1) 影响脂质体稳定性的因素有哪些?

(2) 成功制备脂质体的操作关键是什么?

(3) 制备维生素 C 脂质体的意义有哪些?

实验 45　环氧树脂胶黏剂的配制和应用

一、实验目的

(1) 熟悉环氧树脂胶黏剂的结构特征、固化原理以及主要固化剂的品种和特性。

(2) 掌握环氧树脂胶黏剂的配制方法和使用条件。

(3) 了解环氧树脂胶黏剂的适用范围以及粘接的工艺要求。

二、实验原理

环氧树脂分子中含有多种极性官能团(如羟基和醚基)和反应活性很大的环氧基团,其固化产物具有很高的内聚强度,所以粘接性能较好,常用作胶黏剂粘接金属、玻璃、水泥、木材、塑料等多种极性材料,称为"万能胶"。通过配方设计进行改性,还可以使环氧胶黏剂获得较好的使用特性和工艺性能,例如快速固化、室温固化、低压成型等。用作胶黏剂的主要品种为 E 型环氧树脂,它是由双酚 A(2,2-双(4-羟基苯基)丙烷)和环氧氯丙烷在碱性介质中缩聚合成的线型聚合物,根据原料配比不同,得到不同相对分子质量等级的环氧树脂(相对分子质量为 380~30000)。由于相对分子质量不同,环氧树脂可用于电子、涂料、土木建筑、机械加工、绝缘材料等不同行业。E51 为企业牌号,代表平均环氧值为 0.51,产品牌号为 618。其制备反应方程式如下:

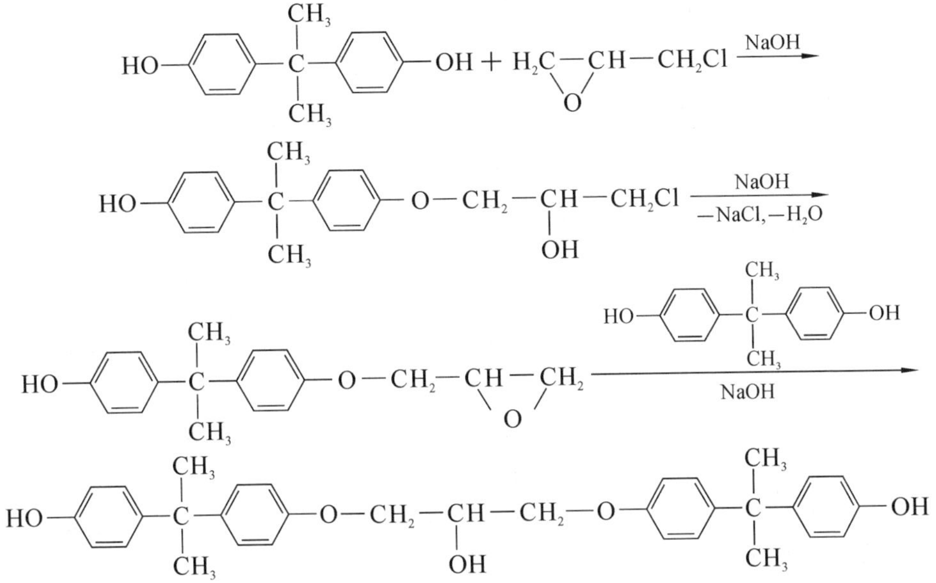

继续反应下去,即得长键分子,其结构式如下:

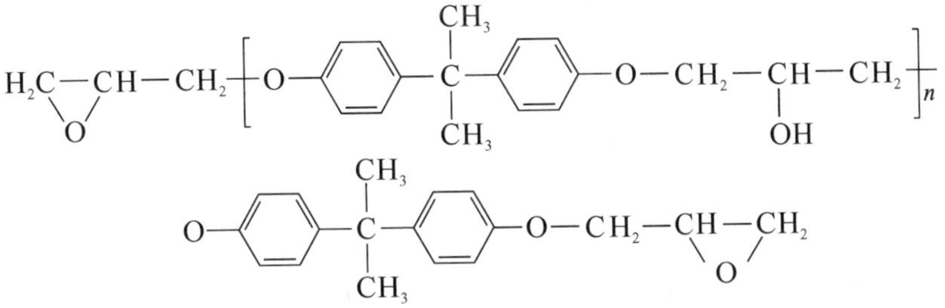

环氧树脂结构中的环氧基团,遇到含有活泼氢的物质或在某些催化剂的作用下,可发生开环聚合、交联,只要配比合理,最终可形成体型网状结构。在环氧树脂固化反应的过程中,不同材料的界面之间接触,产生了相互作用,使环氧基团与被粘接物体表面形成化学键,进而使环氧树脂胶黏剂产生粘接效果。这种能够在一定条件下引起环氧基团开环聚合的物质统称为固化剂。它们对环氧树脂胶黏剂的性能产生了较大的影响,常见的固化剂有脂肪胺、芳香胺、咪唑、各种酸酐以及线型合成树脂低聚物等。胺类固化剂(包括脂肪胺、芳香胺、脂环胺等)是最常用的一类固化剂,伯胺、仲胺对环氧树脂的固化按亲核加成机理进行,伯胺与环氧基团反应生成仲胺,再继续与环氧基团反应生成叔胺,其化学反应方程式如下:

$$CH_2-CH-CH_3 \xrightarrow{R-NH_2} \underset{H}{R}N-CH_2-CH-CH_3 \xrightarrow{CH_2-CH-CH_3}$$

$$R-N \begin{cases} CH_2-\underset{|}{CH}-OH \\ CH_3 \\ CH_2-CH-CH_3 \\ \quad\quad OH \end{cases}$$

$$CH_3-CH-CH_3 \xrightarrow{CH_2-CH-CH_3} CH_3-CH-CH_3 \\ \quad OH \quad\quad\quad\quad\quad\quad\quad\quad\quad\quad OCH_2-CH-CH_3 \\ \quad\quad\quad\quad\quad\quad\quad\quad\quad\quad\quad\quad\quad\quad\quad\quad OH$$

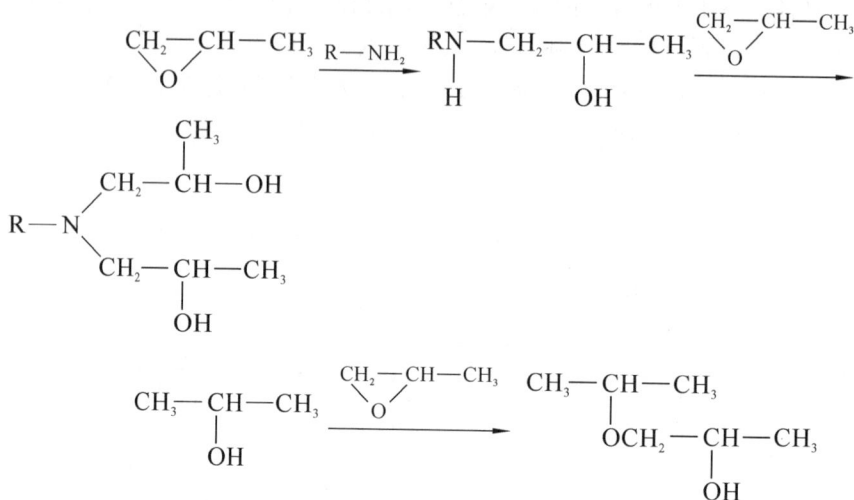

叔胺中不含活泼氢,但它可以催化环氧基团开环聚合。含有活泼氢的胺类固化剂的用量,可按下式进行理论计算:

胺类固化剂用量(%)＝胺的相对分子质量×环氧值/胺分子中活泼氢原子数×100%

改性的胺类固化剂是为了克服固化剂的毒性以及操作不便等缺陷而研制的,种类繁多,如用酚醛树脂与乙二胺等合成的聚合物(商品名 T-31),就具有更加优良的性能。低分子聚酰胺是由植物油与脂肪胺反应制成的合成树脂类固化剂,与环氧树脂固化后,形成的固化剂具有良好的韧性、较低的毒性以及优良的粘接能力,且配比要求不严格,使用方便。

三、仪器与试剂

(1) 仪器:水浴锅、烧杯、天平(感量 0.01 g)、搅拌棒、电烘箱、金属片、木板等。

(2) 试剂:环氧树脂 E51、环氧树脂 E20、环氧树脂 711、石英粉(200～400 目)、邻苯二甲酸二丁酯(DBP)、酚醛胺固化剂 T-31、乙二胺固化剂 701、聚酰胺 203、2,4,6-三(二甲氨基甲基)苯酚(DMP-30)、硅烷偶联剂(KH-550)等。

四、实验步骤

1. 原料配方

组成如表 3.11 所示。

表 3.11　原料配方

配方组成	试剂	配方一	配方二	配方三
	环氧树脂 E51	100 g	100 g	—
甲组分	环氧树脂 E20	—	—	20 g
	环氧树脂 711	—	—	100 g

续表

配方组成	试剂	配方一	配方二	配方三
甲组分	石英粉	40 g	40 g	50 g
	DBP	5 g	—	8 g
	酚醛胺固化剂 T-31	20 g	—	—
乙组分	乙二胺固化剂 701	—	—	36 g
	KH-550	—	—	2 g
	DMP-30	—	5 g	2 g
	聚酰胺 203	—	50 g	—

2. 甲组分的配制

将环氧树脂按配方称量后加入 200 mL 烧杯中，在 50 ℃水浴上加热，并按配方加入石英粉和 DBP-30，搅拌均匀。

3. 乙组分的配制

按配方称量各组分，并在烧杯内混合均匀，备用。

4. 环氧树脂胶黏剂的配制

将甲、乙两组分混合并搅拌均匀即制成环氧树脂胶黏剂。混合均匀后，应在 30 min 内使用，混合前甲、乙两组分可以长期贮存。环氧树脂胶黏剂适用于木板、金属、玻璃、陶瓷等材料的粘接。

5. 样品的粘接

先将待粘接的木板或金属片等裁剪成一定尺寸，除去表面灰尘和氧化层，然后在板材表面均匀涂布一层配制好的环氧树脂胶黏剂，最后将两片板材压紧或用夹具夹紧，常温下固化 24 h 或在 100 ℃固化 0.5 h 即可。

观察并记录产品的外观、状态和气味，测试粘接效果。

五、注意事项

固化剂的相关操作需在通风橱内进行。盛放甲、乙组分的容器用后应及时清洁。

六、思考题

（1）什么是环氧值？
（2）如何计算固化剂的用量？

实验 46　葡萄糖酸锌的制备

一、实验目的

（1）学习并掌握葡萄糖酸锌的制备原理和方法。

（2）了解锌盐含量的测定方法。

二、实验原理

　　锌是人体必需的微量元素之一，是人体六大酶类和多种金属酶的组分或辅酶。人体缺锌会造成生长停滞、智力发育缓慢、味觉减退、嗅觉差和创伤愈合不良等现象，从而引发各种疾病。

　　葡萄糖酸锌作为补锌药，具有见效快、吸收率高、副作用小等优点，主要用于治疗儿童及妊娠期妇女由于缺锌引起的各种疾病，也可以作为儿童食品、糖果的添加剂。

　　葡萄糖酸锌为白色或接近白色的晶体，无臭，溶于水，易溶于沸水，不溶于无水乙醇、氯仿和乙醚。葡萄糖酸锌可由葡萄糖酸直接和锌的氧化物或盐反应制得。

　　本实验采用葡萄糖酸钙与硫酸锌直接反应制备，反应方程式如下：

$$Ca(C_6H_{11}O_7)_2 + ZnSO_4 \longrightarrow Zn(C_6H_{11}O_7)_2 + CaSO_4$$

过滤除去 $CaSO_4$ 沉淀，溶液经浓缩、结晶可得葡萄糖酸锌晶体。

　　葡萄糖酸锌在作为药物前，要进行多个项目的检测。本实验用 EDTA 配位滴定法对其锌含量进行测定。

三、仪器与试剂

　　（1）仪器：水浴锅、烧杯、减压过滤装置、电炉、蒸发皿、酸式滴定管、量筒等。

　　（2）试剂：葡萄糖酸钙、$ZnSO_4 \cdot 7H_2O$、95％乙醇、EDTA-Na_2 标准品、活性炭、基准物氧化锌、氯化铵、浓氨水、铬黑 T 等。

四、实验步骤

　　1. 葡萄糖酸锌的制备

　　（1）粗品的制备：在 200 mL 烧杯中加水 40 mL，加热至 80～90 ℃，加入 6.7 g $ZnSO_4 \cdot 7H_2O$，用玻璃棒搅拌至完全溶解。将烧杯置于 90 ℃水浴中，逐渐加入 10 g 葡萄糖酸钙，搅拌至完全溶解，静置保温 20 min。趁热减压过滤，滤渣为 $CaSO_4$，弃去；滤液转入烧杯，加热近沸，加入少量活性炭脱色，趁热减压过滤。滤液转入蒸发皿中，用小火加热浓缩至黏稠状。将滤液冷却至室温，加入 95％乙醇 20 mL（降低葡萄糖酸锌的溶解度），并不断搅拌，此时有大量的胶状葡萄糖酸锌析出，充分搅拌后，用倾析法去除乙醇。于胶状沉淀上，再加 20 mL 95％乙醇，充分搅拌后，慢慢析出晶体，抽滤至干，得到葡萄糖酸锌粗品。母液回收。

　　（2）重结晶：取烧杯加水 10 mL，加热至 90 ℃，将葡萄糖酸锌粗品加入，搅拌至溶解，趁热减压过滤。滤液冷却至室温，加 10 mL 95％乙醇，搅拌，待晶体析出后，减压过滤，将溶剂尽量抽干，得葡萄糖酸锌纯品。在 50 ℃下用恒温干燥箱烘干，称量，计算产率。

2. 样品中锌含量的测定

（1）溶液的配制。

①0.1 mol/ L EDTA-Na₂ 标准溶液的配制：称取 40 g EDTA-Na₂ 标准品，溶于 1000 mL 水中，摇匀。

标定：称取于 800 ℃灼烧至恒重的基准物氧化锌 8.0 g，精确至 0.0001 g，溶于 20 mL 盐酸和 50 mL 水中，移入 1000 mL 容量瓶中，用水稀释至刻度，摇匀。准确量取 30～35 mL，稀释至 100 mL，滴加 10％ 氨水至溶液 pH 为 8 左右，再加 10 mL NH₃-NH₄Cl 缓冲液和少量铬黑 T 指示剂，用 0.1 mol/ L EDTA-Na₂ 标准溶液滴定至溶液由紫红色转变成纯蓝色。同时做空白实验。

EDTA-Na₂ 标准溶液的浓度按下式计算：

$$c = \frac{m}{V \times M_{氧化锌}}$$

式中：c 为 EDTA-Na₂ 标准溶液的浓度，mol/L；m 为基准物氧化锌的质量，g；V 为 EDTA-Na₂ 标准溶液的用量，mL；$M_{氧化锌}$ 为基准物氧化锌的毫摩尔质量，g/mmol。

②NH₃-NH₄Cl 缓冲液（pH＝10）的配制：称取 34 g 氯化铵（NH₄Cl），溶于 150 mL 水，加入 285 mL 浓氨水，用水稀释至 500 mL。

③铬黑 T 指示剂：取 0.1 g 铬黑 T 与磨细干燥的 10 g NaCl 研匀，配成固体合剂，放在干燥器中，用时取少许便可。

（2）测定步骤：称取所制产品 0.8 g 左右，（精确到 0.001 g）记为 x g，加水 100 mL，微热使其溶解，加 NH₃-NH₄Cl 缓冲液（pH＝10）5 mL，加铬黑 T 指示剂少许，用 0.1 mol/ L EDTA-Na₂ 标准溶液滴定至溶液由紫红色变为纯蓝色，平行测定 3 次，计算锌的含量。

五、实验数据处理

将实验结果填入表 3.12 中。

表 3.12　实验结果

产品外观
烘干后质量 m/g
葡萄糖酸锌产率/（％）
产品质量 x/g
滴定消耗 EDTA-Na₂ 标准溶液的体积 V/mL
样品中锌的含量 w/（％）

样品中锌含量的计算公式如下：

$$w_{Zn} = \frac{c_{EDTA-Na_2} \times V_{EDTA-Na_2} \times 65}{x \times 1000} \times 100\%$$

六、注意事项

调节 pH 时,需要缓慢滴加氢氧化钠溶液,以免 pH 过高或过低影响反应结果。

七、思考题

(1) 可否用 $ZnCl_2$ 或 $ZnCO_3$ 为原料,与葡萄糖酸钙反应制备葡萄糖酸锌? 说明理由。

(2) 葡萄糖酸锌含量测定结果如不符合规定,可能由哪些原因引起?

实验 47　护发素的制备

一、实验目的

(1) 掌握护发素的制备方法。
(2) 了解护发素的成分。

二、实验原理

1. 主要用途

护发素又称护发剂、润丝膏或头发调理剂。护发素是在香波洗发后使用的护发产品,使用时让它们在头发上短暂停留,然后用水清洗,达到调理头发的作用。护发素通过吸附在头发表面,形成涂层,使得头发平滑。同时,护发素可以在一定程度上修复头发的机械损伤、化学烫伤、电烫伤以及染发剂所带来的损伤。

2. 护发原理

一般认为,头发带有负电荷。用香波(主要是阴离子洗涤剂,肥皂也属于此类)洗发后,会使头发带有更多的负电荷,从而产生静电,致使梳理不便。护发素主要组分是阳离子表面活性剂。阳离子表面活性剂能吸附于头发表面,形成一层薄膜,从而使头发柔软,并赋予其自然光泽,还能抑制静电产生,减少脱发和脆断作用,易于梳理。

三、仪器与试剂

(1) 仪器:电炉、烧杯、玻璃棒、托盘天平等。
(2) 试剂:十六烷基三甲基溴化铵、十八醇、硬脂酸单甘油酯、三乙醇胺、脂肪醇聚氧乙烯醚、甘油、香料等。

四、实验步骤

取 4 g 十六烷基三甲基溴化铵、2 g 十八醇、1 g 硬脂酸单甘油酯和 88 mL 去离子水于 200 mL 烧杯中,搅拌加热溶解后,加入已经加热的 1 g 三乙醇胺、1 g 脂肪醇聚氧乙烯醚、3 g 甘油和少量香料,搅拌均匀,冷却,即得产品。

测定产品的 pH 及其稳定性等。

五、注意事项

溶解缓慢时可微热。

六、思考题

护发素的护发原理是什么?

实验 48　超细透明氧化铁黄颜料的制备

一、实验目的

(1) 掌握胶体溶液和颜料的制备方法。
(2) 了解氧化铁黄颜料的制备原理。

二、实验原理

超细氧化铁是一种粒径小于 1 μm,具有很好透明性的铁系颜料。它除具有普通氧化铁颜料的耐光、耐化学腐蚀、无毒、价廉等优点外,还具有良好的分散性和着色能力,以及强烈吸收紫外线的性能,因此,其应用领域十分广泛。目前,大多采用无机物合成的方法制备超细氧化铁黄颜料,其工艺复杂,生产成本高,不利于应用和推广。在此基础上,本实验采用胶体化学方法制备超细氧化铁黄颜料,即在氢氧化铁水溶胶中加入十二烷基苯磺酸钠表面活性剂,对水溶胶进行表面处理。然后用氯仿作萃取剂进行萃取,加热蒸发氯仿,烘干产物,研磨,即得分散性好的透明氧化铁黄颜料。该方法的工艺简单,成本低,产品性能优良。

实验过程中,在 Fe^{3+} 溶液中加入碱溶液,制成透明的 $Fe(OH)_3$ 水溶胶。加碱量相对不足,使制得的水溶胶体系中的颗粒带正电荷,加入阴离子表面活性剂时,表面活性剂在溶液中解离,产生负离子团,与带正电荷的胶体颗粒进行电荷中和,使颜料微粒改性,从而可用有机溶剂将它从体系中萃取出来。

三、仪器与试剂

(1) 仪器:玻璃片、烘箱、研钵等。
(2) 试剂:$FeCl_3$(分析纯)、$NaOH$、十二烷基苯磺酸钠、氯仿(分析纯)、清漆等。

四、实验步骤

将 25 mL 0.5 mol/L $FeCl_3$(分析纯)溶液与 20 mL 1.5 mol/L $NaOH$ 溶液于

60 ℃反应 0.5 h,制得 Fe(OH)₃ 水溶胶。然后在所得的水溶胶中加入 0.9 g 十二烷基苯磺酸钠进行表面处理。冷却至室温,将其置于 25 mL 氯仿(分析纯)中进行萃取。下层黑红色萃取液在烘箱中于 150 ℃烘干后,在研钵中研磨,即得产品。

分别取 0.1 g、0.2 g、0.3 g、0.4 g 样品溶于 10 mL 氯仿中,再加 10 mL 清漆,摇匀配漆,涂于洁净的玻璃片上,进行性能测试。随着氧化铁黄颜料浓度的增大,玻璃片上的铁黄颜色也应逐渐加深,透明性较好。产品的涂膜能强烈地吸收 400 nm 以下的紫外线,并随着颜料含量的增加,吸收紫外线能力增强。

测试产品的性能。

五、注意事项

温度控制不当,可能导致产物产率不高。

六、思考题

(1)制备符合要求的超细透明氧化铁黄颜料的关键点有哪些?

(2)反应温度过高会有何影响?为什么?

实验 49 乳胶漆的制备

一、实验目的

(1)熟悉乳胶漆的制备方法。

(2)了解各种助剂在乳胶漆中的作用。

二、实验原理

乳胶漆是水性漆的一种,它以高分子聚合物的乳液胶体为基本漆料,同时添加色浆、填充剂、乳化剂、防腐剂、增塑剂、分散剂等,乳胶漆的固含量为 40%～80%。常见品种有聚乙酸乙烯酯乳胶漆、聚丙烯酸酯乳胶漆、乙酸乙烯-丙烯酸共聚乳胶漆和苯乙烯-丙烯酸共聚乳胶漆等。

利用聚合物水乳液制备涂料有很多优点。由于水廉价易得,且无毒无害,对环境友好,又没有燃烧爆炸危险,明显优于溶剂性涂料。同时,由乳液聚合法生产的乳胶粒径很小,一般为 0.05～1 μm,它们可以部分渗入被处理物体的微观裂缝中,这样可以达到良好的涂敷效果。乳胶漆制备中需加入多种助剂,各种助剂对乳胶漆的质量有一定的影响。

三、仪器与试剂

(1)仪器:微粒球磨机、胶体磨、附着力测定仪、黏度计、电炉、烧杯、漆刷等。

（2）试剂：钛白、锌钡白、硫酸钡、滑石粉、瓷土、羟甲基纤维素、乙二醇、磷酸三丁酯、六偏磷酸钠、五氯酚钠、苯甲酸钠、亚硝酸钠、自制聚丙烯酸酯乳液等。

四、实验步骤

1. 乳胶漆的制备

其配方如表 3.13 所示。

表 3.13　乳胶漆配方

配方	含量/(%)
自制聚丙烯酸酯乳液	80
钛白	20
锌钡白	20
硫酸钡	40
滑石粉	10
瓷土	100
乙二醇	9
磷酸三丁酯	0.5
羟甲基纤维素	0.5
六偏磷酸钠	0.4
五氯酚钠	0.4
苯甲酸钠	0.4
亚硝酸钠	0.4
水	80

2. 制备工艺

按上述配方称取各组分放于烧杯中，充分搅匀，倒入胶体中研磨。反复 3 次出料。测定上述乳胶漆的黏度、细度、pH、附着力。

五、实验数据处理

将实验结果填入表 3.14。

表 3.14　实验结果

项目名称	数值	项目名称	数值
黏度		细度	
pH		柔韧度	
附着力		耐冲击强度	

六、注意事项

（1）在乳胶漆的制作过程中，需要保持环境干燥，否则会影响乳胶漆的质量。

（2）漆液制作完成后，建议将其过滤，这样可以去除其中的杂质和不溶性物质，提高乳胶漆的质量。

（3）如果乳胶漆稀释过程中出现结块现象，可以适当加入去离子水，搅拌均匀后再使用。

七、思考题

各种助剂在乳胶漆中有何作用？影响乳胶漆质量的因素有哪些？

实验 50　消泡剂的制备及应用

一、实验目的

（1）掌握消泡剂的消泡原理及制备方法。

（2）了解消泡剂消泡性能的测试方法。

二、实验原理

消泡剂有很多种，其作用机理：消泡剂进入泡沫的双分子定向膜，破坏定向膜的力学平衡而达到消泡或抑泡的目的。

1. 化学反应法

消泡剂能与发泡剂发生化学反应，如发泡剂为肥皂时，可加入酸使其变为硬脂酸，也可加入 Ca^{2+}、Mg^{2+} 等金属离子，使其形成不溶于水的固体，导致泡沫破裂。

2. 降低膜强度法

消泡剂是非极性溶剂，煤油、柴油等有机烃可以迅速在液体表面铺展，带走部分发泡剂，使液膜变薄而强度降低引起破裂。但这种消泡剂必须经乳化后才能在造纸中应用，否则像煤油等会对纸纤维造成污染。大多数消泡剂使用小分子醇，它们可以进入泡沫的双分子定向膜中，使液膜强度降低，并通过这些极性分子的扩散将部分发泡剂分子带入水中，导致泡沫破裂。

3. 造成局部张力差异

能够显著降低表面张力的表面活性剂和固体疏水颗粒，如含氟表面活性剂、硅油、聚醚、高碳醇、胶体 SiO_2、二硬脂酸己二胺等能够进入泡沫的双分子膜中，导致膜中表面张力局部减小，而膜的其余部分则仍保持着较大的表面张力，这种张力差异使张力较强的部分牵引着张力较弱的部分，从而导致泡沫破裂。

三、仪器与试剂

（1）仪器：三口烧瓶、高速搅拌机、泡沫测量仪、秒表等。

（2）试剂：284 有机硅油（工业级）、聚乙烯醇（工业级）、十二烷基硫酸钠（工业级）等。

四、实验步骤

将 72 g 5% 聚乙烯醇溶液加入三口烧瓶中，再加入 36 g 水，开始搅拌（转速 3000 r/min）。边搅拌边缓慢加入 72 g 有机硅油，加完后，再搅拌 0.5 h，成为均匀的乳白色稠状物——消泡剂。

配制 1% 十二烷基硫酸钠溶液，将 10 mL 溶液倒入泡沫测量仪中，搅拌该溶液使其产生泡沫，滴入 1 滴消泡剂，同时用秒表计时，测量泡沫下降 5 cm 所用的时间（时间越短越好）。

五、注意事项

（1）制备过程中需保持环境清洁卫生，避免杂质污染。

（2）操作时需注意安全，避免接触皮肤和吸入有害气体。

（3）制备的消泡剂需保存在干燥阴凉处，避免阳光直射和高温。

（4）使用消泡剂时应根据实验需要添加物料，过量会影响实验结果。

六、思考题

（1）根据消泡剂的作用机理，推测除有机硅油消泡剂外，还有哪几类物质可作为消泡剂。

（2）有机硅油消泡剂有什么特点？

实验 51　活性炭的制备及吸附性能检测

一、实验目的

（1）了解生物质制备活性炭的过程。

（2）理解生物质转化的机理和过程。

（3）熟悉管式炉的使用方法，掌握紫外-可见分光光度计的使用方法。

二、实验原理

农业现代化的关键在科技进步和创新。农产品生产加工中产生的废弃物，其数量十分可观,是一类宝贵的绿色资源,目前多以畜禽饲料、田间堆肥、露天焚烧等形式被利用,仅少量被用于制备沼气、液体燃料等,并没有被充分有效地利用。农林废弃物(如废木材、秸秆等)是较好的生物质活性炭的生产原料,纤维素含量高、来源广泛、成本低廉。

活性炭因具有孔隙结构多样、比表面积大、表面官能团丰富、化学和生物学稳定性良好等特点,所以其具有多种优异性能,其中以吸附性能最为显著,在日常空气净化、挥发性有机物治理、含重金属和有机物废水处理中都有广泛应用。相比传统的煤基活性炭,植物基活性炭的优势主要体现在植物基原料灰分含量低,有机氧含量高,具备有利的天然孔隙结构,炭化时易形成丰富的孔隙结构和含氧官能团。活化时活化剂容易进入孔隙内部,且反应效能较高,易于形成发达的微孔,植物基活性炭目前在我国活性炭产量中占比约为 30%。

植物基活性炭的制备主要分为炭化和活化两个过程,具体的制备方法有多种,但原理基本相同,即把各种原料在缺氧条件下高温热解成炭(炭化),同时在活化剂的作用下进一步扩孔增容。活化是将活化剂与材料进行充分融合,使其与材料中的原子、分子进行化学反应,起到开孔、扩孔、造孔的作用,从而形成发达的孔隙结构。化学活化过程中,活化剂会扩散并嵌入炭颗粒内部,通过一系列的交联或缩聚反应刻蚀炭材料后,使其中的 H、O 等元素以水蒸气、CO_2 等小分子气体形式逸出,生成丰富的微孔,并且能有效抑制焦油的产生,避免微孔被堵塞,同时活性炭表面官能团的数量和类型也发生变化。

植物基活性炭的制备方法包括物理活化法、化学活化法、物理化学活化法和微波化学活化法等,这类富含炭质的原料可以炭化、活化一步完成,经济性较好。通过选择合适活化剂以及控制活化剂的添加量、活化时间、活化温度等反应条件,可以对所制备的活性炭的结构和性能等进行调整。采用不同的改性方法可改变活性炭的物理性质,如比表面积、孔隙率、中微孔比例等。

三、仪器与试剂

(1) 仪器:分析天平、管式炉、量筒、锥形瓶、石英比色皿、容量瓶、紫外-可见分光光度计、减压过滤装置、石英舟、石英管、磁力搅拌器、烘箱、真空泵、研钵等。

(2) 试剂:氯化锌、松木锯末、去离子水、HCl 溶液、亚甲基蓝等。

四、实验步骤

1. 活性炭的制备

松木锯末预先在 105 ℃烘箱中烘干 6 h,按照生物质与氯化锌质量比 1∶2 的比例进行混合,然后取 10 g 混合物置于石英舟,装入石英管中部。石英舟两侧装上炉塞,连好装置,关闭石英管左侧阀门,用真空泵抽气使管式炉达到最大真空度,之后关闭管式炉右侧阀门,打开左侧阀门,打开氮气钢瓶充入氮气,重复抽气、充气 3 次,排净管式炉中空气。打开管路中所有阀门连通大气,并使氮气流量稳定在 75 mL/min。管式炉后面连接安全瓶以观察气泡大小。

设置管式炉升温程序为以 10 ℃/min 的升温速度增加至 600 ℃,在此温度停留 1 h,之后以 5 ℃/min 的降温速度降温至 100 ℃,待管式炉温度降至 50 ℃ 以下时,关闭氮气。

2. 活性炭的后处理

称取活性炭 1.0 g 于烧杯中,加入 50 mL 0.1 mol/L HCl 溶液,室温搅拌 30 min,减压过滤并用去离子水洗至滤液呈中性。将活性炭置于烘箱中,105 ℃烘干(约 1 h),研钵研碎后备用。

3. 吸附性能研究

准确称量 0.050 g 活性炭,加入 50 mL 50 mg/L 的亚甲基蓝溶液中,在室温振荡吸附,分别在吸附开始后的 5 min、10 min、20 min、30 min、40 min、50 min、1 h 取样,经 0.45 μm 滤膜过滤,并稀释 10 倍后,在 665 nm 波长处测定吸光度,根据亚甲基蓝吸光度-浓度标准曲线,计算不同时刻活性炭对亚甲基蓝的吸附量 $q(mg/g)$。

标准溶液的配制方法如下:配制 100 mg/L 的亚甲基蓝母液,用移液管分别移取 1 mL、2 mL、3 mL、4 mL、5 mL 定容于 100 mL 容量瓶中。在 665 nm 波长处测定吸光度,得到亚甲基蓝标准溶液浓度-吸光度的标准曲线。

计算不同时刻活性炭对亚甲基蓝的吸附量 $q(mg/g)$。进行动力学曲线拟合,记录拟合数据,分析吸附机理。

五、注意事项

制备过程中,密切关注氮气流量、管式炉压力表和安全瓶状态,若压力超过大气压 0.02 MPa,应停止操作,检查管路连通是否正常。

六、思考题

(1) 在生物质炭化过程中,氯化锌起什么作用?

(2) 根据动力学拟合结果分析生物质活性炭的吸附原理。

(3) 活性炭的后处理过程中,HCl 溶液起什么作用? 可否不用 HCl 溶液?

实验 52　　活性氧化铝的制备

一、实验目的

(1) 了解活性氧化铝的性质及用途。

(2) 理解活性氧化铝的制备原理,掌握其制备方法。

二、实验原理

氧化铝,俗称矾土,化学式为 Al_2O_3,为白色粉末,密度为 $3.9\sim4.0 \text{ g/cm}^3$,熔点为 2050 ℃,沸点为 2980 ℃。其不溶于水,能缓慢溶于浓硫酸。其可用于炼制金属铝,也是制造坩埚、瓷器、耐火材料和人造宝石的原料。用作吸附剂、催化剂及催化剂载体的氧化铝称为活性氧化铝,其具有多孔性、分散度高和比表面积大等特性,广泛用于石油化工、精细化工及制药等领域。

活性氧化铝一般由氢氧化铝加热脱水制得。氢氧化铝也称水合氧化铝,其化学组成为 $Al_2O_3 \cdot nH_2O$,通常按所含结晶水数目不同,可分为三水氧化铝和一水氧化铝。氢氧化铝加热脱水后,可以得到 $\gamma\text{-}Al_2O_3$,即活性氧化铝。

本实验采用 $AlCl_3$ 和 $NH_3 \cdot H_2O$ 为原料,发生沉淀反应,生成以 $\gamma\text{-}AlOOH$ 为主的氧化铝水合物,再经过滤、干燥、焙烧,得活性氧化铝,其化学反应方程式如下:

$$AlCl_3 + 3NH_3 \cdot H_2O \Longrightarrow AlOOH\downarrow + 3NH_4Cl + H_2O$$

$$2AlOOH \Longrightarrow Al_2O_3 + H_2O$$

三、仪器与试剂

(1) 仪器:马弗炉、电热恒温干燥箱、水浴锅、分液漏斗、四口烧瓶、电动搅拌器、布氏漏斗、水泵、温度计、玻璃棒、研钵等。

(2) 试剂:三氯化铝(分析纯)、氨水、碳酸氢铵(分析纯)等。

四、实验步骤

1. γ-AlOOH 的制备

将四口烧瓶固定在水浴锅中,并安装好电动搅拌器。用两个分液漏斗作为加料器,分别固定在铁架台上。在烧瓶的两个边口上,塞上带有玻璃短管的橡皮塞,再用乳胶管将两个分液漏斗的出口分别与烧瓶的两个边口相连。在烧瓶的另一边口插上温度计。

称取 6.5 g $AlCl_3$ 于烧杯中,用 150 mL 蒸馏水溶解,倒入其中一个分液漏斗中。配制 5.2% 氨水 150 mL,倒入另一个分液漏斗中。称取 0.5 g 碳酸氢铵,并用 100 mL 蒸馏水溶解,倒入四口烧瓶中,作为稳定 pH 的缓冲液。接通电源,加热到 85

℃,开启电动搅拌器,缓慢滴加氨水及 $AlCl_3$ 溶液,两者滴加速度均控制在 3 mL/min 左右,约 50 min 滴加完毕。在滴加过程中,每隔 5 min 用精密试纸测量溶液的 pH,使溶液的 pH 保持在 8.5～9.2。在此过程中,观察沉淀的生成。加料结束后,继续在 85 ℃保温搅拌 10 min。

2. $\gamma\text{-}Al_2O_3$ 的制备

从水浴锅中取出烧瓶,将悬浮液用布氏漏斗趁热过滤。将滤饼转移至烧杯中,加入 80 ℃蒸馏水 200 mL,不断用玻璃棒慢速搅拌,在 80 ℃下老化 1 h。老化结束后,用布氏漏斗抽滤,并用 80 ℃蒸馏水洗涤滤饼几次。将滤饼放入干燥箱内,在 105 ℃下干燥 5 h,除去非结合水。取出干燥后的滤饼,用研钵将其粉碎成能通过 100 目筛的粉末,放入马弗炉中,在 500～550 ℃焙烧 4 h,氧化铝水合物即转化成 $\gamma\text{-}Al_2O_3$。取出,冷却,称重。

计算产品的质量及产率。

五、注意事项

马弗炉中的焙烧过程属高温操作,应注意安全。

六、思考题

(1) 沉淀物洗涤过滤速度很慢的原因有哪些? 如何提高洗涤速度?

(2) 沉淀物洗涤过程中若 Cl^- 除去不彻底对实验将有什么影响?

实验 53　高纯硫酸锌的制备

一、实验目的

(1) 理解离子交换法提纯试剂的原理,掌握其操作方法。

(2) 掌握离子交换树脂的预处理、再生及转型方法。

二、实验原理

硫酸锌通常与水结合成 $ZnSO_4 \cdot 7H_2O$,俗称皓矾。其为无色斜方晶体,密度为 1.957 g/cm^3(25 ℃),易溶于水,加热到 280 ℃失去结晶水而成无水物,无水硫酸锌密度为 3.54 g/cm^3(25 ℃),在 740 ℃分解为氧化锌。

利用重结晶、萃取及离子交换等方法,可将普通硫酸锌分离提纯为高纯硫酸锌,其纯度要求在 99.9999% 以上。高纯硫酸锌是制取高纯硫化锌（ZnS）的主要原料。高纯硫化锌是制备荧光粉的重要原料,其纯度要求极高,要求 1 g 硫化锌中,Fe^{3+}、Co^{3+}、Ni^{2+}、Cu^{2+} 等杂离子的质量不超过 10^{-7} g,否则会影响荧光粉的质量。

本实验采用离子交换法制备高纯硫酸锌。

在普通硫酸锌溶液中,添加适量的 α-亚硝基-β-萘酚磺酸盐(简称亚硝基 R 盐)配位剂。该配位剂可以与溶液中的 Fe^{3+}、Co^{3+}、Ni^{2+}、Cu^{2+} 等杂离子配位,该配位剂却难与 Zn^{2+} 配位,锌仍以 Zn^{2+} 的形式存在于溶液中。亚硝基 R 盐通常选用 1-亚硝基-2-萘酚-3,6-二磺酸钠,其结构式如图 3.3 所示。

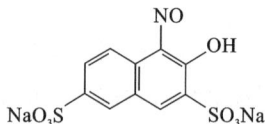

图 3.3　1-亚硝基-2-萘酚-3,6-二磺酸钠的结构式

将添加配位剂的硫酸锌溶液通过阴离子交换树脂,利用阴离子交换树脂吸附络离子的特性,可将硫酸锌溶液中的杂离子除去。D301 树脂及 D302 树脂都属于大孔弱碱性苯乙烯系阴离子交换树脂,可用作上述配阴离子的离子交换树脂。本实验选用 D302 树脂。

三、仪器与试剂

(1) 仪器:离子交换器、分液漏斗、蒸发皿、玻璃管、酒精灯及其他实验室常规仪器。

(2) 试剂:Na_2SO_4(分析纯)、NaSCN(分析纯)、NaOH(分析纯)、H_2SO_4(分析纯)、$ZnSO_4$(分析纯)、$FeCl_3$(分析纯)、$BaCl_2$(分析纯)、D302 树脂、1-亚硝基-2-萘酚-3,6-二磺酸钠(分析纯)等。

四、实验步骤

用去离子水清洗 D302 树脂,直至排出水透明、无色。用 4%NaOH 溶液(体积约为树脂的 5 倍)浸泡树脂 2 h,之后将 NaOH 溶液放出、排尽,再用去离子水洗至 pH 6.5~7.5。用 10%H_2SO_4 溶液(体积约为树脂的 5 倍),浸泡树脂一夜,之后放出酸液,排尽,再用去离子水洗至 pH 6.5 左右。将处理过的树脂装入直径为 2 cm、长为 40 cm 的玻璃管中,树脂使用量约为 125 mL。

1. 高纯 $ZnSO_4$ 制备

称取 $ZnSO_4$ 晶体 20 g,加 120 mL 去离子水溶解。取 1% 1-亚硝基-2-萘酚-3,6-二磺酸钠溶液 3 mL,加入 $ZnSO_4$ 溶液中,搅拌均匀。将上述溶液从阴离子交换柱的顶部流入,控制流量为 5 mL/min,从交换柱流出的溶液即为高纯 $ZnSO_4$ 溶液。将高纯 $ZnSO_4$ 溶液倒入洁净的蒸发皿中,用酒精灯加热蒸发。控制蒸发的时间,以自由水蒸发完毕但不失去结晶水为宜。称量,计算产率。

2. 树脂再生

先用去离子水淋洗树脂,直到交换柱内无 $ZnSO_4$ 溶液(可用 $BaCl_2$ 溶液检测有无 SO_4^{2-})。将 5% NaSCN 溶液用 NaOH 溶液调至 pH=12,用此溶液淋洗树脂,控制流量为 3 mL/min,洗至树脂无绿色,1-亚硝基-2-萘酚-3,6-二磺酸钠溶液完全流出。再用去离子水洗至 pH 为 6.5 左右(可用 1% 的 Fe^{3+} 检验有无 SCN^-)。

3. 树脂转型

用 8% Na_2SO_4 溶液淋洗树脂,控制流量为 3 mL/min,洗至树脂流出液中无 SCN^-(可用 1% Fe^{3+} 检验,至无血红色)。然后用去离子水洗至中性,并用 $BaCl_2$ 溶液检测,至无 SO_4^{2-}。树脂复原,可再用来进行交换反应。

计算高纯硫酸锌的产率。

五、注意事项

硫氰化钠有一定的毒性,使用时应注意安全。树脂再生所产生的硫氰化钠废液应回收统一处理。

六、思考题

制备高纯试剂与普通试剂有什么差别? 关键点是什么?

实验 54　α-紫罗兰酮的合成

一、实验目的

(1) 了解和利用柠檬醛直接合成假性紫罗兰酮的缩合反应的步骤及影响产率的因素,确定化学反应条件。

(2) 掌握由假性紫罗兰酮合成紫罗兰酮的方法与步骤,并初步探讨在实验的基础上如何分离 α-紫罗兰酮和 β-紫罗兰酮。

(3) 初步了解紫罗兰酮在有机合成及工业上的应用。

二、实验原理

紫罗兰酮是一种萜,分子式为 $C_{13}H_{20}O$,为浅黄色黏稠液体。它是 α-紫罗兰酮和 β-紫罗兰酮的混合物。α-紫罗兰酮具有甜花香,沸点为 146～147 ℃ (28 mmHg),相对密度为 0.9298 (21 ℃);β-紫罗兰酮类似松木香,沸点为 140 ℃ (18 mm Hg),相对密度为 0.9462。

α-紫罗兰酮和 β-紫罗兰酮可利用其衍生物的溶解性不同而分离。β-紫罗兰酮缩氨基脲溶解度极小,可据此分离提纯 β-紫罗兰酮。母液中的粗 α-紫罗兰酮缩氨基脲可用稀硫酸使它转化成酮,再变成肟进而纯化。α-紫罗兰酮肟冷却到低温时析出晶体,而 β-紫罗兰酮肟为油状物,借此得以分离。

醛(酮)的 α-H 具有活性,会在碱性环境中脱去 H^+,而与双键氧相连的碳原子因为电子对偏离而呈正电性,会与带负电的碳结合,形成缩合产物,即含有一个羟基和一个羰基的化合物。其中带部分正电荷的碳连接的是羟基,此时的产物即为假性紫罗兰酮。同样在碱性条件下,加热,会促使假性紫罗兰酮脱去一分子水生成烯,即为紫罗兰酮。

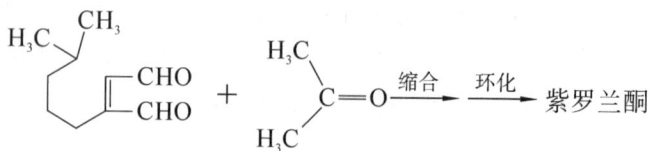

根据环化条件的不同,可以得到 α-紫罗兰酮、β-紫罗兰酮或 γ-紫罗兰酮,如图 3.4 所示。

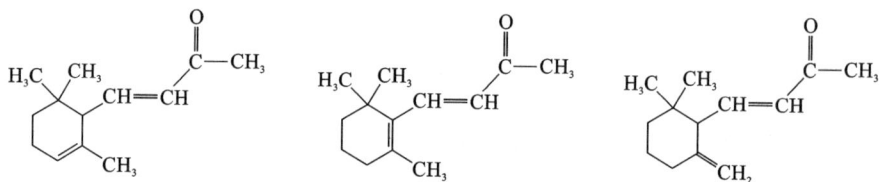

图 3.4   α-紫罗兰酮、β-紫罗兰酮、γ-紫罗兰酮(从左至右)的结构式

三、仪器与试剂

(1) 仪器:减压蒸馏装置、分液漏斗、三口烧瓶、磁力搅拌器、水浴锅、锥形瓶、温度计等。

(2) 试剂:柠檬醛、丙酮、NaOH、硫酸、甲苯等。

四、实验步骤

1. 假性紫罗兰酮的制备

在装有磁力搅拌器、温度计的 100 mL 三口烧瓶中,加入 10 mL (0.1 mol) 柠檬醛和 30 mL (0.275 mol) 丙酮,在冰水浴的冷却下慢慢滴加 5 mL 10%NaOH 溶液,在此过程中保持温度不超过 25 ℃,在 30 min 内加完。将反应器置于水浴中,保持反应液的温度在 25 ℃以下,反应 2 h,大约用 0.5 h 升温至 45～50 ℃,保温 0.5 h 左右,反应结束。水洗,分液保留上层有机层,在 128～132 ℃减压(2 kPa)蒸馏收集假性紫罗兰酮。

2. 紫罗兰酮的制备

在三口烧瓶中加入假性紫罗兰酮和甲苯(体积比 1:3),三口烧瓶置于冰水浴中。在剧烈搅拌下滴入 5 mL 65%硫酸,约 15 min 加完。保持温度为 10～15 ℃,反应 1 h,升温至 30 ℃,反应 1 h。

移去冰水浴,将反应物倒入 50 mL 冰水中,待冰融化后分液,在 116～127 ℃下减压(1.33 kPa)蒸馏有机层以蒸去甲苯,收集 α-紫罗兰酮。

五、注意事项

实验过程中注意通风。

六、思考题

α-紫罗兰酮和 β-紫罗兰酮哪个较稳定？如何提高 α-紫罗兰酮的产率？

实验 55　消毒用免洗酒精凝胶的制备

一、实验目的

(1) 掌握消毒用免洗酒精凝胶的配方设计原理。

(2) 练习并掌握消毒用免洗酒精凝胶的一般生产过程。

二、实验原理

75%（体积分数）乙醇可以很好地渗入病毒内部，使病毒蛋白质脱水、变性而凝固，最终杀死病毒。虽然提高乙醇浓度有利于蛋白质脱水变性，但过高浓度会使病毒外壳蛋白质迅速变性凝固，形成一层坚固的薄膜，从而阻止乙醇的进一步渗透，导致无法彻底杀死病毒；若乙醇浓度过低，虽可进入病毒内部，但由于其对蛋白质的渗透性较差，也无法有效地使病毒蛋白质变性。

添加增稠剂的乙醇溶液可在一定程度上降低其流动性与挥发性，搓手时，乙醇能轻易地以凝胶的状态涂满双手，并在此过程中完成消毒过程，之后随着双手的揉搓又逐渐完全挥发。

增稠剂卡波姆是一种由丙烯酸或丙烯酸酯与烯丙基醚经交联反应制得的树脂材料。分子结构中含有大量的羧基，卡波姆可在水中显著溶胀，添加有机胺能帮助卡波姆在乙醇溶液中溶解。卡波姆在乙醇溶液中可通过两种机理增稠：①通过不同卡波姆分子之间的分子链相互缠绕实现增稠效果，由于卡波姆分子结构中含有大量的羧基结构单元，通过调节 pH 可使其羧基结构阴离子化而相互排斥，使得初始卷曲的卡波姆分子卷曲链舒展开，体积增大上千倍，增加分子之间相互缠绕的概率，从而大大提高卡波姆的增稠效果。合适的增稠 pH 为 6～12。②羧基阴离子化的卡波姆分子还可通过羧基氧与多元醇分子中的羟基氢形成氢键，并交联成网状结构，进而实现增稠效果。

常用三乙醇胺调节体系的 pH，并加入一定量的甘油护手和辅助增稠，还可根据需求加入香精、芦荟凝胶和抗氧化剂等物质进行复配，以改善产品性能。

三、仪器试剂

（1）仪器：水浴锅、机械搅拌器、烧杯、pH 计等。

（2）试剂：卡波姆、无水乙醇、三乙醇胺、吐温-80、甘油、香精等。

四、实验步骤

（1）将 8～10 g 卡波姆加入 400 mL 蒸馏水中，75 ℃水浴加热，搅拌溶解，直至成为完全透明凝胶，备用。

（2）取 20 mL 卡波姆凝胶于烧杯中，水浴搅拌下，滴加 60 mL 无水乙醇，滴加速度小于 3 滴/秒。滴加完后再加入 1 mL 甘油，最终形成微乳白与微浑浊的胶体溶液。

（3）向 10 mL 无水乙醇中滴加 4 滴三乙醇胺、3 滴吐温-80，混合均匀后，在充分搅拌下逐滴加入步骤（2）中的烧杯中，调节 pH，使微乳白浑浊状转变为完全透明均匀的凝胶，体系黏度明显增加（滴加过量或过快会使卡波姆凝胶聚沉，从而导致实验失败）。

（4）滴加 2～3 滴香精增香，待搅拌均匀后将样品装入挤压瓶。

（5）挤压部分产品到手上，观察产品流动性，搓揉使其涂满双手，检验产品性能。

五、注意事项

（1）卡波姆的溶胀非常关键，必须等溶液变成完全透明凝胶状才能进行后续步骤。

（2）乙醇加入速度不可过快，且必须及时搅拌均匀，否则可能导致局部卡波姆聚沉。

（3）调节 pH 时，三乙醇胺溶液应逐滴加入，且每次滴加后应充分搅拌，根据情况决定是否继续滴加，否则会使卡波姆聚沉，从而导致实验失败。

（4）体验洗手消毒效果时，产品应在搓揉过程中无明显颗粒感，且经多次搓手后迅速挥发，无残留，无须额外擦干。

（5）实验失败产品不得倒入下水道，以免堵塞下水道。

六、思考题

（1）卡波姆的增稠原理是什么？

（2）加入三乙醇胺的目的是什么？

实验 56　固体酒精的制备

一、实验目的

(1) 了解复配技术。

(2) 掌握固体酒精的配制原理和实验方法。

(3) 培养学生理论联系实际的能力、分析归纳及解决问题的能力。

二、实验原理

复配技术是研究精细化学品配方和制剂成型理论的综合应用技术。通过精细化学品复配的协调增效、协同减害和降低成本效应，不仅可以解决单一化合物难以满足的特殊或多种需求，扩大产品应用范围，还可以改变产品性能和形式，提高竞争力和经济效益。复配技术涉及物理、化学等多个学科，是企业核心竞争力的一种体现，也是精细化工的重要发展方向。

酒精的学名是乙醇，易燃，燃烧时无烟无味，安全卫生。由于酒精是液体，较易挥发，携带不便，所以作为燃料使用并不普遍。针对以上缺点，可将液体酒精制成固体酒精，这样既降低了挥发性又易于包装和携带，使用更加安全。固体酒精用途更广泛，如用作火锅燃料和室外野炊的热源，是酒店、地质人员、部队及其他野外作业者的常用品。固体酒精的配方很多，其差别主要在于使用的固化剂不同。目前常用的固化剂有乙酸钙、硝化纤维、高级脂肪酸等。

$$CH_3(CH_2)_{16}COOH + NaOH \rightleftharpoons CH_3(CH_2)_{16}COONa + H_2O$$

本实验采用硬脂酸为固化剂，在碱性条件下制备固体酒精。硬脂酸首先与氢氧化钠反应，生成的硬脂酸钠是长碳链极性分子，具有受热时软化，冷却后又重新固化的特性。因此，将液体酒精与硬脂酸钠在加热的条件下搅拌，混合均匀，冷却后酒精被束缚于相互连接的硬脂酸钠分子之间，形成类似凝胶或膏状的固体产品。若在配方中加入虫胶、石蜡等物料作为粘接剂，可以得到质地更加结实的固体酒精，同时加入少量硝酸铜则可改变火焰的颜色。由于所用的添加剂多为可燃物，不仅不影响酒精的燃烧性能，而且可以燃烧得更为持久并释放更多热能。

三、仪器与试剂

(1) 仪器：水浴加热装置、玻璃棒、磁力搅拌器、烧杯等。

(2) 试剂：沸石、酒精、硬脂酸、氢氧化钠、虫胶片、石蜡等。

四、实验步骤

本实验采用两种制备方法，分别选用不同的粘接剂，制备质地不同的固体酒精，并加以比较。

1. 原料配比

原料配比如表 3.15 所示。

表 3.15　原料配比

项目	95%酒精/mL	硬脂酸/g	氢氧化钠/g	虫胶片/g	石蜡/g
方法一	70	5.0	0.8	1.0	—
方法二	75	9.0	1.5	—	2.0

2. 实验过程

（1）方法一：在 250 mL 烧杯中，加入 0.8 g(0.02 mol)氢氧化钠、1 g 虫胶片、50 mL 酒精和数粒沸石，在水浴中加热至固体全部溶解。在另一个 100 mL 烧杯中加入 5 g(约 0.02 mol)硬脂酸和 20 mL 酒精，在水浴上加热至硬脂酸全部溶解，然后加入含有氢氧化钠、虫胶片和酒精的烧杯中，用玻璃棒搅拌使其混合均匀。水浴加热约 10 min 后，使反应混合物自然冷却，得到产品，记录产品达到凝固的时间和凝固时的温度。

（2）方法二：在 250 mL 烧杯中加入 9 g(约 0.032 mol)硬脂酸、2 g 石蜡、50 mL 酒精和数粒沸石，在水浴上加热至 60 ℃并保温，直至固体溶解。另将 1.5 g(约 0.035 mol)氢氧化钠和 15.3 g 水混合于 100 mL 烧杯中，搅拌溶解后加入 25 mL 酒精，混合均匀。将碱液加入上述含有硬脂酸、石蜡和酒精的烧杯中，在水浴上加热约 15 min 使反应完全。撤去水浴加热装置，使反应混合物冷却，得到产品，记录产品达到凝固的时间和凝固时的温度。

比较两种方法得到的产品外观。取一小块产品点燃，观察其燃烧情况。

五、注意事项

（1）固体酒精是一种混合物，其主要成分仍然是酒精，化学性能不变。

（2）硬脂酸用量太少会导致固体酒精无法成型；用量太多，会在燃烧时形成不易燃烧的硬膜。

（3）固体酒精产品要求硬度适中、外观均匀透明；同时要求制备过程中凝固温度较高(>30 ℃)、凝固时间较短(<15 min)。

六、思考题

（1）在固体酒精的制备过程中，硬脂酸钠的作用是什么？

（2）为什么制备过程中需要加入氢氧化钠？

（3）将液体酒精固化的优点是什么？

（4）如果想增加固体酒精的热值，需要选择哪些原料代替现有的原料？

实验 57　固体空气清新剂的制备

一、实验目的

（1）学习和掌握固体空气清新剂的配制原理。

（2）学习和掌握海藻酸钠的结构、性质及应用。

二、实验原理

1. 空气清新剂简介

随着生活水平的逐步提高，人们对自身所处环境的品质有了更高的要求。淡雅清新的环境可以使人心情愉悦，空气清新剂应运而生。空气清新剂适用于轿车、家具卧室、宾馆饭店及其他公共娱乐场所。

2. 固体空气清新剂的配制原理

配制原理：将香精、除臭剂及杀菌消毒剂与水、增稠剂、防腐剂、乳化剂等组分混合。水与增稠剂形成固体胶状物，此胶状物将香精、除臭剂及杀菌消毒剂包藏其中，当固体胶状物放置在空气中时，随着其中水分的挥发，体积慢慢缩小，香精、除臭剂及杀菌消毒剂等慢慢挥发到空气中，从而达到清新空气的目的。

在固体空气清新剂的组分中，增稠剂、防腐剂、乳化剂是其中 3 种重要成分，它们决定了产品的外观和生产工艺。常用的增稠剂有卡拉胶、琼脂、羧甲基纤维素、海藻酸钠等；防腐剂有苯甲酸、苯甲酸钠和山梨酸等；乳化剂用来提高香精在水中的溶解度和分散度，常用的有 OP-10，吐温系列（吐温-40、吐温-60、吐温-80 等）。

3. 海藻酸钠的相关性质和用途

海藻酸钠是从海带中提取的天然多糖化合物，是一种能降解的生物高聚物，因其无毒，无刺激，而被广泛用作食品和药物的辅料。

海藻酸钠的分子式为 $(C_6H_7O_6Na)_n$，结构式如图 3.5 所示。

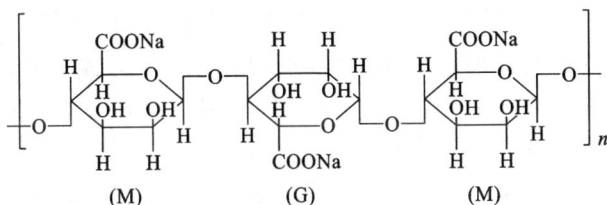

图 3.5　海藻酸钠的结构式

海藻酸钠分子由 β-D-甘露糖醛酸（β-D-mannuronic acid，M）和 α-L-古罗糖醛酸（α-L-guluronic acid，G）按 1,4-糖苷键连接而成。

海藻酸钠溶液可以与很多二价阳离子和三价阳离子反应形成凝胶,共聚物的凝胶化和交联主要通过古罗糖醛酸的钠离子与二价离子交换实现。二价钙离子在羧基部位进行离子取代,另一侧链海藻酸钠也可与钙离子相连,从而形成交联,钙离子与两条海藻酸钠键相连。二价阳离子主要包括 Ca^{2+}、Sr^{2+} 或 Ba^{2+} 等,一价阳离子和 Mg^{2+} 不能形成凝胶,而 Ba^{2+} 和 Sr^{2+} 所形成的凝胶比 Ca^{2+} 形成的凝胶性能更强。其他二价阳离子,如 Pb^{2+}、Cu^{2+}、Cd^{2+}、Co^{2+}、Ni^{2+}、Zn^{2+} 和 Mn^{2+} 等也可以形成海藻酸钠交联凝胶,但因为具有毒性,其应用受限。

海藻酸钠在食品领域的应用如下。

(1)人造仿型食品:海藻酸钠是海蜇皮、海蜇丝、人造葡萄、人造樱桃的主要原料。

(2)冷食品:海藻酸钠可作为冰棒的稳定剂,其组织致密,溶解速度缓慢,也可作为凉粉、果冻等的主要原料。

(3)糕点食品:海藻酸钠可作为点心(饼干、面包等)的成型剂和面包上光剂,可使糕点等香脆而不易破碎,使面条滑韧。海藻酸钠同时也是果酱、辣酱、番茄酱、鱼糕、布丁、色拉调味汁的良好增稠剂。

(4)饮料:海藻酸钠可作为啤酒稳定剂和酒的澄清剂。

(5)冷藏保鲜:在水果、鱼肉等食品上涂上一层海藻酸钠薄膜,与空气不直接接触,可阻止细菌侵入,抑制食品本身的水分蒸发,延长贮藏时间。

海藻酸钠不溶于水,但在水中会膨胀。因此,海藻酸钠可用作速释片的崩解剂。然而,海藻酸钠对片剂性质的影响取决于其配方,有些情况下,海藻酸钠可促进片剂的崩解。海藻酸钠可用于某些液体药物中,可增强黏性,改善固体的悬浮。将海藻酸钠在酸性条件下与戊二醛交联后倒入乙醇溶液中制备含双氯酚酸钠(微溶于水)的缓释海藻酸钠小球,可延长药物的释放时间。

4. 凯松(Kathon)

凯松,又译作卡松,是由美国 Rohm and & Haas 公司生产的异噻唑酮类化合物,又名克菌强。凯松是由两种活性组分即 2-甲基-4-异噻唑啉-3-酮(MI)和 5-氯-2-甲基-4-异噻唑啉-3-酮(CMI)组成的混合物,通常 CMI 与 MI 的质量比为 3∶1。凯松具有很强的生物活性,既能抑菌,又能杀菌,可以解决因菌类感染而引起的产品发酵、发霉、变质等问题。凯松对黏液有穿透作用,不仅能应用于化妆品、洗涤剂,还可用于工业杀菌剂、机床冷却液、油漆等,是用途极为广泛的一类环保型"绿色产品"杀菌剂。

异噻唑啉酮类化合物是一种新型、广谱、高效的非氧化性杀菌剂,是目前性价比较高的防腐杀菌剂之一,其对酵母菌、真菌、革兰阴性菌、革兰阳性菌、异养菌等具有较好的抑制效果,目前广泛用于纺织、造纸、炼油、化妆品及油田注水、污水处理等领域的杀菌防腐处理。凯松与人体接触时,对人的皮肤及眼睛有刺激性,应避免长时间接触。一旦与皮肤或眼睛接触,立即用大量清水及肥皂清洗。

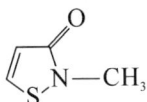

2-甲基-4-异噻唑啉-3-酮　　　　　　5-氯-2-甲基-4-异噻唑啉-3-酮

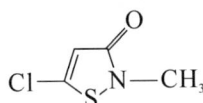

三、仪器和试剂

（1）仪器:磁力搅拌恒温水浴锅、温度计、烧杯、量筒、锥形分液漏斗、玻璃棒、一次性手套等。

（2）试剂:海藻酸钠(食品级)、凯松、硅油、增溶剂、氯化钙、除臭剂、盐酸、香精(油溶性)、$CaCl_2$ 溶液等。

四、实验步骤

实验配方如表 3.16 所示。

表 3.16　实验配方

原料	作用	用量
海藻酸钠(食品级)	胶粉、增稠剂	1.9 g
凯松	杀菌消毒剂	0.5 mL
硅油	消泡剂	1 mL
增溶剂	分散、溶解、透明	2.5 g
氯化钙	固化剂	0.5 g
硫酸亚铁	除臭剂	0.5 g
盐酸	酸化剂	2 滴
香精(油溶性)	香味剂	2.5 mL
水	溶剂	100 mL

（1）量取 100 mL 去离子水倒入 250 mL 烧杯中,加入 0.5 mL 凯松,1 mL 硅油,水浴加热至 70 ℃,加入 1.25 g 海藻酸钠,在磁力搅拌恒温水浴锅中轻轻搅拌 30 min,使之溶解形成均一透明的体系,备用。在另一只 100 mL 烧杯中加入 2.5 g 增溶剂和 2.5 mL 香精,使之混溶,加入 250 mL 烧杯中。

（2）可视情况加入少量色素,调成不同的颜色,色素加入量要少,变色即可。

（3）量取 50 mL 去离子水倒入 250 mL 烧杯中,加入 0.2 g 氯化钙和两滴盐酸配成溶液。按配方中的用量在该溶液中加入硫酸亚铁(除臭剂),搅拌均匀后待用。

（4）将步骤(1)中得到的溶液,倒入分液漏斗中,慢慢滴入步骤(3)中配好的 $CaCl_2$ 溶液中,即得到凝胶状的珍珠小球。

（5）将得到的珍珠小球和浸泡液一起装入带有挥发窗的包装内，即得到目标产品。

五、注意事项

色素加入量要少。

六、思考题

（1）实验中珍珠小球的生成机理是什么？

（2）哪些实验条件可以控制凝胶状珍珠小球的大小？

第 4 章　现代分离与分析技术实验

实验 58　气相色谱分离条件的选择

一、实验目的

（1）学会有效理论塔板数、有效理论塔板高度及分离度的测定方法。

（2）了解柱温及载气流量对分离度的影响。

二、实验原理

气相色谱仪以气体（载气）作为流动相。当样品由微量注射器注射进入进样器后，被载气携带进入填充柱或毛细管色谱柱。由于样品中各组分在色谱柱中的流动相（气相）和固定相（液相或固相）间分配或吸附系数的差异，在载气的冲洗下，各组分在两相间反复多次分配使各组分在柱中得到分离，检测器根据组分的物理化学特性将各组分按顺序检测出来。

三、仪器和试剂

（1）仪器：气相色谱仪（带热导检测器）、高压氮气钢瓶、微量注射器、不锈钢色谱柱等。

（2）试剂：6201 担体（60～80 目）、色谱固定液（邻苯二甲酸二壬酯（DNP））、环己烷与苯的混合物（1∶1）等。

四、实验步骤

（1）实验内容：选择弱极性的邻苯二甲酸二壬酯作为固定液，6201 为担体，设计实验方案，分析环己烷与苯的混合物。在其他条件不变的情况下，通过改变柱温、载气流量观察环己烷与苯的分离情况。

（2）实验要求。

①学生操作内容。

a. 气相色谱仪的调试及使用；

b. 使用微量注射器取样和进样；

c.柱温的调节和选定；

d.载气流量的调节和使用秒表测定；

e.皂膜流量计的使用；

f.保留值的测定,有效理论塔板数、有效理论塔板高度、分离度的计算。

②教师讲解内容。

a.气相色谱仪的结构、使用方法和实验注意事项；

b.热导检测器的结构和工作原理；

c.微量注射器的使用及进样技术；

d.选择柱温、检测器温度、气化室温度、桥电流时注意事项；

e.高压气体钢瓶开关方法及减压器的使用注意事项。

③教师示范的内容。

a.微量注射器的使用及进样技术；

b.高压气体钢瓶开关方法及减压器的使用；

c.皂膜流量计的使用。

（3）气相色谱仪的调试。

①气相色谱仪的连线；

②打开高压氮气钢瓶,通载气（注意高压气体钢瓶的使用）；

③气路气密性的检验；

④接通电源,预热仪器（注意通电前仪器各旋钮的状态）；

⑤调节热导检测器；

⑥设定工作条件；

⑦走基线；

⑧进样分析。

（4）固定载气流量（如 40 mL/ min）,桥电流为 170 mA,走纸速度为 60 mm/h,仅改变柱温（由学生自己选择 3 个温度点）,进行进样分析。

（5）固定柱温（最好是上述实验确定的最佳温度）,改变载气流量（由学生自己选择 3 个流量点）,进行进样分析。

五、实验数据处理

（1）写出色谱的工作条件。

（2）计算不同工作条件下苯、环己烷的理论塔板数和塔板高度。

（3）计算不同工作条件下苯和环己烷的分离度。

（4）根据实验数据填写表 4.1,指出本实验较为合适的柱温和载气流量。

表 4.1　实验数据

色谱工作条件	塔板高度		分离度	
	苯	环己烷	苯	环己烷

六、注意事项

1. 基线不稳定

(1) 产生的原因:原因很多,但一般来说是气路不严密,工作条件不稳定造成的。

(2) 解决措施:检查气路,保证气路的严密性,气相色谱仪预热时间一般较长,待选定的工作条件稳定后再开始测量。

2. 不出峰

(1) 产生的原因。

①气化室温度过高;

②进样口漏气。

(2) 解决措施。

①选择适当的气化室温度,防止温度过高而分解样品;

②更换气化室垫,注意要在不加桥电流情况下更换。

七、思考题

(1) 同一色谱柱对不同的物质的柱效率是否一样? 为什么?

(2) $n_{理论}$ 和 $n_{有效}$ 哪一个表示柱效能好? 为什么?

(3) $n_{有效}$ 和 R 有何区别和联系?

(4) 柱温和载气流量对 $n_{有效}$ 和 R 各有什么影响?

(5) 选择柱温、检测器温度时各应注意什么?

(6) 如何确定最佳载气流量?

(7) 本实验是先通载气还是先打开电源? 为什么?

实验 59　气相色谱定性分析——纯物质对照法

一、实验目的

(1) 学习利用保留值和相对保留值进行色谱定性分析的方法。

(2) 熟悉气相色谱仪的操作。

二、实验原理

色谱法是一种分离技术,气相色谱法(gas chromatography,GC)以气体作为流动相,流动相携带欲分离的混合物流经固定相时,由于混合物中各组分的性质不同,与固定相作用的程度也不同,因而各组分在两相间具有不同的分配系数,经过多次分配之后,各组分在固定相中的滞留时间不同,从而使各组分依次先后流出色谱柱而得到分离。

气相色谱的载体有氮气、氢气等,这类气体自身不与待测组分发生反应,当待测组分随载气通过色谱柱而得到分离后,根据流出组分的物理或物理化学性质,可选用合适的检测仪器予以检测,得到电信号随时间变化的色谱流出曲线,也称色谱图。根据色谱组分峰的出峰时间(保留值),可进行色谱定性分析,而峰面积或峰高则与组分含量有关,可用于进行色谱定量分析。气相色谱分析法是一种高效能、高速度、高灵敏度、操作简便及应用范围广泛的分离分析方法。只要在色谱温度适用范围内,具有 20~1300 Pa 蒸气压,或沸点在 500 ℃ 以下及相对分子质量在 400 以下的化学性质较稳定的物质,原则上均可采用气相色谱法进行分离。

各种物质在一定的色谱条件(一定的固定相与操作条件等)下有各自确定的保留值,因此保留值可作为一种定性指标。对于较简单的多组分混合物,若其中所有待测组分均已知,而且它们的色谱峰均能分开,则可将各个色谱峰的保留值与各相应的标样在同一条件下所得的保留值进行对照比较,从而确定各色谱峰所代表的物质,这就是纯物质对照法进行定性分析的原理。该法是气相色谱分析中最常用的一种定性方法。以保留值为定性指标,虽然简便,但由于保留值的测定受色谱操作条件的影响较大,而相对保留值仅与所用的固定相和温度有关,不受其他色谱操作条件的影响,因而更适合用于色谱定性分析。相对保留值 r_{is} 的定义式如下:

$$r_{is} = \frac{t'_{R_i}}{t'_{R_s}} = \frac{t_{R_i} - t_M}{t'_{R_s} - t_M}$$

式中:t_M、t'_{R_i}、t'_{R_s} 分别为死时间、待测组分 i 及标准物质 s 的调整保留时间。

还应注意,有些物质在相同色谱条件下,往往具有相近甚至相同的保留值,因此在进行具有相近保留值物质的色谱定性分析时,要求使用高效性的色谱柱,以提高分离效率,并且采用双柱法(分别在两根具有不同极性的色谱柱上测定保留值)。在没有已知标样做对照的情况下,可借助于保留指数文献值进行定性分析。对于组分复杂的混合物,采用更为有效的方法,即与其他鉴定能力强的仪器联用,如气相色谱-质谱、气相色谱-红外吸收光谱等手段进行定性分析。

本实验以甲苯为标准物质,利用保留值和相对保留值对苯、乙苯和 1,2,3-三甲苯进行定性分析。

三、仪器和试剂

（1）仪器：气相色谱仪、氮气或氢气钢瓶、色谱柱（中等极性毛细管柱）、微量进样器（1 μL、10 μL、100 μL）、容量瓶等。

（2）试剂：苯（分析纯）、甲苯（分析纯）、乙苯（分析纯）、邻二甲苯（分析纯）、1,2,3-三甲苯（分析纯）等。

四、实验步骤

（1）在 4 个 10 mL 容量瓶中，按 1∶100（体积比）分别配制：苯-邻二甲苯溶液、甲苯-邻二甲苯溶液、乙苯-邻二甲苯溶液、1,2,3-三甲苯-邻二甲苯溶液，摇匀备用。

（2）根据实验条件，将气相色谱仪按仪器操作步骤调节至可进样状态，待仪器上的电路和气路系统达到平衡，工作站上基线平直时，即可进样。

（3）分别吸取以上各种混合液 3 μL，依次进样，重复进样 2 次。

（4）吸取 3 μL 已加入甲苯的未知样品（按 1∶100（体积比）），进样，记录色谱图，重复进样 2 次。

（5）数据处理。

①记录实验条件。

②记录各色谱图中各组分的保留时间（t_R）、死时间（t_M），并计算各组分的调整保留时间（t'_R）。

③测量未知样品中各组分的保留时间（t_R），并计算 t'_R 和 r_{is} 值，然后与数据处理②中数据进行对照，确定未知样品中的各个组分。

五、注意事项

每次进样前，要洗净进样器。

六、思考题

为什么可以用色谱峰的保留值进行色谱定性分析？

实验 60　气相色谱-质谱法测定维生素 D 滴剂中维生素 D 的含量

一、实验目的

（1）了解气相色谱-质谱（GC-MS）联用仪的结构。

（2）熟悉气相色谱-质谱（GC-MS）联用仪的操作规程。

（3）掌握利用气相色谱-质谱（GC-MS）进行定性分析和定量分析的方法。

二、实验原理

维生素 D 是脂溶性维生素,是结构类似的固醇类衍生物的总称,其性质较稳定,耐高温,不耐酸碱。在生物体中真正发挥作用的是维生素 D_3 和维生素 D_2,二者结构很相似,只在侧链上有差别。维生素 D 的主要作用是促进小肠黏膜细胞对钙和磷的吸收。肠中 Ca^{2+} 吸收需要一种钙结合蛋白,维生素 D_3 可诱导此蛋白质的合成,促进 Ca^{2+} 的吸收,同时也可以促进磷的吸收与肾小管细胞对钙、磷的重吸收,故可提高血钙、血磷浓度,有利于新骨生成和钙化。此外,维生素 D 还有促进皮肤细胞生长、分化及调节免疫功能的作用。机体通过光照和膳食摄入等途径补充维生素 D。但是维生素 D 在饮食中的含量很有限。在缺少户外活动的情况下,很多人需要额外补充维生素 D 来达到推荐的摄入量。缺乏维生素 D,儿童可患佝偻病,成人患骨质软化症。维生素 D 滴剂中主要含有维生素 D_3,含量一般为 400 IU,可利用 GC-MS 进行定性和定量分析。

GC-MS 联用仪得到的谱图数据是三维的,即峰强度(峰高)、保留时间、质荷比。

总离子流色谱图:反映的是色谱柱流出物质随时间变化的仪器检测信号,即色谱图。

质谱图:对应于总离子流色谱图的任意一个时刻,都有相应的质谱图。鼠标右键双击总离子流色谱图的任意地方,就可以得到一张该时刻的质谱图。

检测未知样品时,找到待测组分保留时间的峰,对峰面积进行积分,采用归一化法或内标法进行定量分析。同时得到该峰的质谱图,与标准谱图库检索对照,如果质谱图的离子碎片大小和高度都基本相同(一般相似度 95% 以上),则可确定为该物质,即进行定性分析。

三、仪器与试剂

(1) 仪器:7890A-5975C 型气相色谱-质谱(GC-MS)联用仪、HP-5MS 色谱柱、容量瓶、吸量管等。

(2) 试剂:维生素 D 标准品、维生素 D 滴剂、正己烷(色谱纯)等。

四、实验步骤

1. 气相色谱-质谱(GC-MS)联用仪条件选择

(1) 色谱条件:进样口温度为 50 ℃;恒温 1 min 后,以 10 ℃/min 升温至 200 ℃,恒温 1 min,再以 5 ℃/min 升温至 300 ℃,恒温 2 min。气化室温度为 300 ℃;载气为高纯氦气,流量为 1.0 mL/min;检测器为火焰离子化检测器;检测器温度为 280 ℃;分流比为 50∶1;进样体积为 1 μL。

(2) 质谱条件:传输线温度为 200 ℃;使用 EI 离子源,离子源温度为 200 ℃;电子轰击能量为 70 eV;扫描方式为选择离子监测;溶剂延迟 5 min。

2. 标准溶液的制备

准确称取维生素 D 标准品 250 mg，用正己烷溶解，稀释至 50 mL，得浓度为 5 mg/mL 的维生素 D 对照溶液。

准确吸取维生素 D 对照溶液 0.00 mL、1.00 mL、2.00 mL、3.00 mL、4.00 mL 于 10 mL 容量瓶中，用正己烷稀释定容，配成系列标准溶液。

3. 待测样品溶液的制备

准确称取维生素 D 滴剂 50 mg，用正己烷溶解，转移至 10 mL 容量瓶中，用正己烷稀释至刻度，充分振摇至维生素 D 完全溶解，静置，备用。

4. 测定

取上述制备好的系列标准溶液和待测样品溶液进行测定。

5. 结果处理

（1）记录系列标准溶液的浓度及峰面积。

（2）根据系列标准溶液测定的峰面积制作标准曲线。

（3）利用质谱图判断维生素 D 的结构。

（4）将样品中维生素 D 的峰面积与标准曲线做比较，进行定量分析，计算样品中维生素 D 的含量。

五、注意事项

（1）GC-MS 联用仪从开机到正常工作需要进行一系列的调整，否则不能进行正常工作。

（2）注意开机顺序，严格按照操作手册规定的顺序进行。

六、思考题

（1）选择离子监测与全扫描有什么不同？选择离子监测有哪些优点和缺点？

（2）影响本实验测定结果准确性的因素有哪些？如何减小这些因素的影响？

实验 61　白酒成分分析
——气相色谱-质谱法

一、实验目的

（1）了解白酒的成分组成和分析检测的意义。

（2）了解气相色谱-质谱（GC-MS）联用仪的基本组成及原理。

（3）掌握利用气相色谱-质谱（GC-MS）联用仪对白酒成分进行定性分析的基本操作。

二、实验原理

白酒中主要成分是乙醇和水(约占白酒总质量的 98%),其余微量成分(约占 2%)包括有机酸、高级醇、酯、醛、酚和其他芳香族化合物。白酒中微量成分虽然很少,却决定了酒的香气、口味和风格。在白酒的成分分析中,气相色谱-质谱法(GC-MS)灵敏度高、分离度高,并且简便、快速、准确。

GC-MS 法是先将样品通过气相色谱对组分进行分离,然后进入质谱仪,分别检测各个组分的结构信息,通过对碎片离子峰的分析,推测出化合物的结构。GC-MS 适用于食品、白酒、药物、氨基酸、食品中有机物及有毒有害物质的定性分析及定量分析。

GC-MS 联用仪主要由三部分组成:色谱部分、质谱部分和数据处理系统。色谱部分和一般的色谱仪基本相同,包括柱箱、气化室和载气系统,也带有分流/不分流进样系统,程序升温系统压力、流量自动控制系统等,一般没有色谱检测器,而是利用质谱仪作为色谱检测器。混合样品在合适的色谱条件下被分离成单组分,然后进入质谱仪进行鉴定。GC-MS 联用仪部分一般由真空系统(分子涡轮泵)、进样系统、离子源、质量分析器、检测器和计算机控制与数据处理系统(工作站)等部分组成,如图 4.1 所示。

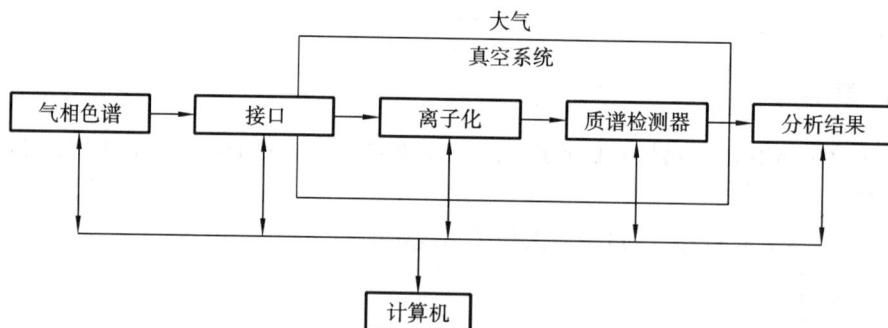

图 4.1　GC-MS 联用仪部分过程图

三、仪器与试剂

(1) 试剂:7890A-5975B 型气相色谱-质谱(GC-MS)联用仪、DB-WAX 毛细管色谱柱(60 m×0.25 mm×0.25 μm)等。

(2) 试剂:未知酒样等。

四、实验步骤

色谱条件:进样口温度为 230 ℃,载气为氦气(99.999%);恒流 1.0 mL/ min,分流比为 20∶1,进样量为 1 μL;采用程序升温:初始温度为 50 ℃,保持 2 min,以 8 ℃/ min 升至 230 ℃。

质谱条件:离子源温度为 230 ℃;电离方式为 EI;电子轰击能量为 70 eV;扫描质

量范围是 20～500 amu;溶剂延迟 3 min。

1. 开机

(1) 检查质谱放空阀是否关闭,毛细管柱是否接好。

(2) 打开氦气钢瓶控制阀,设置分压阀压力为 0.4～0.5 MPa。

(3) 依次启动计算机、7890A 气相色谱仪、5975B 质谱仪的电源,等待仪器自检完毕。

(4) 在计算机桌面上,双击"5975B GC-MS"图标,工作站自动与 GC-MS 通讯,进入工作站界面。

(5) 从"视图"菜单中选择"调谐和真空控制",在调谐和真空控制界面的"真空"菜单里选择"启动真空",观察分子涡轮泵运行状态。

2. 调谐

仪器至少开机 2 h 后方可进行调谐。在调谐界面,单击"调谐"菜单,选择"自动调谐",打印并分析结果,调谐正常方可进行实验。

3. 数据采集方法编辑

(1) 气相色谱条件设定:进样口和进样参数,色谱柱、柱温(或程序升温)、载气流量、分流比等。

(2) 质谱条件设定:电离方式、电离电位、溶剂延迟时间、离子源温度、扫描方式等。

4. 运行方法

设定数据保存路径、文件名、样品编号等信息后,开始运行。

5. 数据分析

分析色谱图(总离子流图)及质谱图。在标准质谱图谱库中检索乙醇标准质谱图,推测化合物的结构,分析白酒成分。

6. 数据分析报告

打印百分比报告、谱图检索报告。

7. 关机

从工作站"视图"菜单中选择"调谐和真空控制",在调谐和真空控制界面的"真空"菜单里选择"放空",观察分子涡轮泵运行状态。等到分子涡轮泵转速降至 opercent,同时离子源和四极杆温度降至 100 ℃以下(大概需要 40 min),方可退出工作站软件,并依次关闭 7890A 气相色谱仪、5975B 质谱仪的电源,最后关掉载气。

根据所得到的总离子流图、含量及谱图检索报告,确定白酒中的各种成分(列出每种化合物的出峰时间、化学名称、化学式、结构式和含量等)。

五、注意事项

(1) 分析结束后,按照仪器说明书要求关闭仪器,并进行必要的清洁和维护工作,以保证仪器的正常运行和延长使用寿命。

(2) 在分析得到的色谱图和数据时,应结合白酒的专业知识和品鉴经验进行解读。通过对比分析不同成分的含量,更准确地评估白酒的质量和风味特点。

六、思考题

不同的白酒类型是否需要不同的色谱条件?

实验 62　丁烷混合气的气相色谱定量分析
——归一化法

一、实验目的

(1) 学习归一化法进行定量分析的基本原理。

(2) 熟悉色谱操作技术。

二、实验原理

归一化法是常用的气相色谱定量方法之一,该方法要求样品中的各个组分都能够得到完全分离,且所有组分都能流出色谱柱并在色谱图上显示色谱峰。物质 i 的含量 ω_i 的计算公式为

$$\omega_i = \frac{m_i}{\sum\limits_{i=1}^{n} m_i} \times 100\%$$

由于 $m_i = f_i A_i$,因此有

$$\omega_i = \frac{f_i A_i}{\sum\limits_{i=1}^{n} f_i A_i} \times 100\%$$

归一化法的优点是计算简便,定量结果与进样量无关,且不需要严格控制操作条件。此法缺点是不管样品中某组分是否需要测定,都必须全部分离流出,并获得可测量的信号,且其相对校正因子 f_i 也应为已知。

若待测样品中各组分的相对校正因子 f_i 相同或接近时(例如同系物中沸点接近的各组分),则上式可简化为

$$\omega_i = \frac{A_i}{\sum\limits_{i=1}^{n} A_i} \times 100\%$$

本实验通过测量丁烷混合气中丙烷、异丁烷和丁烷 3 种组分的峰面积,用归一化法计算各组分的含量。

三、仪器和试剂

(1) 仪器:气相色谱仪、色谱柱(长 2 m,内径 3 mm,内填角鲨烷固定相)、氮气钢

瓶、注射器、弹簧夹、球胆、玻璃管、医用乳胶管等。

(2) 试剂:市售罐装液态丁烷混合气(用于气体打火机)等。

四、实验步骤

1. 色谱实验条件

柱温为室温;载气为氮气,流量为 15 mL/min;检测器为热导检测器,检测温度为室温;桥电流为 80 mA;气化室温度为室温;进样量为 0.5～1 mL。

2. 操作步骤

(1) 取一根长约 6 cm,外径约 7 mm 的玻璃管,其两端分别与球胆和一段医用乳胶管(长 6～7 cm,内径 3～4 mm)连接,将液态丁烷混合气罐的出口管插入上述乳胶管内,然后将适量丁烷混合气放入球胆内,用弹簧夹夹紧乳胶管管口,挤压球胆,使混合气混合均匀,备用。

(2) 根据实验条件,将气相色谱仪按仪器操作步骤调至可进样状态,待仪器电路和气路系统达到平衡,色谱工作站基线平直时,即可进样。

(3) 用 2 mL 注射器,在球胆的医用乳胶管处进针,缓慢抽取,每次抽取 0.5～1 mL 丁烷混合气,清洗注射器 3～4 次,然后取 0.5 mL 丁烷混合气,进样。重复进样 3 次,记录色谱数据。

五、实验数据处理

(1) 记录实验条件。

(2) 处理色谱数据,记录色谱图上各组分的峰面积,并计算其含量,列于表 4.2 中。

表 4.2　实验结果

组分	序号			平均值	ω_i
	1	2	3		
丙烷					
异丁烷					
丁烷					

由于丁烷混合气中各组分属于烷烃,因此它们的保留时间符合沸点规律,出峰顺序为丙烷(沸点 −42 ℃)、异丁烷(沸点 −12 ℃)、丁烷(沸点 −0.5 ℃)。

六、注意事项

热导检测器对所有的物质都有响应,尤其适合气体分析,热导检测器的温度和桥电流的设定有关,而桥电流的大小和热导检测器的灵敏度成正比,所以应选择合适的检测器温度和桥电流。

七、思考题

（1）色谱归一化法定量有何特点？使用该方法应具备什么条件？

（2）分析丁烷混合气为什么选用异三十烷（角鲨烷）作固定液？

（3）做好本实验应注意哪些问题？

实验 63 乙酸正丁酯中杂质的气相色谱定量分析 ——内标法

一、实验目的

学习内标法进行定量分析的基本原理和测定样品中杂质含量的方法。

二、实验原理

对于样品中少量杂质的测定，或仅需测定样品中某些组分时，可采用内标法进行定量分析。用内标法时需在样品中加入一种物质作为内标物，而内标物应符合下列条件。

（1）是样品中不存在的纯物质。

（2）物质的色谱峰位置，应位于待测组分色谱峰的附近。

（3）物理性质及物理化学性质应与待测组分相近。

（4）加入的量应与待测组分含量接近。

设在质量为 m 的样品中加入内标物的质量为 m_i，待测组分的质量为 m_s，待测组分及内标物的色谱峰面积分别为 A_i、A_s 则

$$\frac{m_i}{m_s} = \frac{f_i A_i}{f_s A_s}, \quad m_i = m_s \cdot \frac{f_i A_i}{f_s A_s}$$

$$\omega_i = \frac{m_s}{m_{样品}} \times \frac{f_i A_i}{f_s A_s} \times 100\%$$

$$\omega_i = \frac{m_i}{m_{样品}} \times 100\%$$

若以内标物为标准，可设 $f_s = 1$，则上式简化如下：

$$\omega_i = \frac{m_s}{m_{样品}} \times \frac{f_i A_i}{A_s} \times 100\%$$

也可配制系列标准溶液，测得相应的 A_i/A_s，绘制 A_i/A_s-m_i/m_s 标准曲线。这样可在无须预先测定 f_i 的情况下，称取一定量的样品 $m_{样品}$ 和内标物 m_s，混合均匀后进样，根据 A_i/A_s 的值，在标准曲线上求得 m_i/m_s，再根据公式 $\omega_i = \frac{m_s}{m_{样品}} \times \frac{m_i}{m_s} \times 100\%$，计算出 ω_i。

内标法定量结果准确,不需要严格控制进样量及操作条件,更适用于工厂的控制分析。

本实验选用正庚烷作内标物,以内标法测定乙酸正丁酯中丁酮、环己烷和甲苯杂质的含量。

三、仪器与试剂

(1) 仪器:气相色谱仪、色谱柱(自制填充柱)、氮气钢瓶、微量进样器(10 μL)等。

(2) 试剂:丁酮、环己烷、正庚烷、甲苯、乙酸正丁酯(均为分析纯),未知样品(自制)等。

按表 4.3 配制系列标准溶液,分别置于 5 个 50 mL 容量瓶中,用乙酸正丁酯稀释,混合均匀,备用。

表 4.3　系列标准溶液

编号	$m_{正庚烷}/g$	$m_{丁酮}/g$	$m_{环己烷}/g$	$m_{甲苯}/g$
1	2.00	0.50	0.50	0.50
2	2.00	1.00	1.00	1.00
3	2.00	1.50	1.50	1.50
4	2.00	2.00	2.00	2.00
5	2.00	2.50	2.50	2.50

四、实验步骤

1. 色谱实验条件

色谱柱(2 m×3 mm,涂渍 5% SE-30,102 硅烷化白色担体,100~120 目);流动相(氮气,流量为 10 mL/min);柱温为 70 ℃;气化室温度为 150 ℃;热导检测器(检测温度 100 ℃);桥电流为 80mA;进样量为 0.5 μL。

2. 操作步骤

(1) 称取未知约 10 g 样品于 25 mL 容量瓶中,加入 1.0 g 正庚烷,混合均匀,备用。

(2) 根据实验条件,将气相色谱仪按仪器操作步骤调节至可进样状态,待仪器的电路和气路系统达到平衡,色谱工作站的基线平直时,即可进样。

(3) 依次分别吸取上述系列标准溶液各 1 μL,进样,记录色谱数据,重复进样 2 次。注意每做完一种标准溶液,需用后一种待进样的标准溶液洗涤微量进样器 4~6 次。

(4) 在同样条件下,吸取已加入正庚烷的未知试液 1 μL 进样,记录色谱数据,并重复进样 2 次。

五、实验数据处理

(1) 记录实验条件。

（2）处理色谱数据,记录各色谱图上各组分色谱峰的峰面积,并填入表 4.4 中。

表 4.4　各组分色谱峰的峰面积

编号	$A_{正庚烷}/(mV \cdot s)$	$A_{丁酮}/(mV \cdot s)$	$A_{环己烷}/(mV \cdot s)$	$A_{甲苯}/(mV \cdot s)$
	1、2、3 的平均值	1、2、3 的平均值	1、2、3 的平均值	1、2、3 的平均值
1				
2				
3				
4				
5				
未知样品				

（3）以正庚烷为内标物,计算 m_i/m_s、A_i/A_s 的值,并填入表 4.5 中。

表 4.5　正庚烷 m_i/m_s 和 A_i/A_s 的值

编号	丁酮-正庚烷		环己烷-正庚烷		甲苯-正庚烷	
	m_i/m_s	A_i/A_s	m_i/m_s	A_i/A_s	m_i/m_s	A_i/A_s
1						
2						
3						
4						
5						
未知样品						

（4）绘制各组分 A_i/A_s-m_i/m_s 的标准曲线,并计算直线回归方程和相关系数。

（5）根据未知样品的 A_i/A_s 值,于标准曲线上查出或计算出相应的 m_i/m_s 值。

（6）按下式计算未知样品中丁酮、环己烷、甲苯的含量:

$$\omega_i = \frac{m_s}{m_{样品}} \times \frac{m_i}{m_s} \times 100\%$$

六、注意事项

进样前一定要将微量注射器用相应试剂清洗干净,清洗干净的微量注射器应该专用,不能混用。

七、思考题

（1）内标法有哪些优点?它对内标物有何要求?

（2）实验中是否要严格控制进样量?实验条件若有所变化是否会影响测定结

果？为什么？

（3）在内标法中，是否需要应用相对校正因子？为什么？

实验 64　高效液相色谱法定量分析混合样品中苯和甲苯的含量——外标法

一、实验目的

（1）掌握高效液相色谱定性分析和定量分析的原理及方法。

（2）了解高效液相色谱仪的构造、原理及操作技术。

二、实验原理

高效液相色谱仪由贮液器、高压泵、进样器、色谱柱、检测器、记录仪等部分组成。贮液器中的流动相通过高压泵注入系统，样品溶液经进样器进入流动相，被流动相载入色谱柱内，由于样品溶液中的各组分在两相中具有不同的分配系数，经过反复多次的吸附-解吸的分配过程，各组分的移动速度有较大的差别，从而被分离成各单组分，依次从柱内流出，通过检测器时，样品中各组分的浓度被转换成电信号传送到记录仪。

三、仪器与试剂

（1）仪器：高效液相色谱仪（配有紫外检测器，C_{18} 柱）、微量注射器（25 μL）等。

（2）试剂：苯标准溶液（2.0 μL/mL）、甲苯标准溶液（2.0 μL/mL）、苯-甲苯标准溶液（2.0 μL/mL、4.0 μL/mL、10.0 μL/mL）、80%甲醇、苯-甲苯待测液等。

四、实验步骤

1. 按操作规程开机

调好最佳色谱条件，使仪器处于工作状态。控制流动相流量，甲醇：0.8 mL/min，水：0.2 mL/min；柱温为 30 ℃；检测波长为 254 nm。

2. 苯、甲苯的定性分析

在最佳条件下，待基线走稳后，用 25 μL 微量注射器分别进样 10 μL 苯-甲苯待测液、10 μL 苯标准溶液（2.0 μL/mL）和 10 μL 甲苯标准溶液（2.0 μL/mL）（微量注射器用甲醇润洗 3～5 遍），观察并记录色谱图上显示的保留时间，确定苯和甲苯的色谱峰。

3. 苯、甲苯的定量分析

在最佳条件下，待基线走稳后，用 25 μL 微量注射器分别进样 2.0 μL/mL、4.0 μL/mL、10.0 μL/mL 的苯-甲苯标准溶液 10 μL。观察并记录各色谱图上的保留时间和峰面积。

绘制苯-甲苯标准溶液峰面积与相应浓度的标准曲线。

4．苯-甲苯待测液分析

根据步骤 2 中得到的苯-甲苯待测液的高效液相色谱图上显示的峰面积,从步骤 3 绘制的标准曲线上分别计算出苯-甲苯待测液中苯与甲苯的浓度。

根据高效液相色谱数据计算样品中苯和甲苯的含量。

五、注意事项

进入高效液相色谱仪中的样品处理一定要按规范进行。

六、思考题

本实验采用的高效液相色谱是正相液相色谱还是反相液相色谱?

实验 65　气相色谱法测定食品中山梨酸和苯甲酸的含量

一、实验目的

(1) 学习和了解用气相色谱法测定食品中山梨酸、苯甲酸的含量。

(2) 掌握用外标法进行定量分析。

(3) 熟悉火焰离子化检测器。

二、实验原理

外标法是在一定操作条件下,用已知浓度的纯物质配成不同含量的标准溶液,定量进样,用峰面积或峰高对浓度(含量)作标准曲线,样品在相同色谱条件下进样,由所得的待测组分的峰面积或峰高从标准曲线上查出待测组分的含量。

外标法的优点是不必加内标物,不必用相对校正因子,操作简便。但要求操作条件稳定,进样重复性好。

本实验采用外标法测定食品中山梨酸和苯甲酸的含量。山梨酸、苯甲酸及其盐是常用的食品添加剂,是抑制微生物生长繁殖的防腐剂,使用量一般为 $0.5 \sim 2 \mathrm{~g/kg}$,其效力随介质 pH 的不同而有较大差异。

当 pH＝1.6 时,用乙醚萃取样品,选用二乙二醇丁二酸聚酯(简称 DEGS)固定液、火焰离子化检测器(FID)。本方法可测定酱油、醋、果汁、罐头、葡萄酒、面条等食品中山梨酸和苯甲酸的含量。

三、仪器与试剂

(1) 仪器:气相色谱仪、火焰离子化检测器(FID)、分液漏斗、电动振荡器、不锈钢柱(2 mm×3 mm)、容量瓶等。

（2）试剂：固定液(5‰DEGS+1‰H₃PO₄)、酸洗白色载体(60～80 目)、乙醚(分析纯)，丙酮(分析纯)、磷酸(分析纯)、山梨酸(分析纯)，苯甲酸(分析纯)，汽水、酱油、氢氧化钠、无水硫酸钠等。

四、实验步骤

1. 色谱操作条件

柱温为 180 ℃，检测器温度为 210 ℃，气化室温度为 210 ℃，载气流量为 30 mL/min，进样量为 2 μL。

2. 标准溶液的测定

（1）山梨酸、苯甲酸贮备液的配制：准确称取 0.1250 g 山梨酸和 0.1250 g 苯甲酸，用丙酮溶解后，全部转移到 25 mL 容量瓶中，并稀释至刻度。此溶液含山梨酸、苯甲酸均为 5 mg/mL。

（2）系列标准溶液的配制和处理：准确吸取 0.10 mL、0.20 mL、0.30 mL、0.40 mL、0.50 mL 上述贮备液于 5 个 30 mL 分液漏斗中，各加 2 mL 0.1 mol/L NaOH 溶液，用磷酸调节 pH 为 1.6，加 10 mL 乙醚，振荡 3 min，静置分层。将上层乙醚溶液通过装有无水硫酸钠的滴管吸取 25 mL 于比色管中，下层溶液用 5 mL 乙醚再萃取一次，合并两次萃取液，在 50 ℃的恒温水浴上蒸发至干，用丙酮溶解后，定容于 10 mL 容量瓶中。

在一定的色谱条件下，依次取 2 μL 溶液进行色谱分析，记录保留时间、峰高和半峰宽等数据。

3. 样品溶液的测定

（1）不含固形物样品(如汽水等)的处理：取 5 mL 样品(或相当于 0.4 mg 山梨酸、苯甲酸的样品)，准确称量，放入 50 mL 分液漏斗中，加磷酸调节 pH 为 1.6，用乙醚萃取，操作同标准溶液。

（2）含固形物样品(如酱油等)的处理：取 5 mL 样品(或相当于 0.4 mg 山梨酸、苯甲酸的样品)，准确称量，放入 50 mL 分液漏斗中，加磷酸调节 pH 为 1.6，加 2 mL 丙酮和 10 mL 乙醚萃取。再用 2 mL 丙酮和 5 mL 乙醚萃取一次，操作处理方法同标准溶液。

在相同色谱条件下，分别取 2 μL 处理过的试液进行色谱分析，记录保留时间、峰高和半峰宽等数据。

4. 结果处理

（1）绘制标准曲线：以标准山梨酸、苯甲酸的峰面积或峰高为纵坐标，其含量为横坐标绘制标准曲线。

（2）计算含量：根据标准曲线，计算出样品中山梨酸与苯甲酸的含量。

五、注意事项

（1）山梨酸、苯甲酸在 pH 较高时萃取不完全，样品在 pH＝1.6 时，用乙醚萃取效果最佳。

（2）样品中含有胶质、色素等对测定结果有干扰，需经过前处理消除。

六、思考题

（1）涂渍色谱柱时，为何要加入少量磷酸？

（2）为什么要控制样品 pH（酸性），并用乙醚萃取？

实验 66　气相色谱-质谱法测定烟碱的含量

一、实验目的

（1）熟悉烟碱的提取和处理方法。

（2）熟悉气相色谱-质谱法（GC-MS）的原理和操作。

二、实验原理

烟碱又名尼古丁，分子式为 $C_{10}H_{14}N_2$，其结构式如图 4.2 所示。它是烟草十多种生物碱中最重要的一种成分，而且具有多种用途，是重要的农药、医药工业原料和烟草添加剂。烟草制品中烟碱的含量是评价产品质量和安全性的重要指标。检测方法有滴定法、旋光法、红外光谱法、原子吸收光谱法、色谱法、电位法、极谱法等。气相色谱-质谱法具有灵敏度高、定性专属性强、定量准确等优点，常被用于烟碱的测定，测定前需要对烟草制品中的烟碱进行提取分离等操作。

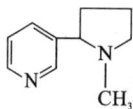

图 4.2　尼古丁结构式

烟碱能与 HCl 结合生成烟碱盐酸盐（弱碱强酸盐）而溶于水中，在此提取液中加入强碱 NaOH 后，可使烟碱游离出来。游离烟碱在 100 ℃ 左右具有一定的蒸气压。因此，可利用水蒸气蒸馏法分离提取。

三、仪器与试剂

（1）仪器：回流装置、水浴锅、电热套、蒸馏萃取装置、分析天平、圆底烧瓶、氮吹仪、一次性针管、气相色谱-质谱（GC-MS）联用仪等。

（2）试剂：无水硫酸钠、氢氧化钠、氯化钠、二氯甲烷、沸石、烟碱标准品、10% HCl 溶液、N-甲基吡咯烷酮等。

四、实验步骤

1. 烟碱的提取

将烟支剥去外纸,烟丝收集于烧杯中,取 2 g 烟丝置于 50 mL 圆底烧瓶内,加入 20 mL 10%HCl 溶液,安装好回流装置,回流 40 min。将反应物冷却,抽滤,收集滤液,在不断搅拌下慢慢滴加 40%NaOH 溶液,使 pH 大于 11(用 pH 试纸检验)。将调节好 pH 的滤液倒入 1000 mL 烧瓶中,加入 400 mL 蒸馏水、90 g 氯化钠,再加入沸石,用电热套加热,将此烧瓶连接到蒸馏萃取装置的一端,蒸馏萃取装置的另一端连接盛有 60 mL 二氯甲烷的 100 mL 烧瓶,此烧瓶用 60 ℃ 水浴加热,同时蒸馏萃取 3 h,得到二氯甲烷萃取液约 60 mL。

先向其中加入 10 g 无水硫酸钠并封口,搅拌干燥过夜,确保充分除去样品中的水分。然后用氮吹仪浓缩至 4 mL(或者旋蒸至 4 mL)左右,加内标物——N-甲基吡咯烷酮,用二氯甲烷定容至 5 mL,用一次性针管吸取浓缩液过滤后,移至进样瓶中,拧紧盖子,备用。

2. GC-MS 测试条件

(1) 气相色谱条件:色谱柱 RTX-5MS(或 Agilent HP-5MS),载气 He,载气流量 1.0 mL/min,进样口温度 260 ℃,进样量 1 μL,分流比 10∶1。升温程序:80 ℃,保持 4 min,以 10 ℃/min 升温至 230 ℃,保持 4 min。

(2) 质谱条件:电离方式 EI,电离能量 70 eV,离子源温度 255 ℃,四级杆温度 150 ℃,质量扫描范围 30~550 amu,溶剂延迟 4 min。选择离子监测(SIM)扫描方式,采用 NIST 谱库检索,利用标准品的保留时间定性,内标法定量。

用烟碱标准品配制 0.01~0.1 mg/mL 的梯度标准溶液,加入内标物的浓度为 0.03 mg/mL,上机测试。

绘制内标法标准曲线,得到线性方程,计算样品中烟碱的含量。

五、注意事项

(1) 抽滤时滤液要收集完全。

(2) 安装蒸馏萃取装置时注意两端支管连接的烧瓶不是任意的,密度大的溶剂连接位置低的支管。

(3) 加热时应先使二氯甲烷蒸气先于水蒸气充满整个蒸馏萃取装置。

(4) 应充分除去二氯甲烷萃取液中的水分。

六、思考题

(1) 提取烟碱时,加入 HCl 溶液和 NaOH 溶液的目的分别是什么?

(2) 蒸馏萃取装置的工作原理和优点是什么?

(3) 用气相色谱-质谱法检测烟碱含量时,是否可以不用烟碱标准品?

实验 67　归一化法测定混合物中各组分的含量

一、实验目的

（1）掌握归一化法的原理。

（2）了解归一化法的优缺点。

二、实验原理

归一化法是一种常用的色谱定量分析方法。它是将样品中所有组分含量的和按
100％计算，以它们相应的色谱峰面积或峰高为定量参数，通过下列公式计算各组分
的含量：

$$w_i = \frac{A_i f_i}{\sum\limits_{i=1}^{n} A_i f_i} \times 100\%$$

式中：w_i 为待测组分的含量；f_i 为待测组分 i 的相对校正因子；A_i 为待测组分 i 的
峰面积。

使用该法的条件：经过色谱分离后，样品中所有组分能产生可测量的色谱峰。

三、仪器和试剂

（1）仪器：SP-3400 气相色谱仪（配有毛细管分流进样系统、程序升温控制系统、
火焰离子化检测器和色谱数据处理工作站）、毛细管色谱柱（KB-530 m × 0.25
mm）、液膜厚度 0.25～0.30 μm、微量注射器等。

（2）试剂：己烷（分析纯）、环己烷（分析纯）、甲苯（分析纯）、苯（分析纯）等。

四、实验步骤

（1）开机时，先打开载气，再打开仪器电源；关机时，先设置温度，待柱温、进样器
温度、检测器温度均降至 50 ℃后再关闭电源，最后关闭载气。色谱条件：柱温为 60
℃；气化室温度为 200 ℃；检测室温度为 270 ℃；H_2 流量为 35 mL/min；N_2 流量为
45 mL/min；空气流量为 450 mL/min。尾吹气流量为 30 mL/min；分流比
为 1∶100。

（2）操作步骤如下。

①按色谱仪操作规程启动仪器，设置色谱条件。

②定性分析：对混合物中各组分进行定性分析。

③相对校正因子测定：按体积比配制标准溶液（己烷∶环己烷∶苯∶甲苯＝1∶
1∶1∶1（用分析天平称取））。在上述色谱条件下，将配好的标准溶液进样 0.1 μL，

记录峰面积,重复操作 3 次。

　　④定量分析:在上述色谱条件下,进样 0.1 μL,记录峰面积,重复操作 3 次。用归一化法测定各组分的含量。

五、实验数据处理

　　实验数据记录见表 4.6～表 4.9。

表 4.6　正己烷-苯(内标物)实验数据

标准	质量/g	峰面积/(μV·s)	$f'_{正己烷} = \dfrac{A_苯}{A_{正己烷}} \cdot \dfrac{m_{正己烷}}{m_苯}$
正己烷			
苯(内标物)			

表 4.7　环己烷-苯(内标物)实验数据

标准	质量/g	峰面积/(μV·s)	$f'_{环己烷} = \dfrac{A_苯}{A_{环己烷}} \cdot \dfrac{m_{环己烷}}{m_苯}$
环己烷			
苯(内标物)			

表 4.8　甲苯-苯(内标物)实验数据

标准	质量/g	峰面积/(μV·s)	$f'_{甲苯} = \dfrac{A_苯}{A_{甲苯}} \cdot \dfrac{m_{甲苯}}{m_苯}$
甲苯			
苯(内标物)			

表 4.9　正己烷-环己烷-甲苯实验数据

样品	峰面积/(μV·s)	含量/(%)
正己烷		
环己烷		
甲苯		

$$w_{甲苯}=A_{甲苯}\,f_{甲苯}/(A_{甲苯}\,f_{甲苯}+A_{环己烷}\,f_{环己烷}+A_{正己烷}\,f_{正己烷})\times100\%$$

六、注意事项

（1）注意仪器的开关顺序。

（2）检测器温度应在柱温以上，以防样品溶液或流失的固定液冷凝。

（3）如果色谱峰太小或太大，可适当调整进样量。

七、思考题

（1）常用的气相色谱定量方法有哪些？在气相色谱定量中，峰面积为什么要用相对校正因子校正？

（2）归一化法的使用条件是什么？

实验 68　气相色谱法测定酒和酊剂中乙醇的含量

一、实验目的

（1）学习气相色谱法测定含水样品中乙醇的含量。

（2）熟悉火焰离子化检测器的调试及使用方法。

（3）掌握色谱内标法进行定量分析的原理。

二、实验原理

内标法是一种准确而应用广泛的定量分析方法，不必严格控制操作条件和进样量，限制条件较少。当样品中组分不能全部流出色谱柱，某些组分在检测器上无信号或只需测定样品中的个别组分时，可用内标法。

内标法是将准确称量的纯物质作为内标物，加到准确称取的样品中，根据内标物的质量、样品的质量及相应的峰面积，求出待测组分的浓度。

设待测组分的质量为 m_i，内标物的质量为 m_s，则：

$$\frac{m_i}{m_s}=\frac{A_if_i}{A_sf_s}\quad m_i=\frac{A_if_i}{A_sf_s}m_s$$

$$\rho_i=\frac{m_i}{V_i}=\frac{A_if_im_s}{A_sf_sV_i}$$

式中：f_i、f_s 分别为待测组分 i 和内标物的相对校正因子；A_i、A_s 分别为待测组分 i 和内标物的峰面积；V_i 为组分 i 的体积。

为方便起见，求相对校正因子时常以内标物为标准物，则 $f_s=1.0$。选用内标物时，需满足下列条件：①内标物应是样品中不存在的物质；②内标物的色谱峰应与待测组分分开，并尽量靠近；③内标物的量应接近待测组分的含量；④内标物与样品互溶。

　　本实验样品中无水乙醇的含量可用内标法定量，以无水正丙醇为内标物，并符合以上条件。

三、仪器与试剂

　　(1) 仪器：气相色谱仪、火焰离子化检测器（FID）、色谱柱（2 m×3 mm）、微量注射器、容量瓶、吸量管等。

　　(2) 试剂：固定液（聚乙二醇 20000（简称 PEG-20M）、载体（102 白色载体，60～80 目），液担比 10%）、无水乙醇（分析纯）、无水正丙醇（分析纯）、酒样品、酊剂样品等。

四、实验步骤

　　1. 色谱操作条件

　　柱温 90 ℃，气化室温度 150 ℃，检测器温度 130 ℃，N_2（载气）流量 40 mL/min，H_2 流量 35 mL/min，空气流量 400 mL/min。

　　2. 标准溶液的测定

　　准确移取 2.50 mL 无水乙醇和 2.50 mL 无水正丙醇于 50 mL 容量瓶中，用蒸馏水稀释至刻度，摇匀。用微量注射器吸取 0.5 μL 标准溶液，注入气相色谱仪内，记录各峰的保留时间，测量各峰的峰高及半峰宽，求以正丙醇为标准的相对校正因子。

　　3. 样品溶液的测定

　　准确移取 5.00 mL 酒样品及 2.50 mL 内标物无水正丙醇于 50 mL 容量瓶中，加水稀释至刻度，摇匀。用微量注射器吸取 0.5 μL 样品溶液注入气相色谱仪内，记录各峰的保留时间 t_R，将标准溶液的 t_R 与样品溶液的 t_R 对照，进行定性分析。测定乙醇、正丙醇的峰高及半峰宽，进行定量分析，求出样品中乙醇的含量。

五、实验数据处理

　　本实验乙醇的含量按下列公式计算：

$$f_i = \frac{m'_i / A'_i}{m'_s / A'_s}$$

$$\rho_i = \frac{m_i}{V} \times 10 = \frac{A_i f_i m_s}{A_s f_s V} \times 10$$

　　将上式代入下式，即得（其中 $m_s = m'_s$）

$$\rho_i = \frac{A_i / A_s \cdot m'_s}{A_i / A_s \cdot V} \times 10$$

式中：ρ_i 为样品中乙醇的含量，单位为 g/mL；m_i 为样品中乙醇的质量，单位为 g；V 为样品溶液的体积，单位为 mL；10 为稀释倍数；A_i / A_s 为样品溶液中乙醇与正丙醇的峰面积之比；A'_i / A'_s 为标准溶液中乙醇与正丙醇的峰面积之比；m'_s 为标准溶液

中纯乙醇的质量,它等于体积 V 与密度 ρ 的乘积。对于正常峰,可用峰高代替峰面积计算:

$$\rho_i = \frac{h_i/h_s \cdot m'_i}{h'_i/h'_s \cdot V} \times 10$$

六、注意事项

(1) FID 属于质量型检测器,其响应值(峰高 h)取决于单位时间内引入检测器的组分质量。当进样量一定时,峰面积与载气流量无关,但峰高与载气流量成正比,因此当用峰高定量时应保持载气流量恒定。但在内标法中由于所测参数为组分峰响应值之比(即相对响应值),故以峰高定量时,载气流量的变化对测定结果影响小。

(2) 采用内标法定量时,最好考虑工作曲线(以对照液中组分与内标峰响应值之比为纵坐标,以对照液浓度为横坐标作图),若已知工作曲线通过原点且在其线性范围内时,再采用内标法定量;同时对照液的浓度应与样品溶液中待测组分的浓度接近,这样可以提高测定准确度。

七、思考题

(1) 内标物的选择应符合那些条件? 内标法定量的优缺点有哪些?
(2) 热导检测器和火焰离子化检测器各有什么特点?

实验 69　高效液相色谱法测定天然海藻中水溶性维生素的含量

一、实验目的

(1) 了解天然食物中化学物质的分离、提取和鉴定的操作技术。
(2) 掌握反相高效液相色谱操作技术。
(3) 掌握外标法进行定量分析的原理。

二、实验原理

本实验采用反相高效液相色谱法,以甲醇∶水 (0.1 mol/L Na_2SO_4) = 30∶70 (体积比)为流动相,流量为 1.5 mL/min,检测波长为 254 nm,检验灵敏度为 0.05 AUFS,采用外标法进行定量分析。在进样量相同的条件下,样品溶液中每一种维生素标样均可按下列公式计算其含量 w_i:

$$w_i = \frac{m_s \cdot w_s \cdot A_i}{m \cdot A_s}$$

式中,m_s, w_s 分别为某种维生素的标样质量和含量(质量分数);m 为样品的质量,g;A_s, A_i 为某种维生素的标样和样品的峰面积,mm^2。

三、仪器与试剂

（1）仪器：烧杯、棕色容量瓶、高效液相色谱仪、745B 色谱数据处理器、超声波清洗仪、C_{18} 不锈钢柱和预保护柱、定量滤纸、U6K 微量进样器、注射器式过滤器（0.45 μm）等。

（2）试剂：维生素 PP（生化试剂）、维生素 B_6（生化试剂）、维生素 B_1（生化试剂）、维生素 B_{12}（生化试剂）、维生素 B_2（生化试剂）、HCl 溶液（分析纯）等。

四、实验步骤

1. 标准溶液的配制

将 5 种标样维生素 PP、维生素 B_6、维生素 B_1、维生素 B_{12}、维生素 B_2 分别配成一定浓度（20～80 $\mu g/mL$）的溶液，上机测定各自的保留时间，然后分别精确称取 5 种标样，混合后配成 100 mL 溶液，5 种维生素浓度大致为 0.25 mg/mL、0.85 mg/mL、1.32 mg/mL、0.21 mg/mL 和 0.11 mg/mL（称量时控制各种维生素标样的质量）。将此溶液稀释 5 倍后，吸取 10 μL，上机测定。

2. 样品的处理及样品溶液的配制

将海藻样品研磨成粉末，过 60 目筛。称取 0.01 g 左右于 150 mL 烧杯中，加入 20 mL 0.1 mol/L HCl 溶液搅拌至均匀。超声波振荡 30 min 后取出。在 70 ℃水浴中加热 30 min，然后冷却至 40 ℃以下，小心倒入 50 mL 棕色容量瓶中定容至刻度。经定量滤纸过滤后再吸取 10 mL，通过注射器式过滤器过滤，最后取 10 μL 过滤后样品溶液（pH＝5）上机。

3. 测定

用 U6K 微量进样器准确吸取 10 μL 标准溶液和 10 μL 样品溶液。按下列顺序进样：①标准溶液；②样品溶液；③样品溶液；④标准溶液。每次进样分析均打印出有效成分的峰面积。

五、实验数据处理

将实验中测得的数据列表并计算，见表 4.10。

表 4.10　实验数据

化合物	m_s/g	$w_s/(\%)$	A_s/mm^2	A_i/mm^2	m/g	$w_i/(\%)$
维生素 PP						
维生素 B_6						
维生素 B_1						
维生素 B_{12}						

化合物	m_s/g	w_s/(%)	A_s/mm^2	A_i/mm^2	m/g	w_i/(%)
维生素 B$_2$						

六、注意事项

（1）本实验提取维生素后过滤要彻底，且应配有预保护柱，因为海藻中的蛋白质会干扰分离，且污染色谱柱，降低柱效。

（2）维生素在溶液中不稳定，见光易分解，故应在上机前配制并避光保存。

（3）外标法定量分析的前提是进样量相同。当没有定量进样阀时，手工进样要尽可能平行，以减小误差。

七、思考题

（1）配制样品溶液时，加 HCl 溶液的目的是什么？可否用其他试剂替换？

（2）外标法定量与内标法定量有何不同？相对而言，哪种方法结果更可靠？

实验 70　　高效液相色谱法测定化妆品中性激素的含量

一、实验目的

（1）掌握高效液相色谱法测定化妆品中性激素的原理。

（2）熟悉高效液相色谱法测定化妆品中性激素的实验方法。

（3）了解高效液相色谱仪的基本结构与使用方法。

二、实验原理

性激素是性腺的分泌物，可分为雄激素和雌激素两类。《化妆品卫生规范》中明确规定，须对特殊用途化妆品中的美乳类化妆品中性激素的含量进行检测。

本实验中检测的性激素包括雌酮、雌二醇、雌三醇、己烯雌酚、睾酮、甲基睾酮和黄体酮。

用甲醇提取化妆品中的性激素，以含 80% 甲醇的水溶液为流动相，用 C$_{18}$ 柱进行反相高效液相色谱分离，并用紫外检测器进行检测。上述 7 种性激素在此色谱条件下分离良好。依据 7 种性激素各自的保留时间进行定性分析，在其各自的标准曲线的线性范围内，依据峰面积与其含量之间的线性关系进行定量分析。

三、仪器与试剂

（1）仪器：高效液相色谱仪（配紫外检测器）、超声波清洗仪、滤膜（0.45 μm）、容量瓶、吸量管、具塞试管、微量进样器等。

（2）试剂：雌酮、雌二醇、雌三醇、己烯雌酚、睾酮、甲基睾酮和黄体酮，以上试剂均为优级纯；甲醇（色谱纯）等。

四、实验步骤

1. 标准溶液的配制

（1）雌酮、雌二醇、雌三醇、己烯雌酚的混合标准溶液（2.0 mg/mL）：分别称取 0.2000 g 雌酮、雌二醇、雌三醇、己烯雌酚，先用少量甲醇溶解，然后转移至 100 mL 容量瓶中，用甲醇稀释至刻度。

（2）睾酮、甲基睾酮的混合标准溶液（600 μg/mL）：分别称取 0.6000 g 睾酮、甲基睾酮，先用少量甲醇溶解，然后转移至 100 mL 容量瓶中，用甲醇稀释至刻度。1 mL 此溶液中含以上两种性激素各 0.0060 g。准确移取此混合标准溶液 10.0 mL，置于 100 mL 容量瓶中，用甲醇稀释到刻度。

（3）黄体酮标准溶液（600 μg/mL）：称取 0.6000 g 黄体酮，先用少量甲醇溶解，然后转移至 100 mL 容量瓶中，用甲醇稀释到刻度。1 mL 此溶液中含黄体酮 0.0060 mg。准确移取此标准溶液 10.0 mL，置于 100 mL 容量瓶中，用甲醇稀释至刻度。

（4）性激素标准应用液：分别移取 2.0 mg/mL 雌酮、雌二醇、雌三醇、己烯雌酚的混合标准溶液 50.0 mL，600 μg/mL 睾酮、甲基睾酮的混合标准溶液 5.0 mL，600 μg/mL 黄体酮标准溶液 5.0 mL，置于 100 mL 容量瓶中，用甲醇稀释到刻度。1 mL 此溶液中含雌酮、雌二醇、雌三醇、己烯雌酚、睾酮、甲基睾酮和黄体酮分别为 1.00 mg、1.00 mg、1.00 mg、1.00 mg、30.0 μg、30.0 μg、30.0 μg。

2. 样品的预处理

（1）溶液状样品：准确称取 1～2 g 样品，置于 10 mL 具塞试管中，必要时在水浴上蒸馏除去乙醇等挥发性有机溶剂，用甲醇稀释至 10.0 mL，混合均匀，取上清液，经 0.45 μm 滤膜过滤后备用。

（2）膏状、乳状样品：准确称取 1～2 g 样品，置于 10 mL 具塞试管中，加入 10.0 mL 甲醇，超声提取 20 min，取上清液，经 0.45 μm 滤膜过滤后备用。

3. 系列标准溶液的配制

准确移取已经制备好的性激素标准应用液 0 mL、1 mL、2 mL、3 mL、4 mL、5 mL，分别置于 6 支 10 mL 具塞试管中，用甲醇稀释至刻度，混合均匀，经 0.45 μm 滤膜过滤后备用。

4. 测定

（1）色谱柱：ODS 柱，250 mm×4.6 mm，10 μm。

（2）流动相：甲醇-水（体积比为 4∶1），流量：1 mL/min。

（3）柱温：室温。检测器：紫外检测器，波长为 254 nm。

（4）标准曲线的绘制：按上述色谱条件，将高效液相色谱仪调节至最佳状态，依次进样不同浓度的性激素系列标准溶液，进样体积为 5 μL。根据雌酮、雌二醇、雌三醇、己烯雌酚、睾酮、甲基睾酮和黄体酮各自的保留时间进行定性分析，根据各自的峰面积进行定量分析。每个浓度重复测定 3 次，计算峰面积的平均值。以系列标准溶液中雌酮、雌二醇、雌三醇、己烯雌酚、睾酮、甲基睾酮和黄体酮的浓度（μg/mL）为横坐标，相应的峰面积的均值为纵坐标，绘制标准曲线，进行线性回归，得到回归方程。

（5）样品测定：取 5 μL 已处理好的样品溶液，注入高效液相色谱仪进行分析，重复测定 3 次，计算峰面积的均值。根据色谱峰的保留时间进行定性分析。将峰面积代入回归方程，求得样品溶液中雌酮、雌二醇、雌三醇、己烯雌酚、睾酮、甲基睾酮和黄体酮的浓度（μg/mL）。

五、实验数据处理

样品中雌酮、雌二醇、雌三醇、己烯雌酚、睾酮、甲基睾酮和黄体酮的含量（μg/g）按下式计算：

$$w = \rho_x V/m$$

式中：w 为样品中各种性激素的含量，pg/g；ρ_x 为由回归方程求得的样品溶液中待测物雌酮、雌二醇、雌三醇、己烯雌酚、睾酮、甲基睾酮和黄体酮的浓度（x 不同，代表物质不同），μg/mL；V 为样品溶液的体积，mL；m 为样品的质量，g。

六、注意事项

（1）因甲醇易挥发，所以各种性激素的系列标准溶液最好临用前配制，已配制好的样品溶液也应尽快使用。

（2）配制好的流动相须经过滤、脱气后方可使用。

七、思考题

（1）改变流动相中甲醇的比例，对分离度有何影响？

（2）进样前，样品为何需过滤？

（3）样品的进样量是否越大越好？

实验 71　高效液相色谱法分析氨基酸

一、实验目的

（1）了解高效液相色谱仪的结构及工作原理，掌握高效液相色谱法的操作要点。

（2）了解氨基酸溶液的制备方法。

（3）掌握使用高效液相色谱仪对氨基酸进行分析的方法。

二、实验原理

高效液相色谱法是继气相色谱法之后，于 20 世纪 70 年代初期发展起来的一种以液体为流动相的新色谱技术。它适用于分离分析稳定性差、相对分子质量较大（400 以上）、沸点高的物质。高效液相色谱具有柱效高、分析速度快、灵敏度高、重复性好、应用范围广等优点，已成为现代分析技术的重要手段之一，目前在化学、化工、医药、生化、环保、农业等领域获得广泛的应用。高效液相色谱仪由高压输液系统、进样系统、分离系统、检测系统、记录系统等部分组成。

利用高效液相色谱法进行分析前，先选择适当的色谱柱和流动相，然后开泵冲洗柱子，待柱子达到平衡且基线平直后，用微量注射器把样品溶液注入进样口。流动相将样品带入色谱柱后，根据待测组分在色谱柱中的分配系数的不同进行分离，分离后的组分依次流入检测器的流通池，和洗脱液一起流入收集器。当有样品组分流过流通池时，检测器将组分浓度变为电信号，经过放大，用记录器记录下来即得到色谱图。色谱图是进行定性分析、定量分析和评价柱效高低的依据。

三、仪器与试剂

（1）仪器：Agilent 1200 高效液相色谱仪（色谱柱 （4.6 mm×150 mm），C_{18}（5 μm），紫外检测器）、定量管、微量注射器、精密 pH 计、超声波清洗仪、研钵、一次性滤膜过滤器（0.45 μm，水系）、减压过滤系统、微量离心过滤管、烧杯、量筒、容量瓶及移液管等。

（2）试剂：衍生液[异硫氰酸苯：甲醇：三乙胺：水＝1：7：1：1（体积比）]、正己烷（分析纯）、氨基酸标样、乙腈（色谱）、乙酸（分析纯）、乙酸钠（分析纯）、NaOH 溶液等。

四、实验步骤

1. 柱前衍生步骤

（1）将 200 μL 衍生液加入 200 μL 氨基酸标样中，超声振荡，混合均匀，室温下放置 1 h。

（2）反应液中加入 400 μL 正己烷，充分振荡后放置分层。

（3）取下层溶液用一次性滤膜过滤器（0.45 μL）过滤。

（4）取滤液 5 μL 注入高效液相色谱仪。

2. 分析条件

（1）色谱柱：Shim-packVP-C_{18}，4.6 mm×15 cm。保护柱：Shim-packGVP-C_{18}，4.6 mm×1 cm。

（2）流动相 A 液：0.1 mol/L 乙酸钠，pH＝6.5（用乙酸调节，500 mL 乙酸钠中约加 2 滴乙酸）。B 液：乙腈-水混合液（体积比为 4：1）。

（3）流量为 1 mL/ min。

（4）柱温为 36 ℃。

（5）检测波长为 254 nm。

（6）梯度洗脱程序，见表 4.11。

表 4.11　梯度洗脱程序

$t/$min	功能	数值	$t/$min	功能	数值
0.01	BCONC	10	25	BCONC	80
3	BCONC	10	25.1	BCONC	10
21	BCONC	39	35	STOP	STOP
21.01	BCONC	80			

为了取得较高的重现性，建议进样量为 pmol 级别。由于氨基酸相对分子质量为 130 左右，故通常进样浓度为 $100 \sim 1000$ $\mu g/g$，高浓度的样品最好稀释后再分析。

3. 样品处理

（1）液体样品：用 sep pak C_{18} 净化柱处理，收集馏出液，经微孔滤膜（0.45 μm）过滤，备用。

（2）固体或半固体样品：先将样品捣碎、混合均匀后，加入一定量的 0.01 mol/L NaOH 溶液提取，经离心分离或过滤后收集提取液，用 sep pak C_{18} 净化柱处理，收集馏出液，经微孔滤膜（0.45 μm）过滤，备用。

4. 测定

注入氨基酸系列标准溶液及样品溶液各 10 μL，利用高效液相色谱仪进行分析，以保留时间做定性分析，以峰高或峰面积结合标准曲线做定量分析。

5. 计算

计算样品的含量。

五、注意事项

（1）为保证样品具有代表性，可任取固体样品，研细、混合均匀、干燥、称量，再从中称取 1/10 质量的样品进行实验。

（2）流动相、样品溶液均应以微孔滤膜（0.45 μm）减压过滤，以免堵塞进样阀、毛细管和色谱柱。

（3）按照上述步骤可以确定样品溶液色谱图中每个峰的归属并测定其含量。

六、思考题

（1）反相色谱柱有什么特点？与正相色谱柱有何不同？

（2）配制好的样品溶液为什么保存在棕色容量瓶中？

实验 72　高效液相色谱-质谱法分离和鉴定大蒜中的有效成分

一、实验目的

(1) 了解色谱-质谱法在分离和结构分析方面的应用。

(2) 利用综合波谱分析法确定大蒜油中有效成分的化学结构。

二、实验原理

大蒜用作药物已有悠久的历史,国内外对大蒜的有效成分曾进行过不少研究。有学者认为大蒜的有效成分是大蒜辣素,化学名称为烯丙基硫代亚磺酸烯丙酯。其结构如下:

$$CH_2=CH-CH_2-S-S-CH_2-CH=CH_2$$

用水蒸气蒸馏法从大蒜中提取一种挥发油(称"大蒜油"),经抑制细菌试验证明,其中包含大蒜的抑菌有效成分。用色谱-质谱法分离和鉴定大蒜油中的有效成分,其中含量最大、抗菌能力最强的成分为大蒜新素。用色谱-质谱法及波谱综合分析法可确定大蒜新素的化学结构。

随着生产和科学技术的发展,对分析化学不仅在准确、灵敏、专一、快速、简便等方面提出了更高的要求,而且要求能提供更多、更复杂的信息,因而采用单一分析技术已不能解决复杂的分析问题,而需要多种分析技术联用。色谱-质谱法可在色谱高效分离基础上提供丰富的分子结构信息,对于复杂样品的分离鉴定,是一种很有价值的分析手段。色谱-质谱法将定性分析和定量分析融为一体,是有效且经济合理的联用分析技术。一般来说,凡是能够用色谱仪进行分析的样品,大部分能用色谱-质谱联用仪进行分析。因此,色谱-质谱联用仪在有机化学、生物化学、化工、医药、环保、生命科学等方面得到广泛应用。

气相色谱法和质谱法的灵敏度都很高,分析样品都要求为气态,所以气相色谱-质谱联用较为合适。1957 年,J. C. Holmes 最先实现了气相色谱-质谱联用,目前已日趋完善,并得到广泛的应用。

气相色谱-质谱法不适用于难挥发、极性大、对热不稳定的大分子有机化合物。高效液相色谱-质谱联用技术应运而生。20 世纪 80 年代以后,高效液相色谱-质谱联用(HPLC-MS)技术获得快速发展,高效液相色谱-质谱联用仪示意图如图 4.3 所示。

色谱-质谱联用技术在定性分析、定量分析、结构鉴定等方面都有广泛的应用。如石油是一种多组分和宽沸程的混合物,使用高效能的毛细管色谱-质谱联用技术,可分离并鉴定出 240 多种单体烃。对于这种复杂组分,单用色谱分析难以得出正确的结果,采用色谱-质谱联用技术就能快速准确地得出结论。本实验采用高效液相色

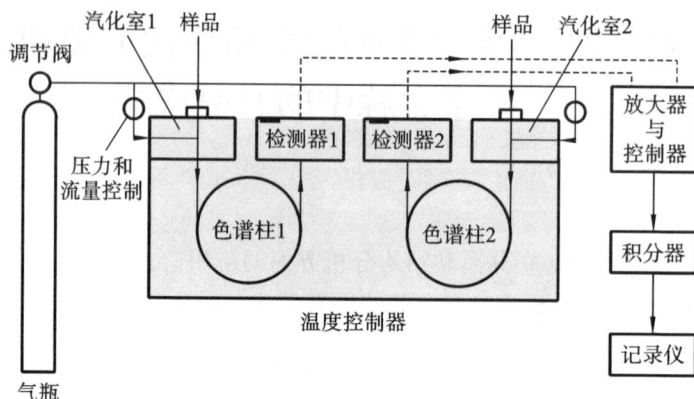

图 4.3　高效液相色谱-质谱联用仪示意图

谱-质谱联用分析技术来分析大蒜中的有效成分。

三、仪器与试剂

（1）仪器：高效液相色谱-质谱联用仪、水蒸气蒸馏装置、核磁共振波谱仪、元素分析仪、制备色谱仪、红外光谱仪等。

（2）试剂：$CDCl_3$、$(CH_3)_4Si(TMS)$、位移试剂 $En(FOD)_3$ 等。

四、实验步骤

1. 大蒜油

将剥皮大蒜捣碎，用水蒸气蒸馏方法分离出大蒜油。

2. 用高效液相色谱-质谱联用仪分离和鉴定大蒜油的成分

（1）色谱条件：玻璃管填充柱：内径为 4 mm，长 2 m；固定相为 12％聚新戊二醇 101 酸洗硅烷白色载体（60～80 目）；进样量为 0.5 μL；柱温为 110 ℃；气化室温度为 110 ℃；分离温度为 120 ℃；氢气流量为 16 mL/min；电离源检测器。

（2）质谱条件电离源：电子能量为 80 eV；发射电流为 270 pA；加速电压为 820 V；分辨率为 600；离子源真空度为 6.0×10^{-4} Pa；离子源温度为 200 ℃；用紫外检测器记录。

在大蒜油的总离子流色谱图如图 4.4 所示，大蒜油的质谱数据和结果列于表 4.12。

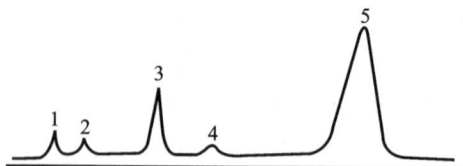

$1 - CH_2 = CHCH_2SCH_2CH = CH_2$；$2 - CH_3SSCH_2CH = CH_2$；$3 - CH_2 = CHCH_2SSCH_2CH = CH_2$；
$4 - CH_3SSSCH_2CH = CH_2$；$5 - CH_2 = CHCH_2SSSCH_2CH = CH_2$

图 4.4　大蒜油的总离子流色谱图

表 4.12　大蒜油的质谱数据和结果

峰号	化合物名称	化学结构式	相对分子质量	最强 δ 峰（质荷比）

1	二烯丙基硫醚	$CH_2 = CHCH_2SCH_2$
		        |
		     $CH_2 = CH$
			114	73454139729911471
				(100.0)(85.0)(67.1)(61.7)
				(51.8)(33.4)(27.7)(24.0)

2	甲基烯丙基二硫醚	$CH_3SSCH_2CH = CH_2$	120	41391204573477964 (100.0)(18.9)(14.9)(13.3) (9.3)(5.3)(3.5)(3.4)

3	二烯丙基二硫醚	$CH_2 = CHCH_2SSCH_2$
		         |
		      $CH_2 = CH$
			146	41398145738511379
				(100.0)(52.3)(37.3)(36.8)
				(22.9)(15.9)(14.0)(10.5)

4	甲基烯丙基三硫醚	$CH_3SSSCH_2CH = CH_2$	152	4139457387476488 (100.0)(51.6)(45.8)(44.2) (27.9)(23.9)(11.4)(6.2)

5	二烯丙基三硫醚	$CH_2 = CHCH_2SSSCH_2$
		         |
		      $CH_2 = CH$
			178	41394573816411372
				(100.0)(40.3)(22.0)(17.1)
				(12.1)(9.2)(8.1)(7.7)

从元素分析可知,化合物含 S,不含 O 和 N。从质谱数据分析可初步鉴定上述 5 种成分的结构。

3. 提纯和确证大蒜新素

为了确证大蒜新素的化学结构,需要获得纯品。首先将大蒜油在 13.3 Pa 下减压蒸馏,收集 87～88 ℃的馏分,然后在制备色谱仪（103 型色谱仪）上进一步提纯,获得纯度在 99％以上的大蒜新素,再进行元素分析、质谱分析、核磁共振波谱分析和红外光谱分析,所得结果如下。

元素分析:C 40.66％;H 5.77％;S 52.42％;$n_C : n_H : n_S = 6 : 10 : 3$;实验式为 $C_6H_{10}S_3$。

质谱分析:条件同前。

核磁共振波谱分析（$CDCl_3$、TMS 内标）结果:δ 3.48 (d,4H);δ 5.22 (m,4H);δ 5.82 (m,2H)。

4. 定性分析

(1) 解释质谱中的主要碎片,确定相对分子质量。

(2) 解析红外光谱和核磁共振波谱主要吸收峰的归属。

五、注意事项

应使用专业的数据处理软件进行数据处理。

六、思考题

在保证分离效果的情况下,为什么应尽量降低流量和柱温?

实验 73　气相色谱-质谱法测定未知混合物的组成

一、实验目的

(1) 了解质谱检测器的基本组成及工作原理。

(2) 了解色谱工作站的基本功能,掌握利用气相色谱-质谱(GC-MS)联用仪进行定性分析的基本操作。

二、实验原理

气相色谱-质谱(GC-MS)联用仪主要由进样系统、离子源、质量分析器、检测器、真空系统和计算机等部分组成。样品从进样口注入并气化后通过色谱柱分离,再经过电离装置电离为离子,用质量分析器将不同质荷比的离子分开,经检测器检测之后得到样品的质谱图。气相色谱-质谱(GC-MS)联用仪的工作原理:将气化的物质分子裂解成离子,然后使离子按质量大小进行分离,经检测系统和记录系统得到离子的质荷比和相对强度的谱图(质谱图)。质谱图提供了有关物质相对分子质量、元素组成及分子结构的重要信息,从而鉴定出物质的分子结构。质谱法的特点是分析快速、灵敏、分辨率高、样品用量少且分析对象范围广。

三、仪器与试剂

(1) 仪器:气相色谱-质谱(GC-MS)联用仪(图 4.5)等。

(2) 试剂:未知样品等。

四、实验步骤

1. 开机

(1) 打开氦气钢瓶总阀,调节减压阀使压强指示为 0.4 MPa。

(2) 打开计算机并进入 Windows 界面,打开 GC 电源使仪器完成自检,再打开 MSD 电源。

(3) 点击计算机桌面上的 Instrument 图标,进入工作站,听到"嘟"的一声后,仪器和计算机连接成功。MSD 将自动进入抽真空、离子源及四极杆升温的程序。

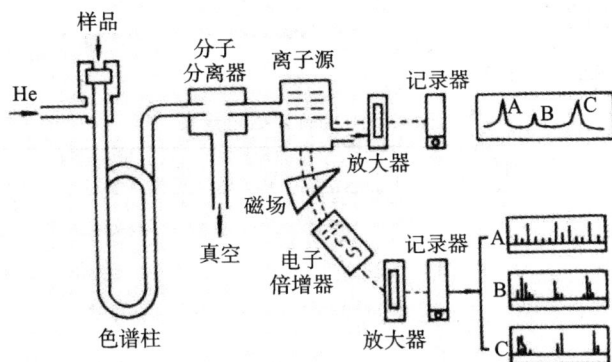

图 4.5　气相色谱-质谱(GC-MS)联用仪原理图

2. 方法编辑

(1) 在 Instrument 窗口栏中,从 Method 菜单中选取 Edit→Entire→Method,进入方法编辑步骤。

(2) 在工作站的提示下,设定好以下参数:进样口温度、进样模式、分流比、柱温、载气流量及其他一些相关参数。

(3) 设定完毕后,将编辑的分析方法命名并保存。

3. 数据采集

(1) 从 Instrument Control 视图中,单击绿色图标,编辑待测样品文件名、样品名等相关信息。

(2) 单击 Start Run,如采用自动进样方式,则会退出此面板并开始采集,如采用手动进样方式,需按提示先在 GC 面板按预运行键,然后进样,在 GC 面板上按 Start 键。

4. 数据分析

(1) 点击计算机桌面的 Data Analysis 图标,进入数据处理系统。

(2) 选择 File→Load Data File,在目录下查找并调出所需文件。

(3) 将鼠标移至所要分析的色谱峰,双击鼠标右键,得到该色谱峰的质谱图,系统将自动显示该色谱峰可能对应的化合物的结构式等信息。

(4) 在 Data Analysis 窗口中,选取 Method→Edit Method,进入积分参数的编辑。选取 Chromatogram→Integration Results 查看积分结果。

5. 关机

(1) 将仪器的进样口及柱箱的温度降至室温。

(2) 在 Instrument Control 界面中选取 View→Tune and Vaccum Control。

(3) 在 Tune 界面选取 Vaccum→Vent,仪器进入放空状态。

(4) 放空完成后关闭工作站及计算机,然后关闭 GC、MSD,最后关闭氦气钢瓶。

五、实验数据处理

将分析结果填入表4.13。

表 4.13　实验数据记录表

序号	保留时间	相对分子质量	化合物名称	备注
1				
2				
3				
4				

六、注意事项

（1）样品处理对于气相色谱-质谱法（GC-MS）至关重要。应确保样品经过适当的提取、净化、浓缩处理，以去除干扰物和增加目标分析物的浓度。

（2）气相色谱-质谱（GC-MS）联用仪应定期进行校准，以确保其准确性和可靠性。校准可以通过标准物质进行，检查仪器的性能参数是否符合要求。

七、思考题

（1）另设计一个分析方案，并与气相色谱-质谱法（GC-MS）比较，说明后者的优点。

（2）简述分析样品的出峰顺序。

实验 74　红外光谱法中样品的制备处理

一、实验目的

（1）掌握样品的制备及处理方法。

（2）进一步熟悉用红外光谱法对物质进行定性分析。

二、实验原理

当一束具有连续波长的红外光通过物质，物质分子中某个基团的振动频率或转动频率和红外光的频率一样时，分子就会吸收能量，由原来的基态振（转）动能级跃迁到能量较高的振（转）动能级。

红外光谱法是一种根据分子内部原子间的相对振动和分子转动等信息来确定物质分子结构和鉴别化合物的分析方法。将分子吸收红外光的情况用仪器记录下来，就得到红外光谱。利用物质的红外光谱可鉴定物质中的特征基因。红外光谱通常以波长（λ）或波数（σ）为横坐标，表示吸收峰的位置，以透光率（T）或者吸光度（A）为纵坐标,表示吸收强度。

以红外光谱法为理论依据,在熟练掌握仪器操作的基础上,制备红外光谱法的液体样品(包括纯液体样品和稀溶液液体样品)、固体样品。液体样品采用液体吸收池法、夹片法和涂片法制备,固体样品通过压片法、研糊法、衰减全反射法进行制备。

三、仪器与试剂

(1) 仪器:WQF-520 FT-IR 红外光谱仪、分析天平、可拆卸吸收池、镊子、药匙、盐片、注射器、专用夹、样品池、烧杯、玻璃棒、研钵、压片模具等。

(2) 试剂:碳酸钙、丙三醇、无水乙醇、聚乙烯醇、KBr 粉末、液体石蜡等。

四、实验步骤

1. 固体样品的制备

(1) 压片法:广泛用于红外光谱固体样品调制剂的有 KBr、KCl,它们的共同特点是在中红外区(4000~400 cm^{-1})完全透明,没有吸收峰。样品与它们的配比通常是 1:100,即取固体样品 1~3 mg,在玛瑙研钵中研细,再加入 0.1000~0.3000 g 磨细的干燥 KBr 或 KCl 粉末,混合研磨均匀,使其粒度在 2.5 μm(通过 250 目筛孔)以下,放入锭剂成型器中。加压(5~10 N/cm^2)2 min 左右即可得到一定直径及厚度的透明片,然后将此薄片放在仪器的样品窗口上进行测定。

(2) 熔融法:将熔点低且对热稳定的样品,直接放在可拆卸吸收池的窗片上,用红外灯烘烤,使之受热变成流动液体,盖上另一个窗片,按压使其展成一均匀薄膜,逐渐冷却固化后测定。

(3) 薄膜法:将样品溶于适当的低沸点溶剂中,而后取其溶液滴洒在成膜介质(水银、平板玻璃、平面塑料板或金属板等)上,使溶剂自然挥发,揭下薄膜进行测定。薄膜厚度一般为 0.05~0.1 mm。

(4) 附着法:有些高分子物质(如生物样品),不能用薄膜法得到所需的薄膜,可将其样品溶液直接滴在盐片上展开,当溶剂蒸发后,在盐片表面形成薄的附着层,即可直接测定。

(5) 涂膜法:对于熔点低,在熔融时不分解、升华或发生其他化学反应的物质,可将它们直接加热熔融后涂在盐片上,上机测定;对于不易挥发的黏稠样品,也可直接涂在盐片上(厚度一般约为 0.02 mm),上机测定。

2. 液体样品的制备

对于沸点较高的液体样品,直接滴在两块盐片之间,形成液膜(液膜法),上机测定。

对于沸点较低、挥发性较大的液体样品,可注入封闭液体吸收池中,液层厚度一般为 0.01~1 mm。

3. 气体样品的制备

使用气体吸收池,先将气体吸收池内空气抽去,然后注入样品。

分别用压片法、涂膜法、液膜法、薄膜法对碳酸钙、丙三醇、乙醇、聚乙烯醇进行样品制备。

（1）压片法：首先取 1~2 mg 样品粉末和 100 mg 左右干燥的 KBr 粉末一起放入玛瑙研钵中研细混合均匀，然后倒入专用的压片模具中，一边抽真空，一边加压，制成透明的薄片。将此薄片放到仪器的样品架上进行测量。因 KBr 吸潮，常在 3500 cm^{-1} 及 1640 cm^{-1} 附近出现水的干扰吸收峰。纯 KBr 在 4000~400 cm^{-1} 无吸收，因此压片法可获得样品的完整红外光谱。压片过程要保证样品和 KBr 粉末混合均匀，否则会导致压片的厚薄不均匀，影响样品对红外光的吸收。

（2）涂膜法：用玻璃棒取少许丙三醇于 KBr 窗片上，然后由上至下均匀展开，厚度约为 0.02 mm，上机测定。

（3）液膜法：用注射器抽取 0.05 mL 无水乙醇注入液体吸收池的进样孔中，上机测定。

（4）薄膜法：称取 50 mg 聚乙烯醇于 50 mL 烧杯中，加入 10 mL 水，加热使其充分溶解后，取其溶液滴洒在平板玻璃上，自然风干，用刀片揭下薄膜（薄膜的厚度为 0.05~0.1 mm），上机测定。

（5）将所记录的 $CaCO_3$ 红外光谱与萨特勒标准红外光谱集上的 $CaCO_3$ 红外光谱进行对照，找出 CO_3^{2-} 的特征吸收峰，并确定其振动形式。

（6）对丙三醇、乙醇、聚乙烯醇的红外光谱进行解析，同时比较三张红外光谱，分别找出各自的特征吸收峰，确定其振动形式，然后解释三张红外光谱上特征吸收峰的相同与不同之处。

五、注意事项

（1）采用压片法时，一定要使压片均匀，且空白片与样品片厚度要相等。

（2）采用薄膜法时，在薄膜风干过程中，可在允许的温度下，用红外灯或热风干燥，除去溶剂。但蒸发速度不宜过快，以防薄膜起泡，影响测试效果。另外，成膜介质的选择应以样品溶液不与其发生化学反应或不被污染，且较易脱膜为宜。

（3）采用涂膜法时，用玻璃棒在 KBr 窗片上展开溶液的顺序一定是由上至下，不能上下均匀摊开，否则堆积在窗片上方的溶液在测试的过程中会自动流下，使涂膜增厚，影响测试效果。

（4）实验过程中可能出现的问题。

①样品中没有羟基，但谱图出现了羟基峰：这是由于样品中含有水分。采取措施：干燥样品并避免吸收池的潮解。

②红外光谱中样品的弱峰，甚至中等强度的峰及指纹区消失：这是由样品的浓度或厚度不合适（浓度太稀或厚度太薄）所致。

六、思考题

（1）稀溶液样品的红外光谱有什么特点？为什么不能一次得到样品的完整红外

光谱?

（2）液体样品为什么要用注射器注入液体吸收池中?

（3）为什么样品的浓度及厚度要适当?

（4）为什么样品中不应含有水? 如果含有水,对测定结果有什么影响?

（5）样品是否必须是纯物质? 为什么?

实验 75　红外光谱法测定间苯二酚的含量

一、实验目的

（1）了解 WQF-510 傅里叶变换红外光谱仪的原理及结构。

（2）学会 WQF-510 傅里叶变换红外光谱仪的使用方法。

（3）学会用红外光谱仪测定固体样品及定量分析方法。

二、实验原理

1. 定量分析——吸收峰的选择

一种物质在红外区有许多吸收峰,但并不是每个吸收峰都适用于定量分析。适用于定量分析的吸收峰具备的条件如下。

（1）具有特征性,如分析芳香族化合物,应选择与苯环骨架振动有关的吸收峰;分析羰基化合物,则应选择与羰基振动有关的吸收峰。

（2）峰的吸收强度应服从朗伯-比尔定律。

（3）摩尔吸光系数大。

（4）干扰少,即所选择的吸收峰附近应尽可能没有其他吸收峰存在。

2. 测定吸光度的方法——基线法

由于红外光谱图以 T-λ 形式记录下来,因此,由吸收峰的峰高不能直接获得吸光度,需要由公式 $A = \lg(I_0/I_t)$ 来计算,但公式中的 I_0 不能取 $100\%T$,只能取基线所取的透光率。基线的作法如下:在定量吸收峰两侧的峰谷上选择两个基点 M、N,M、N 的连线称为基线,通过峰顶 b 作横坐标的垂线 $abcd$,交基线于 c 点、交 $100\%T$ 线于 d 点,令 $ac = I_0$、$ab = I_t$,则吸光度为 $A = \lg(ac/ab)$。

3. 固体样品的制备方法

压片法:按质量比 1:100 称量样品和干燥后的 KBr,在玛瑙研钵中混合研磨均匀,使其粒度在 2.5 μm（通过 250 目筛孔）以下,放入锭剂成型器中。加压（5～10 N/cm²）2 min 左右即可得到一定直径及厚度的透明片。

KBr 在使用前要充分磨细,颗粒约 2 μm,研细的 KBr 极易吸潮,须在烘箱中在 200 ℃烘数小时,并放入装有硅胶或分子筛的干燥器内。本实验的样品间苯二酚及 KBr 均已烘干,将 5%间苯二酚固体样品与 KBr 在研钵中充分研磨混合成样品。

三、仪器与试剂

（1）仪器：WQF-510 傅里叶变换红外光谱仪、玛瑙研钵、不锈钢铲、称量瓶、油压机、分析天平、定性滤纸等。

（2）试剂：KBr、间苯二酚等。

四、实验步骤

1．配制标样

分别称取 5% 间苯二酚 3 份（20 mg、30 mg、40 mg），和已研磨好并烘干的 KBr 混合，配成 3 个总质量均为 150 mg 的标样，充分研磨、混合、压片。

2．未知样品的处理

准确称取 25 mg 未知样品于玛瑙研钵中，再加入 125 mg 烘干的 KBr，充分研磨 2～5 min，即可磨细混合均匀。

3．装入压模压片

压片机在结构上是一个简单的连通器，通过油压来完成力的传递，压模由柱塞、模框和底座组成，将底座水平放好，模框放在底座上，将磨好的粉末转移到底座上和模框中，小心放上柱塞，并轻轻转动几下，使粉末样品压平。将装好的压模放在压片上，顺时针拧紧压片机旋钮和上方手柄，当压力表的指针指示在略小于 10 时保持，压制 2 min 后，缓慢将压片机旋钮逆时针拧开。取出压模除去底座和柱塞，将模框旋转下来即可。

用上述压片法，将 3 个标样、1 个未知样品都压成片。

4．仪器开机

接通电源接线板开关→接通红外主机开关→接通显示器开关→接通计算机开关→接通打印机开关，仪器预热 20 min。

5．光谱测量

光路没有样品情况下，透光率应在 100% 左右；挡住光路的情况下，透光率在 0% 左右。

在光谱主画面中，按 F3 键，根据样品种类的不同，设置合适的测量参数（如测量模式、扫描速度、扫描波数范围等）。红外仪器开机后的默认参数可以满足大部分样品的测量。一般情况下，测量参数可以不做修改。

6．光谱扫描

设定测量参数后，将压好的 KBr 空白片放在参比光束上，将样品 1 号片放入样品室光路中，仪器中输入样品名（如 YIHAOYANG），然后开始扫描，得到一张完整的红外光谱，打印后结束。再更改波数，输入波数 1700、1200，进行扫描，得到第二张谱图，然后打印。3 号、4 号和未知样品的测试同上。

五、实验数据处理

对扫描的红外光谱图进行解析,以吸收光谱曲线上某一适当的吸收峰(例如 $1400~\text{cm}^{-1}$ 或 $1600~\text{cm}^{-1}$ 附近的一个吸收峰)为定量吸收峰,用基线法求出标准样品的吸光度,作吸光度-浓度标准曲线,以标准曲线法求未知样品的吸光度,然后计算间苯二酚的含量,数据填入表 4.14。

表 4.14　实验数据

样品	吸光度	透光率/(%)

六、注意事项

(1) 压片过程中应使压模保持清洁、干燥,否则易使压片受污染,吸潮后粘在压模上。

(2) 压片时不能用力过猛,防止样品被压碎,应按所需的压力来操作。

(3) 称样一定要准确,并且样品应混合均匀,否则所测的结果不准确。

七、思考题

(1) 测定间苯二酚时,如何选择最佳波数的范围?

(2) 本实验是如何确定样品的含量的?

(3) 红外光谱法待测样品的制备方法有几种?

(4) 在红外光谱法中不能以 $100\%T$ 作为 I_0 的直接原因是什么?

实验 76　红外光谱法鉴定聚合物

一、实验目的

(1) 了解聚合物红外光谱的特征。

(2) 掌握红外光谱法中薄膜的制备方法。

(3) 掌握利用红外光谱法鉴定聚乙烯和聚苯乙烯的方法。

二、实验原理

利用红外光谱法鉴定聚合物时,常通过将样品制成薄膜来进行检测。聚乙烯(PE)和聚苯乙烯(PS)等聚合物可在软化状态下受压进行模塑加工,在冷却至软化点以下时能保持模具形状,在没有热压模具的情况下,薄膜可在金属、塑料或其他材料平板之间进行压制。

聚乙烯的红外光谱中仅出现亚甲基的伸缩振动和弯曲振动吸收峰。2920 cm^{-1} 和 2850 cm^{-1} 处出现亚甲基的伸缩振动吸收峰,1464 cm^{-1} 和 719 cm^{-1} 处出现亚甲基的弯曲振动吸收峰。当亚甲基链的一端连接一个苯环形成聚苯乙烯时,红外光谱上就会同时出现亚甲基和单取代苯环的吸收峰。聚苯乙烯在 2923 cm^{-1} 和 2850 cm^{-1} 处有吸收峰,为亚甲基的伸缩振动吸收峰;苯环不同平面上 C—H 键弯曲振动在 697 cm^{-1} 和 756 cm^{-1} 处出现强吸收峰,1601 cm^{-1}、1583 cm^{-1}、1493 cm^{-1} 和 1452 cm^{-1} 处出现苯环的骨架振动特征吸收峰。

三、仪器与试剂

（1）仪器:傅里叶变换红外光谱仪、薄膜夹、红外灯、试管、酒精灯、刀片、滴管等。

（2）试剂:聚乙烯(分析纯)、聚苯乙烯(分析纯)、氯仿(分析纯)等。

四、实验步骤

（1）将聚乙烯树脂颗粒投入试管中,在酒精灯上加热软化,立即用刀片将软化的聚乙烯刮到聚四氟乙烯平板上,同时摊成薄膜。将聚四氟乙烯平板置于酒精灯上方适宜的高度,加热至聚乙烯薄膜重新软化后,离开热源,立即盖上另一聚四氟乙烯平板,压制成薄膜。待冷却后,用镊子取下薄膜并放在薄膜夹上,然后放入红外光谱仪的样品安放处进行测定

（2）配制浓度为 12% 的聚苯乙烯的氯仿溶液,用滴管吸取溶液滴在洁净的玻璃板上,立即用两端缠有细钢丝的玻璃棒将溶液摊平,自然干燥。然后将玻璃板浸入蒸馏水中,用镊子小心揭下薄膜,再用滤纸吸取薄膜上的水,将薄膜置于红外灯下烘干。将聚苯乙烯薄膜放在薄膜夹上,放入红外光谱仪的样品安放处进行测定。

（3）对所得谱图进行标峰处理,并进行样品光谱检索,处理谱图并保存。

（4）扫描完毕,取出薄膜夹,按操作步骤关闭仪器并清理实验台。

五、数据记录与处理

指出聚乙烯和聚苯乙烯样品图谱中各峰的归属,将有关数据填入表 4.15。

表 4.15　聚乙烯和聚苯乙烯样品图谱中各峰的归属

聚乙烯		聚苯乙烯	
吸收峰的位置/cm^{-1}	基团的振动形式	吸收峰的位置/ cm^{-1}	基团的振动形式

六、注意事项

（1）对于聚合物薄膜，膜的厚度通常为 0.15 mm 左右。

（2）对聚四氟乙烯平板加热时，温度不宜过高，否则聚四氟乙烯平板会软化变形。

（3）玻璃板和聚四氟乙烯平板一定要平滑、干净。

七、思考题

（1）聚乙烯薄膜的制备是否可采取其他方法？

（2）试述用红外光谱法鉴定聚合物的优点。

实验 77　分光光度法分析钛、钒混合物的组成

一、实验目的

（1）掌握分光光度法定量分析多组分体系的基本原理。

（2）掌握 755B 型分光光度计的构造原理。

（3）学习 755B 型分光光度计的使用方法。

二、实验原理

多组分体系的定量分析是以各吸光组分的吸光度为基础的。本实验的测定对象为钛、钒两组分体系，在硫酸的存在下，加入 3% 过氧化氢溶液后，钛（Ti）、钒（V）与 H_2O_2 反应产物的吸收光谱见图 4.6。

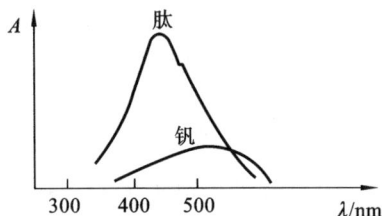

图 4.6　钛、钒与 H_2O_2 反应产物的吸收光谱

钛盐的硫酸溶液和过氧化氢作用生成橙黄色的配合物 $H_2[TiO_2(SO_4)_2]$，该配合物在 410 nm 处有最大吸收值。

$$Ti(SO_4)_2 + H_2O_2 \longrightarrow H_2[TiO_2(SO_4)_2]$$

钒化合物在硫酸存在下与过氧化氢作用生成红色的硫酸过氧钒，硫酸过氧钒在 460 nm 处有最大吸收值。

由此可得：

$$\begin{cases} A^{410} = A_{\mathrm{Ti}}^{410} + A_{\mathrm{V}}^{410} = K_{\mathrm{Ti}}^{410} c_{\mathrm{Ti}} + K_{\mathrm{V}}^{410} c_{\mathrm{V}} \\ A^{460} = A_{\mathrm{Ti}}^{460} + A_{\mathrm{V}}^{460} = K_{\mathrm{Ti}}^{460} c_{\mathrm{Ti}} + K_{\mathrm{V}}^{460} c_{\mathrm{V}} \end{cases}$$

通过实验测得 A^{410}、A^{460},并由标准溶液求出 K_{Ti}^{410}、K_{Ti}^{460}、K_{V}^{410}、K_{V}^{460},然后解二元联立方程,可求得 c_{Ti}、c_{V}。

三、仪器与试剂

(1) 仪器:紫外-可见分光光度计(755B 型)、移液管、容量瓶、量筒、烧杯等。

(2) 试剂:3%钒酸铵、硫酸、草酸钛钾等。

①钒标准溶液:称取钒酸铵(NH_4VO_3)0.5740 g,用 10 mL 硫酸(1:1)酸化,移入 500 mL 的容量瓶中以水稀释至刻度,摇匀。此溶液每毫升含钒 0.5 mg。

②钛标准溶液:称取草酸钛钾晶体 $K_2TiO(C_2O_4) \cdot 2H_2O$ 0.7349 g 于小烧杯中,以 20 mL 硫酸(1:1)加热溶解,冷却,转移至 500 mL 容量瓶中,以水稀释至刻度,摇匀。此溶液每毫升含钛 0.2 mg。

四、实验步骤

1. 显色

(1) 分别吸取钛、钒两种标准溶液 2 mL,置于 2 个 50 mL 容量瓶中,各加入硫酸(1:1)5 mL、3%过氧化氢溶液 4 mL,稀释至刻度。同时配制 1 个空白溶液。

(2) 吸取含有钛、钒的未知液 5 mL,同(1)法操作处理。

2. 测定

在波长 410 nm、460 nm 处,用空白溶液作参比溶液,以 1 cm 比色皿,分别测定钛、钒标准溶液及未知液的吸光度 A,计算吸光系数 K 及未知液中钛、钒的含量。

五、实验数据处理

钛、钒两组分体系,可列出二元联立方程:

$$\begin{cases} A^{410} = A_{\mathrm{Ti}}^{410} + A_{\mathrm{V}}^{410} = K_{\mathrm{Ti}}^{410} c_{\mathrm{Ti}} + K_{\mathrm{V}}^{410} c_{\mathrm{V}} \\ A^{460} = A_{\mathrm{Ti}}^{460} + A_{\mathrm{V}}^{460} = K_{\mathrm{Ti}}^{460} c_{\mathrm{Ti}} + K_{\mathrm{V}}^{460} c_{\mathrm{V}} \end{cases}$$

通过实验测得 A^{410}、A^{460},并由标准溶液求出 K_{Ti}^{410}、K_{Ti}^{460}、K_{V}^{410}、K_{V}^{460},然后解二元联立方程,可求得 c_{Ti}、c_{V},填入表 4.16 和表 4.17。

表 4.16　波长 410 nm 的数据

项目	空白	钛标准溶液	钒标准溶液	未知液
吸光度				
吸光系数 K				
未知液中钛、钒的含量	—	—	—	

表 4.17　波长 460 nm 的数据

项目	空白	钛标准溶液	钒标准溶液	未知液
吸光度				
吸光系数 K				
未知液中钛、钒的含量	—	—	—	

六、注意事项

（1）在使用紫外-可见分光光度计（755B 型）时，通电后预热 15～20 min，使电子元件和光学元件稳定后方能使用。

（2）对于样品在相关波长下的吸光度，应反复测定 2～3 次，取其平均值。

（3）比色皿内溶液不宜装得太满，以防溢出，在用石英比色皿时，要注意防止透光面被污染，即使是手指印，对紫外线亦有很强的吸收，使结果误差很大。

七、思考题

（1）解联立方程进行多组分同时测定的前提是什么？

（2）本实验中使用的是玻璃比色皿，可否使用石英比色皿？

实验 78　原子吸收法测定镁的实验条件探究

一、实验目的

（1）了解原子吸收法中干扰的存在及消除方法。

（2）了解实验条件对分析的重要性，学会正确选择实验条件。

（3）学习原子吸收分光光度计的基本构造。

（4）学会原子吸收分光光度计的使用方法。

二、实验原理

样品在热解石墨炉中被加热，成为基态气态原子，其对空心阴极灯发射的特征辐射具有选择性吸收。在一定浓度范围内，其吸收强度与样品中待测元素的含量成正比，即朗伯-比耳定律：

$$A = -\lg(I/I_\circ) = -\lg T = KcL$$

式中：I 为透射光强度；$I_\circ$ 为发射光强度；T 为透光率；L 为光通过原子化器光程（长度），每台仪器的 L 值是固定的；c 为待测样品浓度。

三、仪器与试剂

（1）仪器：原子吸收分光光度计（HG-9002 型）、电子交流稳压器、烧杯、滴定管

（装 LaCl$_3$ 溶液用）、容量瓶、量筒等。

（2）试剂：镁盐标准溶液（每毫升中含 1 mg Mg^{2+}）、镁盐工作液 A（每毫升中含 0.5 μg Mg^{2+}）、镁盐工作液 B（每毫升中含 2 μg Mg^{2+}）、铝盐溶液（每毫升中含 1 mg Al^{3+}）、硅酸盐溶液（每毫升中含 1 mg SiO$_3^{2-}$）、氯化镧溶液等。

四、实验步骤

（1）启动原子吸收分光光度计。

（2）实验条件的选择：将镁盐工作液 A 倒入 250 mL 烧杯中，喷雾。狭缝选用 0.4 nm，找寻镁的最灵敏线 285.2 nm，调燃烧器于水平位置使吸光度最大，调标尺扩展旋钮使吸光度位于合适值。

①灯电流的选择：调节灯电流开关，分别设置灯电流为 2 mA、4 mA、6 mA、8 mA、10 mA。

测出对应的镁盐工作液 A 的吸光度，以吸光度-电流作图。

②燃烧器高度的选择：置灯电流于所选择的数值。转动主机板面下部的燃烧器高度调节旋钮，同时观察燃烧器下方的高度标尺。分别在高度为 3 mm、5 mm、7 mm、9 mm、13 mm 处测定镁盐工作液 A 的吸光度，以燃烧器高度-吸光度作图。

③助燃气与燃气流量比的选择：置灯电流及燃烧器高度于所选择的数值。调节助燃气流量调节旋钮使助燃气转子流量计指示某一刻度（如 200 或 250），然后调节燃气流量调节旋钮，使燃气流量计分别指示不同数值，分别测出每一流量比所对应的镁盐工作液 A 的吸光度，以吸光度-流量比作图。

（3）样品吸入量的影响：在所选择的最佳实验条件下操作，置镁盐工作液 A 于 10 mL 量筒中，喷雾，读取吸光度，同时记下 1 min 所吸入溶液的体积，再换用一管径不同的毛细管喷雾，读取吸光度及每分钟吸入溶液的体积，解释所得结果。

（4）绘制镁的工作曲线：取 5 个 25 mL 容量瓶，分别加入镁盐工作液 B 2 mL、3 mL、4 mL、5 mL、6 mL，再各加 LaCl$_3$ 溶液 1.2 mL，用水稀释至刻度，喷雾，读取吸光度，作图。

（5）SiO$_3^{2-}$ 的干扰实验：取 5 个 25 mL 容量瓶，各加入镁盐工作液 B 5 mL，再分别加入 SiO$_3^{2-}$ 溶液 0 mL、1 mL、3 mL、5 mL、7 mL。用水稀释至刻度。溶液中 SiO$_3^{2-}$ 的含量分别是 0 μg/mL、40 μg/mL、120 μg/mL、200 μg/mL 及 280 μg/mL。将溶液分别喷入火焰，读取所对应的吸光度。以吸光度-浓度作图。

（6）SiO$_3^{2-}$ 干扰的消除：取 5 个 25 mL 容量瓶，各加入镁盐工作液 B 5 mL 及 LaCl$_3$ 溶液 1.2 mL，再分别加入 SiO$_3^{2-}$ 溶液 0 mL、1 mL、3 mL、5 mL、7 mL，用水稀释至刻度，分别喷入火焰，读取所对应的吸光度，以吸光度-浓度作图。

（7）Al^{3+} 干扰实验：方法同步骤（5），只是将 SiO$_3^{2-}$ 溶液换成 Al^{3+} 溶液即可。

（8）Al^{3+} 干扰的消除：方法同步骤（6），只是将 SiO_3^{2-} 溶液换成 Al^{3+} 溶液即可。

五、注意事项

注意实验应选择最佳条件，即最佳工作电流、最佳燃烧器高度和最佳助燃气与燃气流量比。

六、思考题

（1）选择灯电流的意义是什么？

（2）正确选择助燃气与燃气的流量比，会给本实验结果带来什么影响？

（3）原子吸收法中的干扰类型分几种？它们分别属于什么干扰？

实验 79　未知溶液中铬、锰离子含量分析

一、实验目的

（1）掌握分光光度法定量分析多组分体系的基本原理。

（2）掌握 SP-723 型分光光度计、UV759CRT 型紫外-可见分光光度计的构造和原理。

（3）学习 SP-723 型分光光度计、UV759CRT 型紫外-可见分光光度计的使用方法。

二、实验原理

多组分体系的定量分析是以各吸光组分的吸光度加和为基础的。本实验测定的是重铬酸钾、高锰酸钾的两组分体系，其吸收光谱见图 4.7。

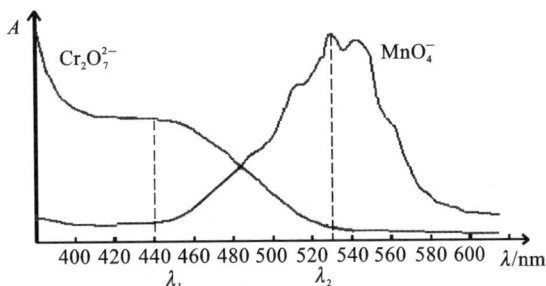

图 4.7　重铬酸钾、高锰酸钾的吸收光谱

对于重铬酸钾、高锰酸钾两组分体系，有以下二元一次方程组：

$$
\begin{cases}
A_{\lambda_1} = \varepsilon_{\lambda_1}^{Cr_2O_7^{2-}} bc_{Cr_2O_7^{2-}} + \varepsilon_{\lambda_1}^{MnO_4^-} bc_{MnO_4^-} \\
A_{\lambda_2} = \varepsilon_{\lambda_2}^{Cr_2O_7^{2-}} bc_{Cr_2O_7^{2-}} + \varepsilon_{\lambda_2}^{MnO_4^-} bc_{MnO_4^-}
\end{cases}
$$

通过实验测得 A_{λ_1}、A_{λ_2}，并由标准溶液求出 $\varepsilon_{\lambda_1}^{Cr_2O_7^{2-}}$、$\varepsilon_{\lambda_2}^{Cr_2O_7^{2-}}$、$\varepsilon_{\lambda_1}^{MnO_4^-}$、$\varepsilon_{\lambda_2}^{MnO_4^-}$，然后解二元一次方程组可求得 $c_{Cr_2O_7^{2-}}$、$c_{MnO_4^-}$。

三、仪器与试剂

（1）仪器：SP-723 型分光光度计、UV759CRT 型紫外-可见分光光度计、比色皿（石英、玻璃）、移液管、容量瓶、烧杯等。

（2）试剂：重铬酸钾（分析纯）、高锰酸钾（分析纯）、重铬酸钾/高锰酸钾未知混合样品等。

四、实验步骤

1. 标准溶液的配制

分别配制重铬酸钾、高锰酸钾标准溶液，标准溶液吸光度应在适宜范围内。

2. 吸收曲线的绘制

用空白溶液作参比溶液，用 1 cm 比色皿，分别测定重铬酸钾标准溶液、高锰酸钾标准溶液的吸光度，绘制吸收曲线，寻找最大吸收波长 λ_1、λ_2。

3. 摩尔吸光系数的计算

根据步骤 2，计算摩尔吸光系数 $\varepsilon_{\lambda_1}^{Cr_2O_7^{2-}}$、$\varepsilon_{\lambda_2}^{Cr_2O_7^{2-}}$、$\varepsilon_{\lambda_1}^{MnO_4^-}$、$\varepsilon_{\lambda_2}^{MnO_4^-}$。

4. 未知溶液中铬、锰离子含量的测定

用空白溶液作参比溶液，用 1 cm 比色皿，测定未知溶液在 λ_1、λ_2 处的吸光度 A_{λ_1}、A_{λ_2}，并求出 $\varepsilon_{\lambda_1}^{Cr_2O_7^{2-}}$、$\varepsilon_{\lambda_2}^{Cr_2O_7^{2-}}$、$\varepsilon_{\lambda_1}^{MnO_4^-}$、$\varepsilon_{\lambda_2}^{MnO_4^-}$，解二元一次方程组可求得 $c_{Cr_2O_7^{2-}}$、$c_{MnO_4^-}$。

5. SP-723 型分光光度计的使用方法

（1）通电预热 20 min，使仪器稳定（图 4.8）。

（2）按"方式键"（MODE）将测试方式设置为吸光度。

（3）设置波长：旋转"波长手轮"旋钮设置分析波长。

（4）样品的测定：打开样品室盖，将参比溶液和样品溶液分别加入相同材质的比色皿中，参比溶液放入第一格参比槽、样品溶液放入相应的样品槽中，光路对准参比溶液，盖上样品室盖，调整 $100\%T$，拉样品槽拉杆到第二格对准闭光路（或打开样品室盖），校正 $0\%T$。拉样品槽拉杆到第二格，仪器显示样品的吸光度，记录数据。

（5）清洗：用蒸馏水清洗比色皿，风干，放回比色皿盒中。

（6）关机：测试完毕，关闭仪器。

图 4.8　SP-723 型分光光度计

6. UV759CRT 型紫外-可见分光光度计的使用方法

（1）启动计算机主机和紫外-可见分光光度计（图 4.9），预热 20 min，运行 UV Professional 软件。

图 4.9　UV759CRT 型紫外-可见分光光度计

（2）用干净的刻度移液管移取 3 mL 空白溶液，置于 1 号石英比色皿中，用擦镜纸轻拭去比色皿表面的残液，置入样品室的样品槽中，拉动拉杆，将空白溶液置于光路中。

（3）单击"文件""新建波长扫描"，建立一个波长扫描测试。

（4）选择主菜单"操作""设置"，打开波长扫描参数设定窗口。

（5）设定"显示模式""扫描波长范围""坐标上限""坐标下限"和"扫描间隔"等参数。

（6）单击"确定"完成并退出设置。

（7）单击"操作""建立系统基线"，打开系统基线对话框，单击"开始"按钮开始校正系统基线。校正系统基线需要几分钟，单击"保存"按钮可以保存当前的系统基线，下次测试时，可直接单击"打开"按钮，选择相应空白溶液的系统基线。建议每过一段时间（如一个月）进行一次系统基线校正，以保证测试精度。

（8）选择主菜单"操作""零位/满刻度"，仪器将会校正波长测定范围。这一校正将根据波长范围的不同需要几十秒到几分钟。

（9）用干净的刻度移液管移取 3 mL 待测样品，置于 2 号石英比色皿中，用擦镜纸轻拭去比色皿表面的残液，置入样品槽中，拉动拉杆，将其置于光路中。

（10）选择主菜单"操作""开始测试"，得到待测样品的紫外-可见吸收光谱，保存数据。

五、实验数据处理

实验记录填入表 4.18。

表 4.18　实验记录

	项目	重铬酸钾标准溶液	高锰酸钾标准溶液	未知混合溶液
λ_1	吸光度			
	摩尔吸光系数			
λ_1	吸光度			
	摩尔吸光系数			

解二元一次方程组

$$\begin{cases} A_{\lambda_1} = \varepsilon_{\lambda_1}^{Cr_2O_7^{2-}} bc_{Cr_2O_7^{2-}} + \varepsilon_{\lambda_1}^{MnO_4^-} bc_{MnO_4^-} \\ A_{\lambda_2} = \varepsilon_{\lambda_2}^{Cr_2O_7^{2-}} bc_{Cr_2O_7^{2-}} + \varepsilon_{\lambda_2}^{MnO_4^-} bc_{MnO_4^-} \end{cases}$$

求出 $c_{Cr_2O_7^{2-}}$、$c_{MnO_4^-}$。

六、注意事项

（1）在使用紫外-可见分光光度计时，通电后预热 15～20 min，使电子元件和光学元件稳定后方能使用。

（2）对于样品在相关波长下的吸光度，应反复测定 2～3 次，取平均值。

（3）比色皿内溶液不宜装得太满，以防溢出，在用比色皿时，要注意防止透光面被污染，即使是手指印，对紫外线亦有很强的吸收，使结果误差很大。

七、思考题

（1）利用紫外-可见分光光度法进行定量分析时，为什么尽可能选择待测组分的最大吸收波长作为测量波长？

（2）如果最大吸收波长处存在其他吸光物质的干扰，该如何处理？

实验80　离子选择电极法测定工业废水中硝酸根的含量

一、实验目的

（1）掌握离子选择电极的测定原理。

（2）学会应用离子选择电极测定离子浓度的两种方法——标准曲线法及标准加入法。

（3）学习 PXD-2 型通用离子计的使用方法及相关实验操作技术。

二、实验原理

以硝酸根离子选择电极为测量电极，饱和甘汞电极为参比电极，在 PXD-2 型通用离子计上测定试液的电动势，根据能斯特方程，使用标准曲线法确定待测液中硝酸根的含量。

三、仪器与试剂

（1）仪器：PXD-2 型通用离子计、硝酸根离子选择电极、甘汞电极、滴管、容量瓶、烧杯、移液管、滴定管、玻璃棒等。

（2）试剂：0.1 mol/L 硝酸钾标准溶液、0.001 mol/L 硝酸钾标准溶液、1 mol/L 磷酸二氢钠溶液、污水样品等。

四、实验步骤

1. 仪器的调试

（1）将功能选择键拨至"mV"挡，此时仪器处于待测状态下，"定位""斜率""温度补偿"均无作用。

（2）通电预热仪器。

（3）调整"调零"电位器，使仪器显示为"0.00"。

（4）将测量电极插头插入电极座并使其自动锁紧，参比电极接入"参比"，旋紧螺母，并把电极头浸入待测液中。

（5）开动搅拌器，搅拌 2 min 后，停止搅拌，待仪器稳定数分钟后，读取仪器显示值，即为所测值。

2. 标准曲线法测定硝酸根含量

（1）配制系列标准溶液：取 50 mL 容量瓶 4 个，分别编号 1 号、2 号、3 号、4 号，其中 1 号、2 号容量瓶分别加入 0.001 mol/L 硝酸钾标准溶液 0.50 mL、5.00 mL，3 号、4 号容量瓶分别加入 0.1 mol/L 硝酸钾标准溶液 0.50 mL、5.00 mL，再向每个容量瓶中各加入 1 mol/L 磷酸二氢钠溶液 5 mL（用滴定管加），然后用去离子水稀释至刻度，摇匀，即得浓度分别为 10^{-5} mol/L、10^{-4} mol/L、10^{-3} mol/L、10^{-2} mol/L 的硝酸钾溶液，其中缓冲液磷酸二氢钠的浓度均为 0.1 mol/L。

（2）污水样品的处理：取合适体积的污水样品（根据污水样品的浓度，对样品进行适当稀释）于 50 mL 容量瓶中，编号为 5 号，加入 5 mL 磷酸二氢钠溶液，用去离子水稀释至刻度，摇匀。

（3）测定：指示电极用硝酸根离子选择电极，参考电极用饱和甘汞电极，先用系列标准溶液,测出电动势,绘制 E-lg[NO_3^-]曲线;再测出污水样品的电动势,由工作曲线求出污水中 NO_3^- 的浓度。

五、思考题

(1) 本实验使用的 1 mol/L 磷酸二氢钠溶液起什么作用? 为什么标准加入法中不加入磷酸二氢钠溶液,而标准曲线法中需加入?

(2) 饱和甘汞电极的内参比溶液是什么?

实验 81　库仑法测定水中的铬(Ⅵ)离子

一、实验目的

(1) 加深对库仑法原理的理解。

(2) 掌握 KLT-1 型通用库仑仪的基本工作原理。

(3) 掌握库仑法指示终点的方法。

(4) 学会应用法拉第定律计算未知物的浓度。

二、实验原理

根据恒电流库仑法的原理,利用电解产生的 Fe^{2+} 测定 Cr^{6+}。当到达滴定终点时,Cr^{6+} 反应完全,有微量的 Fe^{2+} 过剩,此时溶液中存在电对 Fe^{3+}/Fe^{2+},回路中就有电流通过。在 KLT-1 型通用库仑仪上,选择适当的指示终点的方式,读取滴定终点时所消耗的电量,再根据法拉第定律计算未知物的含量。

三、仪器与试剂

(1) 仪器:KLT-1 型通用库仑仪(带有铂金电解池)、磁力搅拌器等。

(2) 试剂:浓 H_2SO_4、0.5 mol/L $Fe_2(SO_4)_3$ 溶液(按体积比 9∶3∶1 来配制电解液)等。

四、实验步骤

1. KLT-1 型通用库仑仪的调试

(1) 检查仪器的初始状态。所有键全部释放,电源关闭,电流调至最大,量程开关选择 10 mA,电位补偿为零。

(2) 开启电源开关,仪器预热 10 min。

(3) 终点方式选择:按下"启动"键,再按下"电解"键、将"工作/停止"键置于工作位置,此时数码管从零开始计数,说明电解电路正常。

(4) 快速顺时针旋动"电位补偿"器,使电表指针指向零以下,此时指示灯亮,计数停止,说明终点控制回路正常。

（5）释放"启动"键,"工作/停止"键置于停止位置。

2．仪器与电解池的连接

连接电解电极和指示电极。本实验中的电极,一个是电解电极对,为大双铂电极（与黑线相连）和用砂芯与电解液隔离的铂丝电极（内充 3 mol 硫酸,与红线相连）;另一个是指示电极对,为小双铂电极中的一个（与红夹相连）和钨棒参比电极（内充饱和硫酸钾溶液,与黑夹相连）。

3．测量

在电解池中装入适量的电解液,加入一定量的未知溶液（注意,加入的未知溶液应全部进入电解液中）,开动搅拌器。将电位补偿器置于"3"左右,按下启动键,再调节电位补偿器,使表头指针置于"40"左右;待表头指针稍稳定,将"工作～停止"键置于工作位置,电解开始,指示灯灭,数码管开始计数。当电解达到终点时,表头指针向左突变,指示灯亮,电解结束,数码管所显示读数即为电解所消耗的电量。

4．复原启动键

仪器自动清零。再加入待测溶液,重复上述操作。

5．结束工作

关闭仪器,清理电解池,防止腐蚀电极。

6．结果处理

（1）平行测定至少 6 次,求未知样品中铬的平均含量,并计算实验结果的相对标准偏差,要求实验结果的相对标准偏差小于 5%。

（2）当电解电流为 5 mA 时,重复上述实验,并与电解电流为 10 mA 时的测定结果相比较。

（3）讨论实验误差产生的原因。

五、注意事项

（1）异常情况:电解过程一直持续,没有指示终点。

产生的原因:回路接触不良,电解池中存在太多 Fe^{2+}。

解决措施:检查回路,重点是电解池中的电极头接线是否松动,更换电解液。

（2）异常情况:实验数据重复性差。

产生的原因:取样操作不当,如加入样品时样品沾在电解池壁上,没有全部加入电解液中。

解决措施:加入样品时,要使样品沿电极下端的铂片流进电解池中。

六、思考题

（1）库仑法中指示终点的方法有几种?

（2）电解时电流的选择原则是什么?

（3）电解液中加入 H_2SO_4 和 $Fe_2(SO_4)_3$ 的作用是什么？

（4）为什么工作电极要使用面积较大的铂片而不能使用细铂丝？

（5）本实验过程中搅拌的目的是什么？

实验 82　微库仑法测定石油产品中微量硫的含量

一、实验目的

（1）掌握微库仑法测定石油产品中微量硫的含量的方法。

（2）掌握库仑仪的使用方法和保养。

二、实验原理

样品在裂解管气化段气化并与载气混合进入燃烧段，在此与氧气混合并发生裂解、氧化，硫转化为二氧化硫，由载气携带进入滴定池与电解液中的三碘离子（I_3^-）发生反应：

$$I_3^- + SO_2 + H_2O \longrightarrow SO_3 + 2H^+ + 3I^-$$

滴定池中三碘离子含量降低，测量电极感知到偏压和"参考-测量"电极对之间电势变化，此信号输入微库仑计放大器，经放大后输出电压加到电解电极，电解阳极发生下列反应：

$$3I^- \longrightarrow I_3^- + 2e$$

被消耗的三碘离子得到补充，计量补充三碘离子所需要的电量，根据法拉第定律计算（相当于二氧化硫的）总硫量，按产率公式计算样品的硫含量。

三、仪器与试剂

（1）仪器：WK-1 型微库仑定硫仪（包括裂解炉、微库仑计、数据处理装置、滴定池、裂解管等部件）等。

（2）试剂：碘、乙酸、碘化钾、叠氮化钠、异辛烷（不含硫）或脱硫的重整汽油、噻吩、电解液、普氮、普氧等。

四、实验步骤

（1）用待分析样品冲洗注射器 3～5 次，注入适量样品，并记录积分仪读数及积分范围电阻，硫含量为 0.001%～0.5% 的轻质液体样品可用注射器直接进样，硫含量大于 0.5% 的样品，可用无硫溶剂稀释到大约 0.01% 后再进样。

（2）实验过程中应随时添加电解液，每隔 2～3 h 从参考臂放出几滴电解液，使滴定池操作平衡。

（3）计算：

$$\omega_s = A \times 0.16 \times (100/R) \times V \times D \times f \times 10^6$$

式中：ω_s 为 S 元素的含量；A 为积分仪读数；R 为积分范围电阻，Ω；V 为进样体积，μL；D 为样品密度，$g/\mu L$；f 为标样的转化率；0.16 为硫的电化当量，$ng/\mu C$；100 指积分仪每一读数为 $100~\mu V \cdot s$。

（4）关机：首先断开滴定池与石英燃烧管的连接，然后切断各部件电源和气源，待炉温降至 600 ℃以下时，关闭冷却水。

（5）清洗滴定池：从阴极臂排出废电解液，用新鲜电解液充分洗涤池体和电极，然后加入新鲜电解液，使电极保存在新鲜电解液中。

五、注意事项

（1）温度的影响：燃烧段与气化段温度偏高，则导致样品未进入气化段便全部被带走，转化率相对偏低；温度偏低，样品燃烧不充分，样品中硫未全部气化便被带入滴定池，无法发生反应，转化率相对偏低。

（2）搅拌器转速过慢时，样品无法与滴定池内电解液充分反应，转化率偏低。搅拌器转速过快或上下翻动，则易将滴定池内铂片碰坏。

（3）氮气与氧气的流量控制不均匀，则燃烧不充分或不能将硫全部携带出来，导致转化率偏低。

（4）电解液使用时间过长和电解池被污染，均不能准确测出转化率。

六、思考题

（1）试述微库仑法测定硫含量的原理。

（2）进样前要做好哪些准备工作？

（3）如何选择标样？为什么要测标样中的硫含量？

实验 83　气相渗透法测定石油产品的相对分子质量

一、实验目的

（1）掌握气相渗透法测定石油产品相对分子质量的方法。

（2）掌握石油产品前处理方法。

二、实验原理

在溶剂沸点以下的恒温体系内测定溶液蒸气压下降所导致的温差（ΔT）。ΔT 与溶液蒸气压下降成正比，与溶液中溶质的浓度（单位质量溶剂中溶质的物质的量）成正比，即与溶质的相对分子质量有关。依据测定的 ΔT，可求得溶质的相对分子质量。

三、仪器与试剂

(1) 仪器:气相渗透仪、注射器等。

(2) 试剂:标准物质 Y1026(德国 KNAUER 公司)、二苯基乙二酮($C_{14}H_{10}O_2$)、乙醇、乙酸乙酯等。

四、实验步骤

1. 样品溶液的配制

配制浓度在 0.005～0.02 mol/kg 范围内的 4 个样品溶液,它们之间的浓度比例大致为 6:4:3:2。样品浓度用每千克溶剂中溶质的质量(g/kg)来表示。

2. 零点(G_0)测定

当确定气化室达到指定温度并已达平衡后,用 2 支 1 mL 注射器吸满溶剂,分别插在 2 个滴样孔上,预热片刻,首先将"G"键置于滴样位置,第一次 2 个滴样孔各注入 0.15 mL 溶剂,开动秒表,2 min 后将"G"键置于工作位置,大约 5 min 后,用"电桥零点"旋钮将光标调到标尺上某一位置,记下此稳定点。再将检流计开关置于滴样位置,第二次 2 个滴样孔各注入 0.01～0.02 mL 溶剂,开动秒表,2 min 后将"G"键置于工作位置,过 5 min 左右另记一稳定点,按照第二次滴法重复做 3～4 次,若结果相差不大,则可取其平均值,记为 G_0。

3. 溶液测试

测试溶液的顺序是由低浓度到高浓度。G_0 定好后,把"G"键调到滴样位置,右侧换成一支 1 mL 吸满溶液的针筒,第一次滴 0.15 mL,左侧滴样孔不动,仍是溶剂,滴量为 0.01～0.02 mL,此时开动秒表,2 min 后将"G"键置于工作位置,约 5 min 后记下一稳定点为 G_i',再将"G"键置于滴样位置,第二次左右侧滴样孔都滴 0.01～0.02 mL,2 min 后将"G"键置于工作位置,约 5 min 后记下一稳定点为 G_i,按第二次滴法重复做 3～4 次,取其连续重复的稳定点或平均值,记为 G_i,再换溶液,即可测出不同浓度时检流计的读数。

4. 仪器常数 K 的标定

用已知相对分子质量的标样配制 4 个标准溶液,使其浓度分别约为 0.005 mol/kg、0.01 mol/kg、0.015 mol/kg 和 0.02 mol/kg。重复上述步骤 3,由测得的 $\Delta G_i'$ 计算 K 值,从而得到相对分子质量。

$$K = (\Delta G_i'/G_i') \times M$$

$$M = \frac{K}{\Delta G_i'/G_i'}$$

五、注意事项

(1) 溶剂的批号改变时,应重新作标准曲线,每次的标准曲线要备份。

（2）检测不同浓度的样品时,按照浓度递增的顺序进行检测。

（3）定期用标准物质对仪器进行校准,保证仪器稳定,检测数据准确可靠。

六、思考题

简述测定相对分子质量的意义及气相渗透法的特点和应用范围。

实验 84　化学发光法测定石油产品中微量氮的含量

一、实验目的

（1）掌握化学发光法测定石油产品中微量氮的原理和方法。

（2）学会 REN-1000B 型化学发光定氮仪的使用方法。

（3）测定石油产品中微量氮的含量。

二、实验原理

样品经氧化裂解,其中的氮化物定量地转化为一氧化氮,一氧化氮与臭氧反应,部分一氧化氮转化为激发态的二氧化氮,其返回基态时发射出光子,由光电倍增管接收放大,计算机进行数据处理。在一定条件下,化学发光强度与一氧化氮的生成量成正比,与总氮量成正比,通过测定化学发光强度来测定样品中的总氮量。

$$R-N+O_2 \longrightarrow NO+CO_2+H_2O$$
$$NO+O_3 \longrightarrow NO_2^※ + O_2$$
$$NO_2^※ \longrightarrow NO_2 + h\upsilon$$

三、仪器与试剂

（1）仪器:REN-1000B 型化学发光定氮仪等。

（2）试剂:已知氮含量的标样一组、未知氮含量的石油产品等。

四、实验步骤

1. 开机

（1）气路吹洗:逆时针旋转流量控制阀,将 4 个流量计均调至"15"刻度处,吹洗 10 min 左右。

（2）通电:打开配电箱或配电板的总电源,给仪器通电,将整套仪器电源开关打开,启动计算机,进入 Windows 操作系统。

（3）气体流量选择:进入臭氧发生器的氧气流量调至 60～120 mL/min;裂解氧气流量调至 250～500 mL/min;氩气流量调至 60～150 mL/min。

（4）REN-1000B 程序启动:运行 REN-1000B 程序,进入样品分析状态。

（5）加热炉升温：Ⅰ（气化段）800 ℃，Ⅱ（燃烧段）1000 ℃。

2. 样品分析

（1）标样的配制：以 8-羟基喹啉为溶质，甲苯为溶剂进行配制。

（2）样品分析：先选择合适的标样，作标样曲线，使样品的浓度在标样曲线之内，这样样品的分析数据才准确可靠，如果样品的浓度在标样曲线之外，超过最大标样浓度或低于最小标样浓度的 10%～20% 时，要求重新选择标样，作标样曲线。

（3）用微型进样器吸取待测样品 25 μL，用进样器匀速推入仪器中，点击软件中的启动积分，待样品燃烧完全，等待检测结果。

3. 关机

（1）关闭主机及进样器电源。

（2）待几分钟后，气路中基本无臭氧时关闭氧气、氩气气源。

（3）2 h 后，待炉温降下来后关闭风扇开关。

（4）按操作提示框提示退出 REN-1000B 程序，关闭计算机、显示器、打印机电源。

（5）关闭配电箱或配电板总电源。

五、实验数据处理

将标样在不同进样量下的测量结果填入表 4.19，样品在不同沸点下的氮含量填入表 4.20。

表 4.19　标样在不同进样量下的测量结果

标样浓度/(mg/kg)	进样量/μL	测定结果/(mg/kg)

表 4.20　样品在不同沸点下的氮含量

沸点范围/℃	氮含量/(mg/kg)	氮含量每馏分产率/(%)

六、注意事项

(1) 在打开仪器工作电源之前必须先打开氧气和氩气,打开臭氧开关前要保证臭氧发生器中有氧气流通。完成分析之后要先关闭臭氧发生器电源,再关闭氧气。

(2) 经常检查石英管出口处,发现积碳时要及时处理,以免影响分析。

(3) 进样过程中严格控制进样速度,防止石英管积碳,污染反应室。

七、思考题

(1) 试述本实验的测定原理,写出有关反应方程式。

(2) 石油产品中含氮化物有什么危害?

(3) 本实验方法有何特点?

实验 85　　果蔬中农药残留的分离及检测

一、实验目的

(1) 了解分析果蔬中农药残留的一般方法。

(2) 掌握农药残留分析的前处理方法。

(3) 掌握酶抑制法快速检测的原理与操作。

二、实验原理

农产品生长过程不可避免会使用农药来防治病虫草害,提高产量。频繁使用和过度使用农药会使农产品农药残留超标,直接影响人民群众的身体健康及生命安全,我国对农药的施用进行了严格的管理,对食物中农药残留允许量做了规定,并对农药残留实行严格的检测。

有机磷农药与氨基甲酸酯农药均为神经系统乙酰胆碱酯酶抑制物,因此可以利用农药靶标酶-乙酰胆碱酯酶(AChE)受抑制的程度来检测有机磷农药和氨基甲酸酯农药。该法称作酶抑制法,用该法检测时,果蔬中的水分、糖、蛋白质、脂等物质不会对农药残留的检测造成干扰,不必进行分离除杂,节省了大量预处理时间,能达到快速检测的目的。测定的残留农药含量用"抑制率"来表示。抑制率是农药对酶抑制程度的指标,当酶完全水解乙酰胆碱时,溶液显黄色,其抑制率为 0;当酶不能完全水解乙酰胆碱时,溶液显淡黄色,出现相应抑制率;当酶完全与农药结合时,溶液呈无色透明状,其抑制率为 100%。通过抑制率的大小可估算残留农药的含量。当果蔬样品提取液对酶的抑制率≥50%时,表示果蔬中有高剂量有机磷农药或氨基甲酸酯农药存在,结果为阳性。阴性结果的样品需要重复检验 2 次以上。对阳性结果的样品,可用其他方法进一步确定残留农药的品种和含量。

三、仪器试剂

（1）仪器：紫外-可见分光光度计、分析天平、烧杯、试管、振荡器、恒温箱等。

（2）试剂。

①pH 8.0 缓冲液：分别取 11.9 g 无水磷酸氢二钾与 3.2 g 磷酸二氢钾，用 1000 mL 蒸馏水溶解。

②显色剂：分别取 160 mg 二硫代二硝基苯甲酸（DTNB）和 15.6 mg 碳酸氢钠，用 20 mL 缓冲液溶解，于 4 ℃冰箱中保存。

③底物：取 25.0 mg 硫代乙酰胆碱，加 3.0 mL 蒸馏水溶解，摇匀后置于 4 ℃冰箱中保存备用，保存期不超过 2 周。

④乙酰胆碱酯酶：根据酶的活性，用缓冲液溶解，3 min 的吸光度变化（ΔA_o）应控制在 0.3 以上。摇匀后置于 4 ℃冰箱中保存备用，保存期不超过 4 天。

四、实验步骤

1. 样品的处理

选取苹果、梨、西红柿或白菜等果蔬样品，擦去表面泥土等污物，瓜果取表皮带肉，叶菜取叶片部分，剪切成 1 cm 左右见方碎片。准确取样品 1 g，放入烧杯或提取瓶中，加入 5 mL 提取液（缓冲液），振荡 2 min，将烧杯中或提取瓶中的提取液倒入试管内，略沉淀后用移液管或移液枪吸取上清液 2.5 mL 移入另一试管中，即为样品溶液，待检测用。

2. 对照溶液测试

先于试管中加入 2.5 mL 缓冲液，再加入 0.1 mL 酶液、0.1 mL 显色剂，摇匀后于 37 ℃放置 15 min 以上（每批样品的放置时间应一致）。然后加入 0.1 mL 底物并摇匀，此时检液开始发生显色反应，应立即倒入比色皿中，放入比色池，盖好盖板，用紫外-可见分光光度计在 412 nm 处测定吸光度，记录反应 3 min 的吸光度变化值（ΔA_o）。

3. 样品溶液测试

先于试管中加入 2.5 mL 样品溶液，其他操作与对照溶液测试相同，记录反应 3 min 的吸光度变化值（ΔA_t）。抑制率是农药对酶抑制程度的指标，其计算公式如下：

$$I = [(\Delta A_o - \Delta A_t)/\Delta A_o] \times 100\%$$

式中：I 为抑制率；ΔA_o 为对照溶液反应 3 min 的吸光度变化值；ΔA_t 为样品溶液反应 3 min 的吸光度变化值。

当果蔬样品溶液对酶的抑制率≥50% 时，表示果蔬中有高剂量有机磷农药或氨基甲酸酯农药存在，样品结果为阳性。阴性结果的样品需要重复检验 2 次以上。

五、注意事项

（1）有些蔬菜（如萝卜、芹菜、香菜、蘑菇等）汁液中，含有对酶有影响的植物次生物质，容易产生假阳性结果。处理这类样品时，可采取整株（体）蔬菜浸提。对一些含叶绿素较多的蔬菜，也可采取整株（体）浸提，以减少色素的干扰。水果样品尽量取汁或果肉，应避免部分水果果皮中的精油污染萃取液，大蒜避免取其发芽的部分和根部，马铃薯去皮取中间部分，不取带皮部分。

（2）当温度低于 37 ℃时，酶反应速率减小，加入酶液和显色剂后放置反应的时间应相对延长。注意样品放置时间应与空白对照溶液放置时间一致才有可比性。

（3）当吸光度大到无法读取时，说明测定液有干扰。

（4）待测样品加入底物后，应马上摇匀，放入仪器中，否则影响数据的准确性。

（5）本方法只适用于测定有机磷农药和氨基甲酸酯农药，其灵敏度与所使用的酶、显色反应时间和温度密切相关，经酶法检测出阳性后，需用标准仪器进一步检测，以鉴定残留农药品种及准确残留量。

六、思考题

（1）在果蔬中有机磷农药的残留限量是多少？

（2）生活中如何预防和减少果蔬农药残留的摄入？

（3）简述乙酰胆碱酯酶空白对照溶液 3 min 的吸光度变化值（$\Delta A_{\circ}$）<0.3 的原因。

实验 86　紫外分光光度法测定食品中防腐剂苯甲酸的含量

一、实验目的

（1）通过实验了解食品防腐剂的紫外吸收光谱特征，并对食品中所含的防腐剂进行定性鉴定。

（2）掌握最小二乘法处理光度分析数据的方法。

（3）掌握食品中防腐剂定量测定的方法。

二、实验原理

为了防止食品在贮存、运输过程中发生变质、腐败，常在食品中添加少量防腐剂。防腐剂的使用在食品卫生标准中有严格的规定。苯甲酸和山梨酸及其钠盐、钾盐是食品卫生标准中允许使用的主要防腐剂。苯甲酸具有芳烃结构，在波长 228 nm 和 272 nm 处有 K 吸收带和 B 吸收带；山梨酸具有 α,β-不饱和羰基结构，在波长 250 nm 处有 π-π^* 跃迁的 K 吸收带。因此根据它们的紫外吸收光谱特征可以进行定性鉴别和定量测定。

由于食品中防腐剂用量很少,同时食品中其他成分也可能产生干扰,因此需要预先将防腐剂与其他成分分离,并经提纯浓缩后进行测定。常用的从食品中分离防腐剂的方法有蒸馏法和溶剂萃取法等。本实验采用溶剂萃取法,用乙醚将防腐剂从样品中提取出来,再经碱性水溶液处理及乙醚萃取以达到分离提纯的目的。

采用最小二乘法处理标准溶液的浓度和吸光度,以求得浓度与吸光度之间的回归直线方程,并根据回归直线方程计算样品中防腐剂的含量。

三、仪器与试剂

(1) 仪器:紫外分光光度计、分析天平、分液漏斗、容量瓶、吸量管等。

(2) 试剂:苯甲酸、山梨酸、乙醚、NaCl、1‰ NaHCO₃ 溶液、HCl 溶液(0.05 mol/L、0.1 mol/L、2 mol/L)、饮料、果汁、果酱或酱油等。

四、实验步骤

1. 样品中防腐剂的分离

称取待测样品 2.0 g,用 40 mL 蒸馏水溶解,移入 150 mL 分液漏斗中,加入适量的 NaCl,待溶解后滴加 0.1 mol/L HCl 溶液,使溶液的 pH<4。依次用 30 mL、25 mL 和 20 mL 3 份乙醚萃取样品溶液,合并乙醚溶液并弃去水相。用 2 份 30 mL 0.05 mol/L HCl 洗涤乙醚萃取液,弃去水相。然后用 3 份 20 mL 1‰ NaHCO₃ 溶液萃取乙醚溶液,合并 NaHCO₃ 溶液,用 2 mol/L HCl 溶液酸化 NaHCO₃ 溶液。将该溶液移入 250 mL 分液漏斗中。依次用 25 mL、25 mL、20 mL 乙醚萃取已酸化的 NaHCO₃ 溶液 3 次。合并乙醚溶液并移入 100 mL 容量瓶中,用乙醚定容后吸取 2 mL 于 10 mL 容量瓶中,定容后供紫外分光光度法测定。

2. 防腐剂定性鉴定

取经提纯稀释后的乙醚萃取液,用 1 cm 吸收池,以乙醚为参比,在波长 210～310 nm 范围内检测,根据吸收峰波长及吸收强度确定防腐剂的种类。

3. 制作工作曲线

(1) 配制苯甲酸(或山梨酸)标准溶液:准确称取 0.10 g 苯甲酸,用乙醚溶解,移入 25 mL 容量瓶中定容。吸取该溶液 1 mL,用乙醚稀释至 25 mL,此溶液苯甲酸的浓度为 0.16 mg/ mL,作为贮备液。吸取 5 mL 贮备液于 25 mL 容量瓶中,定容后成为苯甲酸标准溶液(32 pg/ mL)。分别吸取苯甲酸标准溶液 0.5 mL、1.0 mL、1.5 mL、2.0 mL 和 2.5 mL 于 5 个 10 mL 容量瓶中,用乙醚定容。

(2) 用 1 cm 吸收池,以乙醚为参比,分别测定上述 5 个标准溶液的吸收光谱,并测定苯甲酸 K 吸收带最大吸收波长处的吸光度。如果待测样品中含山梨酸,则可用同样方法配制山梨酸标准溶液并测定其吸光度。

4. 食品中防腐剂定量测定

利用步骤 2 中样品的乙醚萃取液的紫外吸收光谱,确定其 K 吸收带的吸光度。

五、实验数据处理

（1）将实验测定的标准溶液的浓度和吸光度数据填入表 4.21。

表 4.21　实验测定数据

i	1	2	3	4	5
浓度 $\rho/(\mu g/\ mL)$					
吸光度 A					

（2）用最小二乘法计算浓度与吸光度回归直线方程 $A=k\rho+b$ 的系数 k 及常数 b，将数据填入表 4.22。根据最小二乘法原理，回归直线方程的系数 k 和常数 b 可用下述公式计算：

$$k=\frac{\sum\limits_{i=1}^{n}\rho_i\sum\limits_{i=1}^{n}A_i-n\sum\limits_{i=1}^{n}A_i\rho_i}{(\sum\limits_{i=1}^{n}\rho_i)^2-n\sum\limits_{i=1}^{n}\rho_i^2}$$

$$b=\frac{\sum\limits_{i=1}^{n}\rho_i\sum\limits_{i=1}^{n}A_i\rho_i-\sum\limits_{i=1}^{n}\rho_i^2\sum\limits_{i=1}^{n}A_i}{(\sum\limits_{i=1}^{n}\rho_i)^2-n\sum\limits_{i=1}^{n}\rho_i^2}$$

表 4.22　计算数值

i	ρ_i	A_i	ρ_i^2	$A_i\rho_i$
1				
2				
3				
4				
5				
$\sum\limits_{i=1}^{5}$				

将表中数据代入计算公式中。求得回归直线方程的 k 和 b。

（3）绘制工作曲线。将各标准溶液的质量浓度 ρ 代入回归直线方程中，求得相应的吸光度 A'。在坐标纸上以 ρ 为横坐标，以 A' 为纵坐标绘出回归直线，同时将实验测定的吸光度 A 也标在图上，进行比较。

（4）计算样品中防腐剂的含量。将实验步骤 4 中测得的样品溶液的吸光度 A 代入回归直线方程中，求得样品的乙醚提取液中苯甲酸的浓度 ρ，并计算样品中防腐剂的含量分数（以苯甲酸钠计）。

六、注意事项

（1）在测定过程中，如果吸收池表面有水珠或不清洁，会使吸光度偏小。在绘制标准曲线的过程中，必须由低浓度到高浓度进行测定。

（2）每次换溶液过程中必须用纯净水清洗，并用待测液进行润洗。

七、思考题

（1）是否可以用苯甲酸的 B 吸收带进行定量分析？此时标准溶液的浓度范围应是多少？

（2）萃取过程经常会出现乳化或不易分层的现象，应采取什么方法加以解决？

（3）如果样品中同时含有苯甲酸和山梨酸两种防腐剂，是否可以不经分离分别测定它们的含量？请设计一个测定样品中苯甲酸含量和山梨酸含量的方法。

实验 87　花生壳中黄酮的提取、含量分析及抗氧化性能的测定

一、实验目的

（1）掌握花生壳中黄酮提取的一般方法。

（2）掌握总黄酮含量的紫外分光光度法测定原理。

（3）掌握邻苯三酚自氧化法测定抗氧化性能的原理与操作。

二、实验原理

农产品综合利用是避免资源浪费和环境污染的有效手段，花生壳只有少部分被用于食用菌栽培、饲料加工和胶黏剂助剂等，大部分被燃烧或废弃，没有得到充分利用。花生壳中除了有粗纤维、糖和蛋白质之外，还含有具有生物活性的黄酮类物质，其中以木犀草素含量最高，木犀草素分子结构如图 4.10 所示。黄酮在临床上具有止咳、消炎、抗

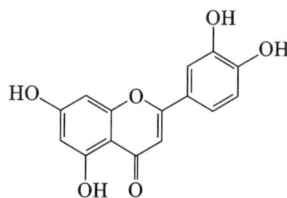

图 4.10　木犀草素分子结构

氧化、降血脂和增强免疫功能等药理作用，在医药、保健品和食品等领域具有广泛的应用前景。花生壳中黄酮的提取能够提高农副产品的经济效益，减少环境污染，对花生资源的综合利用具有重要意义。

黄酮难溶于水，易溶于有机溶剂（如乙醇、乙醚）和稀碱溶液，从天然生物质原料中提取黄酮的方法有溶剂提取法、微波法、超声波提取法、球磨辅助提取法、酶辅助提取法和超临界提取法等。溶剂提取法是利用一定比例的乙醇、甲醇、丙酮或碱溶液

等,在加热和搅拌下,通过一段时间的浸提,从花生壳中提取目标物质。为了提高提取率,需要尽量破坏花生壳细胞壁的结构,加快内部黄酮的充分溶出。采用微波或超声波手段产生高频振动,利用机械手段辅助提取,或利用纤维素酶降解花生壳细胞壁中的纤维素,破坏细胞壁结构,加快提取。球磨辅助提取法也是一种机械手段辅助提取方法,通过高强度研磨促进细胞壁的破裂,促进有效成分的溶解。该方法可在室温下操作,能量消耗少,提取效率高,在天然产物提取方面具有良好的应用前景。

黄酮的分子结构中含有供氢功能的酚羟基,可以与自由基作用,形成比较稳定的酚氧自由基,从而避免生物体遭受过量自由基造成的氧化损伤,具有抗氧化性能。将提取的花生壳中的黄酮与邻苯三酚自氧化产生的超氧自由基作用,从而减缓邻苯三酚的自氧化,超氧自由基减少,紫外吸收峰降低。本实验根据吸收峰的变化情况,通过测定对自由基的清除率来评价花生壳中黄酮的抗氧化性能。

三、仪器试剂

(1) 仪器:行星式球磨机、紫外-可见分光光度计、分析天平、抽滤装置、多功能粉碎机、旋转蒸发仪等。

(2) 试剂:花生壳(经水洗、干燥、粉碎后,过 100 目筛备用)、芦丁标准品、氢氧化钠、无水乙醇、三氯化铝、邻苯三酚、乙酸钠-乙酸缓冲液(pH=5.5),PBS(pH=8.0)。

四、实验步骤

1. 花生壳中黄酮的提取

准确称取 5 g 花生壳,加入玛瑙球磨罐中,加入 120 mL 60%(体积分数)乙醇溶液和一定质量的球磨珠,球磨 1 h。将提取液抽滤,滤液经减压蒸馏、干燥后,得到土黄色粉末约 1.2 g。

2. 花生壳中总黄酮含量的测定

准确称取步骤 1 中提取的花生壳中的黄酮 0.5 g,溶解于 75% 乙醇溶液并定容至 100 mL,作为待测样品备用。

准确称取 20 mg 芦丁标准品,溶解于 75% 乙醇溶液并定容至 100 mL,经稀释得到 4~5 个不同浓度的标准溶液。

准确量取 0.5 mL 标准溶液或样品液于 5 mL 刻度试管中,加入 0.25 mL 0.1 mol/L 三氯化铝溶液和 0.5 mL pH=5.5 的乙酸钠-乙酸缓冲液,用 75% 乙醇溶液定容至 5.0 mL,摇匀,静置 15 min,经 0.45 μm 滤膜过滤后,在 420 nm 处测定吸光度。以芦丁浓度 c 为横坐标,吸光度 A 为纵坐标,绘制标准曲线。用标准曲线和样品吸光度计算待测样品中总黄酮含量。

3. 黄酮的抗氧化性能测定

取 5 mL PBS(pH=8.0)与 0.1 mL 0.4 mg/mL 邻苯三酚溶液于 10 mL 容量瓶

中,用 75%乙醇溶液定容至 10 mL。以 PBS(pH=8.0)为空白对照,于 320 nm 波长处,每隔 5 min 测定一次并记录吸光度数据,直至第 25 min。

取待测样品 0.5 mL 加入 10 mL 容量瓶中,再加入 5 mL PBS(pH=8.0)和 0.1 mL 0.4 mg/mL 邻苯三酚溶液,用 75%乙醇溶液定容至 10 mL。用 PBS(pH=8.0)做空白对照,在 320 nm 波长处,每隔 5 min 测定一次并记录吸光度数据,直至第 25 min。

分别对以上两组测定数据作吸光度-时间(A-t)曲线,线性化后分别得到两条曲线的斜率 k_0 和 k_1,则花生壳中黄酮自由基清除率由下列公式计算:

$$Y=(1-k_1/k_0)\times100\%$$

式中:Y 为自由基清除率;k_0 为邻苯三酚自氧化吸收曲线斜率;k_1 为邻苯三酚加入花生壳中后自氧化曲线斜率。

五、注意事项

(1)利用紫外-可见分光光度法进行分析时,各个标样和样品溶液的配制和反应时间要保持一致。

(2)随着花生壳中黄酮浓度的增加,抗氧化性能也随之增强,实验还可以测量不同浓度下的自由基清除率。

六、思考题

(1)以芦丁溶液为标准溶液分析花生壳中总黄酮含量,有什么优缺点?

(2)邻苯三酚自氧化法测定黄酮的抗氧化性能,可用于哪些样品的测试?

实验 88 原子荧光光谱法测定植物中汞的含量

一、实验目的

(1)了解原子荧光光谱法测定植物中汞含量的原理。

(2)掌握原子荧光分光光度计测量植物中汞含量的方法。

二、实验原理

原子荧光是原子蒸气受具有特征波长的光照射后,其中一些自由原子被激发跃迁到较高能态,然后去活化回到某一较低能态(通常是基态)而发射出特征光谱的现象。不同待测元素具有不同的原子荧光光谱,根据原子荧光强度可测定样品中待测元素的含量。这就是用原子荧光光谱法进行定量分析的基础。

样品经酸加热消解后,在酸性介质中,样品中汞被硼氢化钾(KBH_4)还原成原子态汞,经载气(氩气)带入原子化器中,在特制汞空心阴极灯照射下,基态汞原子被激发至高能态,在去活化回到基态时,发射出特征波长的荧光,其荧光强度与汞含量成正比,与系列标准溶液比较进行定量分析。

三、仪器与试剂

(1) 仪器:各型号双通道原子荧光分光光度计、容量瓶、微波炉、消解罐、氢化物发生器、氩气钢瓶、定量注射器等。

(2) 试剂:硝酸(优级纯),30％过氧化氢溶液(优级纯),硝酸溶液(体积分数为5％),氢氧化钾溶液(0.5％),硼氢化钾溶液(2％)。

①汞标准贮备液(1 mg/mL):准确称取 1.080 g 氧化汞,加入 70 mL 盐酸(1∶1)、24 mL HNO$_3$(1∶1)、0.5 g K$_2$Cr$_2$O$_7$,使其溶解后用去离子水定容到 1000 mL,摇匀。

②汞标准应用液(0.01 mg/mL):将汞标准贮备液用 5％(体积分数)HNO$_3$-0.05％ K$_2$Cr$_2$O$_7$溶液作为定容介质稀释而成。

四、实验步骤

1. 样品的微波消解

称取 0.2 g 样品于消解罐中,加入 5 mL 硝酸、2 mL 30％过氧化氢溶液,盖好后,将消解罐放入微波炉中消解,根据不同种类的样品设置微波炉消解的最佳条件,至消解完全。冷却后用硝酸溶液(5％)定量转移并定容至 25 mL(低含量样品可定容至 10 mL),混合均匀,备用。

2. 系列标准溶液的配制

分别吸取 0.01 mg/mL 汞标准应用液 0 mL、0.50 mL、1.00 mL、2.00 mL、4.00 mL、5.00 mL 于 50 mL 容量瓶中,用硝酸溶液(体积分数为 5％)稀释至刻度,混合均匀。各自相当于汞浓度 0 μg/mL、0.10 μg/mL、0.20 μg/mL、0.40 μg/mL、0.80 μg/mL、1.00 μg/mL。

流动注射用硼氢化钠溶液的配制:称取 2.5 g 氢氧化钾,用纯水溶解,再称取 10.0 g 硼氢化钾,在不断搅拌下溶解至上述氢氧化钾溶液中,并用纯水稀释至 500 mL。

3. 样品的测定

(1) 仪器操作参数:光电倍增管负高压为 270～300 V;汞空心阴极灯电流为 15～40 mA;原子化器温度为 200 ℃,高度为 10.0 mm;载气流量为 400 mL/min,屏蔽气流量为 1000 mL/min;测量方式为标准曲线法;读数延迟时间为 1.0 s,读数时间为 10.0 s。

(2) 标准曲线绘制:用定量注射器每次吸取 2 mL 汞浓度分别为 0 μg/mL、0.10 μg/mL、0.20 μg/mL、0.40 μg/mL、0.80 μg/mL、1.00 μg/mL 的系列标准溶液(如果为流动注射,则将载流及进样管直接放入标准溶液和硼氢化钠溶液中)于氢化物发生器(内有 2％硼氢化钾溶液)中进行荧光强度的测定,以荧光强度为纵坐标,汞的浓度为横坐标,绘制标准曲线。

（3）用定量注射器吸取 2 mL 样品溶液（如果为流动注射,则将载流及进样管直接放入标准试液和硼氢化钠溶液中）于氢化物发生器(内有 2％硼氢化钾溶液)中,进行荧光强度的测定。

（4）设定好仪器最佳条件,由稀到浓测定汞系列标准溶液的荧光强度,最后测量样品的荧光强度,记录荧光强度。

（5）绘制荧光强度-浓度的标准曲线,并由标准曲线计算未知样品中汞的浓度,计算样品中的汞含量。

五、注意事项

（1）汞标准贮备液与汞标准应用液应加 $K_2Cr_2O_7$ 作保护剂。

（2）测定汞含量时,要注意容器的污染。

六、思考题

（1）样品测定时,扣除空白值的目的是什么？

（2）样品转移定容时,若不慎将消解液洒出,会对测量结果产生什么影响？

实验 89 荧光分析法测定阿司匹林中乙酰水杨酸和水杨酸的含量

一、实验目的

（1）进一步熟悉荧光分析法的基本原理和仪器操作。

（2）掌握荧光分析法进行多组分含量分析的原理及方法。

（3）学会自行设计利用荧光分析法进行实验的方案。

二、实验原理

阿司匹林是一种解热镇痛药,其主要成分为乙酰水杨酸（ASA）,乙酰水杨酸是以水杨酸、乙酸酐为原料合成的。乙酰水杨酸水解能生成水杨酸（SA）,所以在阿司匹林中,或多或少存在着水杨酸。由于两者都有苯环,也有一定的荧光效率,因而在以三氯甲烷为溶剂的条件下可用荧光分析法测定两者的含量。从乙酰水杨酸和水杨酸的激发光谱和荧光光谱中可以发现:乙酰水杨酸和水杨酸的激发光波长和发射光波长均不同,利用此性质,可在各自的激发光波长和发射光波长下分别测定其含量。加入少许乙酸可以增加两者的荧光强度。在 1％乙酸-三氯甲烷中,乙酰水杨酸及水杨酸的激发光谱和荧光光谱如图 4.11 所示。

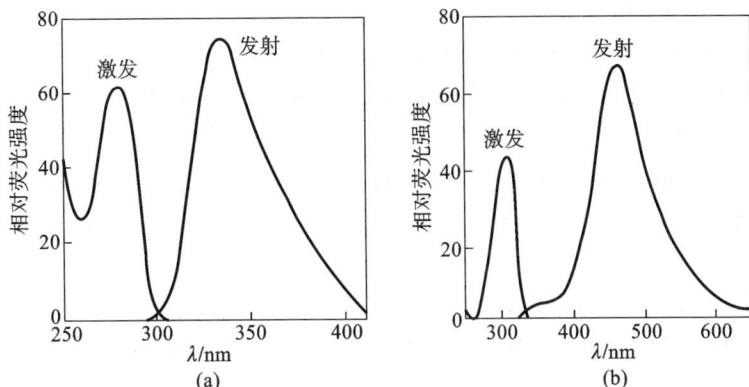

图 4.11　乙酰水杨酸(a)及水杨酸(b)的激发光谱和荧光光谱

三、仪器与试剂

（1）仪器：荧光分光光度计、石英比色皿、容量瓶、吸量管等。

（2）试剂：三氯甲烷（分析纯）、乙酸（分析纯）、阿司匹林药片等。

①乙酰水杨酸标准贮备液：称取 0.0400 g 乙酰水杨酸，溶于 1‰乙酸-三氯甲烷溶液中，用 1‰乙酸-三氯甲烷溶液定容至 100 mL。

②水杨酸标准贮备液：称取 0.0750 g 水杨酸，溶于 1‰乙酸-三氯甲烷溶液中，用 1‰乙酸-三氯甲烷溶液定容至 100 mL。

最后制备的两种标准应用液分别为 4.00 $\mu g/mL$ 乙酰水杨酸溶液和 7.50 $\mu g/mL$ 水杨酸溶液。

四、实验步骤

1. 分别绘制乙酰水杨酸和水杨酸的激发光谱和荧光光谱

将乙酰水杨酸和水杨酸标准贮备液分别稀释 100 倍。利用荧光分析法进行测定，分别绘制乙酰水杨酸和水杨酸的激发光谱和荧光光谱，并分别找到它们的最大激发光波长和最大发射光波长。

2. 绘制标准曲线

（1）乙酰水杨酸的标准曲线：在 5 个 50 mL 容量瓶中，用吸量管分别加入 4.00 $\mu g/mL$ 乙酰水杨酸标准应用液 2 mL、4 mL、6 mL、8 mL、10 mL，用 1‰乙酸-三氯甲烷溶液稀释至刻度，摇匀。分别测量它们在最大激发光波长和最大发射光波长条件下的荧光强度。

（2）水杨酸的标准曲线：在 5 个 50 mL 容量瓶中，用吸量管分别加入 7.50 $\mu g/mL$ 水杨酸标准应用液 0.2 mL、0.4 mL、0.6 mL、0.8 mL、1.0 mL，用 1‰乙酸-三氯甲烷溶液稀释至刻度，摇匀。分别测量它们在最大激发光波长和最大发射光波长条件下的荧光强度。

3. 阿司匹林药片中乙酰水杨酸和水杨酸的测定

将 5 片阿司匹林药片称量后研磨成粉末,称取 0.4000 g,用 1％乙酸-三氯甲烷溶液溶解,全部转移至 100 mL 容量瓶中,用 1％乙酸-三氯甲烷溶液稀释至刻度。迅速通过定量滤纸过滤,用该滤液在与标准溶液同样的条件下测量水杨酸的荧光强度。

将上述滤液稀释至 20 倍,在与标准溶液同样的条件下测量乙酰水杨酸的荧光强度。

从标准曲线上确定样品溶液中水杨酸和乙酰水杨酸的浓度。计算每片阿司匹林药片中它们的含量,并将乙酰水杨酸测定值与说明书上的数值进行比较。

五、注意事项

(1) 比色皿在使用之前应清洗干净。清洗方法如下:先将比色皿置于铬酸洗液中浸泡 30 min 左右,再用蒸馏水洗净,晾干留用。

(2) 比色皿用完后,应先用无水乙醇清洗,再用蒸馏水洗净,晾干后置于比色皿盒中。

(3) 阿司匹林药片溶解后 1 h 内要完成测定,否则乙酰水杨酸的含量会受到影响。

(4) 定期清理仪器以保持仪器内部洁净。

六、思考题

(1) 在荧光测定中,为什么激发光的入射与荧光的接收不在一条直线上,而是呈一定角度?

(2) 根据乙酰水杨酸和水杨酸的激发光谱和荧光光谱,说明本实验可在同一溶液中分别测定两种组分的原因。

实验 90　电感耦合等离子体-原子发射光谱法测定水样中 Cu^{2+} 和 Fe^{3+} 的含量

一、实验目的

(1) 掌握电感耦合等离子体-原子发射光谱法的工作原理和操作技术。

(2) 了解电感耦合等离子体-原子发射光谱法的基本应用。

二、实验原理

通过测量物质的激发态原子发射光谱线的波长和强度进行定性分析和定量分析的方法称为原子发射光谱法。根据发射光谱所在的光谱区域和激发方法不同,原子发射光谱法又分为多种类型。电感耦合等离子体-原子发射光谱法(ICP-AES)是利用等离子体作为激发源,使样品原子化并激发气态原子或离子的外层电子,从而发射特征电磁辐射,利用光谱技术记录后进行分析的方法。ICP 光源具有环形通道、高温、惰性气氛等特点。因此,ICP-AES 具有检出限低 ($10^{-1} \sim 10^{-9}$ g/L)、稳定性好、精密度高($0.5\% \sim 2\%$)、线性范围宽、自吸效应和基体效应小等优点,适用范围较广。

原子发射光谱仪工作流程如图 4.12 所示。

图 4.12　原子发射光谱仪工作流程

载气携带由雾化器生成的试样气溶胶从进样管进入等离子体火炬中央,从而被激发,发射光信号先后经过单色器分光,光电倍增管或其他固体检测器将信号转变为电流进行测定。此电流与分析物的浓度之间具有一定的线性关系,使用标准溶液制作工作曲线可以对某未知样品进行定量分析。

三、仪器与试剂

(1) 仪器:ICP-AES 仪等。

(2) 试剂:Cu^{2+} 标准溶液、Fe^{3+} 标准溶液、硝酸溶液等。

四、实验步骤

(1) ICP-AES 测定条件。工作气体:氩气;冷却气流量:14 L/min;载气流量:1.0 L/min;辅助气流量:0.5 L/min;雾化器压强:207.3 kPa。分析波长:Cu^{2+} 为 324.754 nm;Fe^{3+} 为 234.350 nm。

(2) 标准溶液的配制:分别取 1 mg/mL Cu^{2+} 标准溶液、Fe^{3+} 标准溶液配制成浓度为 0.010 pg/mL、0.030 pg/mL、0.100 pg/mL、0.300 pg/mL、1.00 pg/mL、3.00 pg/mL、10.00 pg/mL、30.00 pg/mL、100.00 pg/ mL 的系列混合标准溶液。空白溶液:5%硝酸溶液。

(3) 在教师的指导下,按照 ICP-AES 仪的操作要求开启仪器。

(4) 分别测定标准溶液和样品溶液的发射信号强度。

(5) 精密度:选择一定浓度的 Cu^{2+}、Fe^{3+} 混合标准溶液,重复测定 10 次,计算精密度。

(6) 检出限:重复测定 10 次空白溶液,计算 Cu^{2+}、Fe^{3+} 的检出限。

五、实验数据处理

(1) 标准工作曲线和样品分析:应用 ICP 软件,制作 Cu^{2+}、Fe^{3+} 标准工作曲线,并计算样品溶液和空白溶液中 Cu^{2+}、Fe^{3+} 的浓度。扣除空白值,计算原样品中 Cu^{2+}、Fe^{3+} 的含量。

（2）线性范围：根据标准工作曲线，进行线性拟合。线性范围上限为线性拟合曲线计算值 10% 的浓度，线性范围下限可视为相当于 5 倍检出限的浓度。

（3）精密度：根据重复 10 次测定一低浓度 Cu^{2+}、Fe^{3+} 混合标准溶液的数据，计算 RSD。

（4）检出限：检出限通常与可区别背景信号（噪声）的最小信号相关。

$$检出限 = 3 \times S_b / S$$

式中：S 为工作曲线的斜率；S_b 为空白溶液重复 10 次的测定结果。

六、注意事项

在 ICP-AES 分析中，常存在与基体相关的背景信号，应用空白溶液进行校正并将其设为零点。

七、思考题

（1）分析实验误差的来源。

（2）讨论如何减小实验误差，提高实验结果的准确度。

第 5 章　综合与设计型实验

实验 91　分光光度法鉴定苯酚、苯甲酸及苯胺

一、实验目的

(1) 掌握分光光度法进行定性分析的基本原理。

(2) 学习紫外-可见分光光度计的使用方法。

二、实验原理

物质结构不同,其紫外-可见吸收光谱也不同,这是物质进行定性分析的依据。要鉴定苯酚、苯甲酸及苯胺 3 种物质,首先应从文献上查得这 3 种物质的 λ_{max} 及 ε_{max},并算出吸光系数的比值。利用紫外-可见分光光度计,分别绘制 3 种物质水溶液(试液)的吸收光谱,找出 λ_{max},并算出 λ_{max} 对应的吸光系数比值,与表 5.1 所列数值进行对照,比较 λ_{max} 及吸光系数的比值是否一致,即可判断是何种物质。

表 5.1　苯酚、苯甲酸及苯胺 3 种物质在水溶液中的 λ_{max} 及 ε_{max}

物质	λ_{max}/nm	$\varepsilon_{max}/(L/mol \cdot cm)$	吸光系数的比值	溶剂
苯酚	210	6200	4.3	水
	270	1450		
苯甲酸	230	10000	12.5	水
	270	800		
苯胺	230	8600	6	水
	280	1430		

三、仪器与试剂

(1) 仪器:UV759CRT 型紫外-可见分光光度计、石英比色皿(4 个)、刻度移液管、容量瓶、洗耳球等。

(2) 试剂:浓度均为 1×10^{-3} mol/L 的苯酚(A)、苯甲酸(B)和苯胺(C)水溶液等。

四、实验步骤

1. 样品准备

取 A、B、C 水溶液各 2.5 mL,分别移入 3 个 50 mL 容量瓶中,用去离子水稀释至刻度,摇匀,备用。

2. 样品测试

(1) 启动计算机和紫外-可见分光光度计,预热 20 min,运行 UV Professional 软件。

(2) 用移液管移取 3 mL 空白溶液,置于 1 号石英比色皿中,用擦镜纸轻拭去比色皿表面的残液,置入样品室的样品槽中,拉动拉杆,将空白溶液置于光路中。

(3) 单击"文件""新建波长扫描",建立一个波长扫描测试。

(4) 选择主菜单"操作""设置",打开波长扫描参数设定窗口。

(5) 设定"显示模式""扫描波长范围""坐标上限""坐标下限"和"扫描间隔"等参数。

(6) 单击"确定"完成并退出设置。

(7) 单击"操作""建立系统基线",打开系统基线对话框,单击"开始"按钮开始校正系统基线。校正系统基线完毕,单击"保存"按钮可以保存当前的系统基线,下次测试时,可直接单击"打开"按钮,选择相应空白溶液的系统基线。建议在间隔较长的时间后就进行一次系统基线校正,以保证测试精度。

(8) 选择主菜单"操作""零位/满刻度",仪器将会校正用户波长测定范围的 $0.000Abs/100.0\%T$。

(9) 用移液管移取 3 mL 溶液 A,置于 2 号石英比色皿中,用擦镜纸轻拭去比色皿表面的残液,置入样品槽中,拉动拉杆,将其置于光路中。

(10) 选择主菜单"操作""开始测试",得到溶液 A 的紫外-可见吸收光谱,保存数据。

(11) 重复步骤(9)、步骤(10),同理得到溶液 B、C 的紫外-可见吸收光谱,保存数据。

(12) 分析 A、B、C 的吸收光谱曲线,从曲线上找出 λ_{max},并求出 ε_{max},鉴定 A、B、C 3 种溶液。

(13) 实验结束,关闭紫外-可见分光光度计、计算机。

(14) 清洗比色皿及玻璃仪器。

(15) 整理台面,打扫卫生。

(16) 整理实验报告。

五、注意事项

(1) 注意拿比色皿的毛玻璃面。

（2）向比色皿内注入少量试液，润洗 3 次，然后注入 3/4 至 4/5 的试液，用擦镜纸擦干外壁所挂水珠。

（3）注意比色皿的光面对着光源。

（4）比色皿使用完毕，立即用蒸馏水或有机溶剂冲洗干净。

六、思考题

能否根据紫外-可见吸收光谱来推断未知化合物的结构？

实验 92　废干电池的综合利用方案探究

一、实验目的

（1）了解废干电池综合利用的途径和方法。

（2）熟悉无机物的制备、提纯、分析等方法。

（3）分析废干电池黑色粉体中二氧化锰、氯化锌、氯化铵、碳粉的含量，分析锌片纯度。

（4）利用黑色粉体制备二氧化锰、氯化铵，用废锌片制备七水硫酸锌。

（5）分析氯化铵、二氧化锰、七水硫酸锌的产率和纯度。

二、实验原理

废干电池的综合利用对于环境保护和资源回收具有重要意义。废干电池中含有有害物质，如果随意丢弃，会对土壤和水源造成污染，对生态环境产生不可逆的破坏。废干电池中的金属元素可以进行回收利用。我国每年报废 50 万吨废锌锰电池，若能全部回收利用，可再生锰 11 万吨、锌 7 万吨、铜 1.4 万吨，是相当可观的资源。干电池中的金属如铁、锌、锰等，经过适当的处理和分离，可以用于制造新的电池或其他金属制品。废干电池的综合利用不仅可以节约大量的自然资源，还可以减少对矿产资源的开采，降低环境负担，故应该积极参与废干电池的回收处理，共同为环境保护和资源回收做出贡献。

锌锰电池主要为一次性电池，各种型号的锌锰电池的主要成分为锌皮、锌粉、氯化锌、碳棒、乙炔黑、氯化铵、铅、镉、汞、沥青、锰氧化物、塑料、铜帽、铁壳和纸等。不论是酸性电池，还是碱性电池，其主要有价值的成分为锌和锰。

废锌锰电池的负极为电池壳体的锌电极，正极是被二氧化锰（为增强导电性，填充有碳粉）包围的石墨电极，电解质是氯化锌及氯化铵的糊状物。在使用过程中，锌皮消耗最多，二氧化锰起氧化作用，糊状氯化铵作为电解质不会消耗，碳粉为填料。为了防止锌皮因快速消耗而渗漏电解质，通常在锌皮中掺入汞，形成汞齐。

实验分析流程如图 5.1 所示。

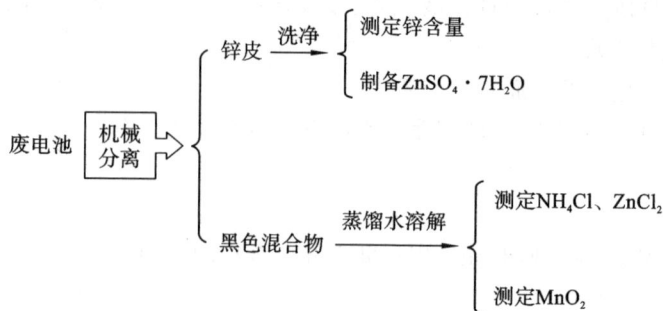

图 5.1   实验分析流程

1. 锌的测定

样品经过酸分解后,用氨水和氯化铵、硫酸铵、过硫酸铵使锌和其他元素分离,在 pH 5.8~6.0 的条件下,用硫代硫酸钠掩蔽铜,用氟化物掩蔽铝,以二甲酚橙为指示剂,用 EDTA 滴定锌。

2. 氯化锌、氯化铵、二氯化锰的测定

在混合体系中加入 Na_2S,沉淀其中的锌和锰以及其他杂质。分离沉淀和溶液后分别进行锰、锌和氯化铵的含量测定。

沉淀用酸溶解,用碳酸钠沉淀锰,分别获得锰、锌待测物。

以二甲酚橙为指示剂,用 EDTA 进行锌的滴定。

以酸性铬蓝 K 为指示剂,用 EDTA 滴定 Mn^{2+}。

NH_4Cl 含量可以由酸碱滴定法测定,NH_4Cl 先与甲醛作用生成六亚甲基四胺和 HCl,后者可以用 NaOH 标准溶液滴定,有关反应方程式如下:

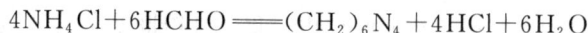

$$4NH_4Cl + 6HCHO \Longrightarrow (CH_2)_6N_4 + 4HCl + 6H_2O$$

氯化铵的溶解度如表 5.2 所示。

表 5.2   氯化铵的溶解度

温度/℃	0	10	20	30	40	60	80	90	100
溶解度/ (g/100 g 水)	29.4	33.2	37.2	31.4	45.8	55.3	65.6	71.2	77.3

氯化铵在 100 ℃时开始挥发,338 ℃时解离,350 ℃时升华。

3. 二氧化锰的测定

应用草酸盐滴定法滴定四价锰。草酸盐滴定法是基于在硫酸介质中,用过量的草酸盐将四价锰还原成二价后,再用高锰酸钾溶液滴定过量的草酸盐,从而计算二氧化锰的含量。

主要反应方程式如下:

$$Na_2C_2O_4 + 2H_2SO_4 + MnO_2 \Longrightarrow MnSO_4 + Na_2SO_4 + 2CO_2 \uparrow + 2H_2O$$

$$5H_2C_2O_4 + 2KMnO_4 + 3H_2SO_4 \xrightarrow{\quad} 2MnSO_4 + K_2SO_4 + 10CO_2 \uparrow + 8H_2O$$

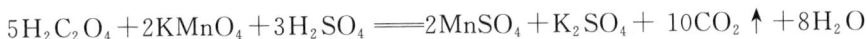

酸度和光照对本方法影响较大。

三、仪器与试剂

（1）试剂：2 个废干电池、蒸馏水、0.5 mol/L Na$_2$S 溶液、甲醛、酚酞、0.100 mol/L NaOH 溶液、浓盐酸、Na$_2$C$_2$O$_4$ 溶液、0.0500 mol/L EDTA 溶液、酸性铬黑 T、二甲酚橙、硫酸溶液、草酸溶液、0.05 mol/L KMnO$_4$ 溶液、2 mol/L 氨水、30% 过氧化氢溶液、三乙醇胺、0.1 mol/L NaF 溶液、硫代硫酸钠、硫酸铵、过硫酸铵等。

（2）仪器：剪刀、布氏漏斗、离心机、离心管、普通试管、分析天平、滴定管、10 mL 移液管、250 mL 锥形瓶、铁架台、容量瓶、玻璃棒、酒精灯、三脚架、泥三角、蒸发皿、坩埚、电磁炉、洗瓶、烧杯、减压过滤装置等。

四、实验步骤

1. 废干电池的成分分析

（1）取 1 节废干电池，用钳子和剪刀剪开锌筒，将锌皮和碳棒分离出来，用毛刷洗干净，电池内黑色粉末用药匙移入小烧杯，其余杂物放入废物箱。锌皮洗净备用。

（2）准确称取 20.00 g 电池内的黑色粉末。用 50 mL 蒸馏水溶解，充分搅拌，待固体全部溶解。减压过滤，用蒸馏水充分洗涤。分别获得滤液、滤渣。

（3）氯化锌、氯化铵、二氯化锰的含量测定：向滤液中加入 Na$_2$S 溶液，直至溶液中不再有沉淀生成。离心分离，得滤液和滤渣。

①氯化铵：将离心分离的溶液置于 250 mL 容量瓶中定容，取 5.00 mL，并加入过量的甲醛（注意将甲醛的 pH 调至 7），充分反应后，以酚酞为指示剂，用 0.100 mol/L NaOH 溶液平行滴定 3 次。

②氯化锌：向离心分离的沉淀中加入浓盐酸使沉淀充分溶解，加入氨水至 pH 约为 10，离心分离沉淀，除去沉淀（留溶液测定锌含量）。将滤液置于 250 mL 容量瓶定容，取 20.00 mL，用 0.0500 mol/L EDTA 溶液测定，以铬黑 T 为指示剂，同时加入三乙醇胺、0.1 mol/L NaF 溶液、硫代硫酸钠作掩蔽剂进行滴定，平行滴定 3 次。

③锌片中锌的含量：称取 1.0900 g 锌片，用足量的硫酸溶解，用 250 mL 容量瓶定容，取溶液 20.00 mL，以二甲酚橙为指示剂（1～2 滴），用六亚甲基四胺调溶液 pH 至 5.5，用 0.0500 mol/L EDTA 溶液滴定至溶液由紫红色变亮黄色，即为终点，平行滴定 3 次。

2. 产品制备

（1）制备 MnO$_2$：取过滤所得的滤渣置于蒸发皿中，先用小火烘干，再在搅拌下用强火灼烧，以除去其中所含碳粉和有机物。到不冒火星时，再灼烧 5～10 min，冷却后即得 MnO$_2$ 粗品。将粗制的 MnO$_2$ 用浓盐酸溶解，过滤，取滤液，向滤液滴加 NaOH 溶液，得到沉淀，过滤，所得滤渣是 Mn(OH)$_2$，将其加强热灼烧，得到精制的 MnO$_2$。

（2）制备氯化铵：取滤液 50 mL 置于 100 mL 烧杯中，加入 Na_2S 溶液，直至溶液中不再有沉淀生成。抽滤，除去沉淀（留下备用），取溶液加热蒸发，浓缩至表面有晶膜为止，冷却、结晶、抽滤、称重。

（3）制备 $ZnSO_4 \cdot 7H_2O$：取 5.56 g 锌皮，用硫酸溶液在微热条件下充分溶解。然后加入 30% 过氧化氢溶液（4～5 滴），再加入 NaOH 溶液，用精密试纸调 pH 至 3，通过过滤除去锌中的其他难溶物，在不断搅拌下滴加 2 mol/L NaOH 溶液，逐渐有大量白色氢氧化锌沉淀生成，调节 pH 至 8，过滤白色沉淀（用去离子水充分洗涤 3 次），再用 2 mol/L 硫酸溶解滤液，置于蒸发皿中蒸发结晶，当液面上出现晶膜时，改小火加热，至有较多的晶膜出现时，自然冷却，即得产品 $ZnSO_4 \cdot 7H_2O$。

3．产品纯度分析

3 种产品可分别按照下述方法分析纯度。

（1）准确称取 0.20 g MnO_2（3 份），并加入 0.500 g 草酸钠，溶解，加入 2.0 mol/L H_2SO_4 20 mL，充分反应（75～80 ℃）后用 0.05 mol/L $KMnO_4$ 溶液滴定剩余草酸。当溶液呈淡红色，且 30 s 内不褪色，即为滴定终点。平行测定 3 次。

（2）准确称取 1.00 g $ZnSO_4 \cdot 7H_2O$（3 份），加水溶解，移入用 250 mL 容量瓶定容，取 25.00 mL，以铬黑 T 为指示剂，同时加入三乙醇胺，用氨-氯化铵缓冲液调 pH 至 10，再用 0.0500 mol/L EDTA 溶液滴定至溶液由紫红色变为蓝色，且 30 s 内不褪色即为终点，平行测定 3 次。

（3）准确称取 0.40 g 氯化铵，加水溶解，移入 250 mL 容量瓶，定容。取 25.00 mL，用氨-氯化铵缓冲液调 pH 至 10，以酚酞为指示剂，用 0.0500 mol/L NaOH 溶液滴定。平行测定 3 次。

五、实验数据处理

将实验数据填入表 5.3 至表 5.10。

表 5.3　EDTA 标定 Zn^{2+}

序号	氧化锌质量 m/g	EDTA 溶液初读数 $V_初$/mL	EDTA 溶液末读数 $V_末$/mL	$V_{消耗}$/mL	$\overline{V}$/mL	c_{EDTA}/(mol/L)
1						
2						
3						

表 5.4　$KMnO_4$ 标定 $C_2O_4^{2-}$

序号	草酸质量 m/g	$KMnO_4$ 溶液初读数 $V_初$/mL	$KMnO_4$ 溶液末读数 $V_末$/mL	$V_{消耗}$/mL	$\overline{V}$/mL	c_{KMnO_4}/(mol/L)
1						

序号	草酸 质量 m/g	KMnO_4 溶液初 读数 $V_初/\text{mL}$	KMnO_4 溶液末 读数 $V_末/\text{mL}$	$V_{消耗}/\text{mL}$	$\overline{V}/\text{mL}$	c_{KMnO_4} $/(\text{mol/L})$
2						
3						

表 5.5　NaOH 标定邻苯二甲酸氢钾

序号	邻苯二甲酸氢 钾质量 m/g	NaOH 溶液初 读数 $V_初/\text{mL}$	NaOH 溶液末 读数 $V_末/\text{mL}$	$V_{消耗}/\text{mL}$	$\overline{V}/\text{mL}$	c_{NaOH} $/(\text{mol/L})$
1						
2						
3						

表 5.6　产品中氯化铵纯度的测定

序号	加入过量 甲醛体积 V/mL	NaOH 溶液初 读数 $V_初/\text{mL}$	NaOH 溶液末 读数 $V_末/\text{mL}$	$V_{消耗}/\text{mL}$	$\overline{V}/\text{mL}$
1					
2					
3					

表 5.7　产品中 $\text{ZnSO}_4 \cdot 7\text{H}_2\text{O}$ 纯度的测定

序号	加入 $\text{ZnSO}_4 \cdot$ $7\text{H}_2\text{O}$ 质量 m/g	EDTA 溶液初 读数 $V_初/\text{mL}$	EDTA 溶液末 读数 $V_末/\text{mL}$	$V_{消耗}/\text{mL}$	$\overline{V}/\text{mL}$
1					
2					
3					

表 5.8　产品中 MnO_2 纯度的测定

序号	MnO_2 的 质量 m/g	草酸 质量 m/g	KMnO_4 溶液初 读数 $V_初/\text{mL}$	KMnO_4 溶液末 读数 $V_末/\text{mL}$	$V_{消耗}/\text{mL}$	$\overline{V}/\text{mL}$
1						
2						
3						

表 5.9　锌片中含锌量的测定

序号	加入锌的质量 m/g	EDTA 溶液初读数 $V_{初}/mL$	EDTA 溶液末读数 $V_{末}/mL$	$V_{消耗}/mL$	$\overline{V}/mL$
1					
2					
3					

表 5.10　实验结果一览表

产品	质量 m/g
$ZnSO_4 \cdot 7H_2O$	
NH_4Cl	
MnO_2	

六、注意事项

（1）实验中的溶液都要进行标定。

（2）参见几种常见的滴定方法（酸碱滴定法、配位滴定法）的注意事项。

（3）需要平行测定多次,取平均值。

七、思考题

实验过程哪些步骤容易产生较大误差?

实验 93　复方阿司匹林的合成、鉴定、含量测定及成分分析

一、复方阿司匹林的合成

1. 实验目的

（1）了解阿司匹林的制备原理和方法,加深对酰基化反应的理解。

（2）学习利用红外光谱法分析有机物结构的方法。

（3）进一步熟悉重结晶等操作方法。

2. 实验原理

阿司匹林(aspirin)学名为乙酰水杨酸,是一种广泛使用的具有解热、镇痛、预防心血管疾病等多种疗效的药物。阿司匹林由于价格低廉、疗效显著,且防治疾病范围广,被广泛使用。

阿司匹林是由水杨酸(邻羟基苯甲酸)和乙酸酐合成的。水杨酸存在于自然界的

柳树皮中,早在 18 世纪人类即已发现并提取了水杨酸,用于止痛、退热和抗炎,但它对肠胃刺激作用较大,因此逐渐被淘汰。由于水杨酸是一个既具酚羟基又具羧基的双官能团有机物,因此它能进行两种酯化反应。

它与乙酸酐作用,可以得到乙酰水杨酸(阿司匹林);它还可与过量的醇(如甲醇)反应生成水杨酸酯。

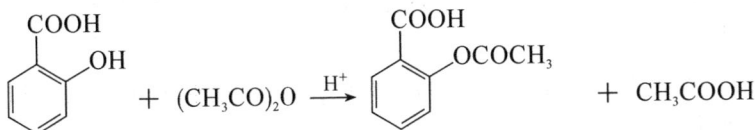

本实验由于水杨酸在酸存在下会发生缩聚反应(副反应),因此有少量聚合物产生,该聚合物不溶于 $NaHCO_3$ 溶液,而阿司匹林可与 $NaHCO_3$ 反应生成可溶性钠盐,可借此将聚合物与阿司匹林分离。

3. 仪器与试剂

(1) 仪器:锥形瓶、布氏漏斗、抽滤装置、水泵、表面皿、红外光谱仪、水浴锅、烧杯等。

(2) 试剂:水杨酸(2 g,0.0145 mol)、乙酸酐(5.4 g,0.053 mol)、饱和碳酸氢钠溶液、浓硫酸、浓盐酸、10% HCl 溶液、乙酸乙酯(或石油醚:乙醚=1:1 的混合溶剂)、溴化钾、10%NaOH 溶液、1%$FeCl_3$ 溶液、溴水溶液、95%乙醇溶液、四氯化碳等。

4. 实验步骤

在干燥的锥形瓶中放入称量好的水杨酸和乙酸酐,滴入 5 滴浓硫酸,轻轻摇荡锥形瓶使其溶解,在 80~90 ℃水浴锅中加热约 15 min,从水浴锅中移出锥形瓶,当内容物温热时,慢慢滴入 3~5 mL 冰水,此时反应放热,反应液甚至沸腾。反应平稳后,再加入 40 mL 水,用冰水冷却,并用玻璃棒不停搅拌,使结晶完全析出。抽滤,用少量冰水洗涤两次。将阿司匹林的粗产物移至另一锥形瓶中,加入 25 mL 饱和 $NaHCO_3$ 溶液,搅拌,直至无 CO_2 气泡产生,抽滤,用少量水洗涤,将洗涤液与滤液合并,弃去滤渣。

先在烧杯中加入约 5 mL 浓盐酸,再加入 10 mL 水,配好 HCl 溶液,再将上述滤液倒入烧杯中,有阿司匹林沉淀析出,冰水冷却使晶体完全析出,抽滤,冷水洗涤,压干滤饼,干燥。

水杨酸既是羧酸又是酚,可利用水杨酸来进行酚的重要性质鉴定实验。阿司匹林由于不具酚羟基,因此就不再具备酚的特性。

(1) 酚的弱酸性实验:取 0.1 g 水杨酸,加入 1 mL 水,振荡,用 pH 试纸测其水溶液的酸性。逐渐加入 10%NaOH 溶液使其全溶。再滴入 10% HCl 溶液,观察现象并解释原因。同样取 0.1 g 乙酰水杨酸做对比实验,观察并解释结果。

（2）三氯化铁实验：在 2 支试管中分别加入 1 mL 1% 水杨酸溶液及 1% 阿司匹林乙醇溶液，分别滴入 2 滴 1% $FeCl_3$ 溶液，摇动，观察现象并解释。有颜色反应为正性反应。

（3）溴水实验：在装有 1 mL 1% 水杨酸溶液的试管中逐滴加入溴的溴化钾饱和溶液，观察现象并解释。溴水褪色为阳性反应。

用氯仿作溶剂，$\lambda_{max} = 277$ nm，查阅文献，参照水杨酸纯度的测定步骤测定乙酰水杨酸的纯度。

用乙酸乙酯或乙醚-石油醚（1∶1）混合溶剂将滤饼重结晶，可得纯阿司匹林。称量产量，计算产率。

纯乙酰水杨酸为白色针状或片状晶体，熔点为 135～136 ℃，但由于它受热易分解，因此熔点难测准。

取纯阿司匹林用压片法或糊状法制固体样品，测定其红外光谱，根据实验得到的谱图对照已知谱图（查阅文献或工具书），鉴定样品是否为阿司匹林。

附：红外光谱测定技术的有关知识

红外光谱在化学实验中常用于鉴别有机物分子中某些官能团和化学键。因为各类官能团（或化学键）在红外光谱上有其特征吸收峰，所以当待测化合物中存在某种特征官能团时，就会在红外光谱上出现与之相应的吸收峰。例如乙酸水杨酸，其分子中存在着苯环、苯环的 C—H 键、羧基、酯基等官能团和化学键，就会在其红外光谱出现与它们相应的吸收峰。

利用红外光谱对化合物进行分析时，还要注意制备样品的方法和技术。制备样品时特别要注意三点：一是样品中绝不应含游离水，因为水的存在不仅会损坏吸收池，还会干扰样品的吸收；二是样品应为纯品，若含杂质，由于光谱重叠，无法分析；三是样品的浓度和测试厚度要适当，如控制吸收峰的透射率，使其处于 20%～60%。

制备固体样品常用压片法和糊状法。所谓压片法，是将 1 mg 左右的固体样品与 0.1 g 左右的 KBr 混合均匀，在玛瑙研钵中研成 2 μm 左右的细粉，装填在压膜上下垫片之间，然后在油压机上压成透明的薄片，将此薄片放在固体样品吸收池中进行测定。由于 KBr 极易吸潮，所以要特别注意从制样到获得光谱全过程的干燥操作。糊状法是指将研细的样品加几滴液体石蜡或氟化煤油等糊剂在玛瑙研钵中研成糊状，涂到可拆的液体吸收池的盐片上，再盖上另一盐片，制成均匀的薄层用于测定。

固体样品也可以将其配制成溶液进行测定，其测定方法与液体样品测定法相同。配制溶液时溶剂的选择很重要，一般对溶剂有如下要求：一是对固体样品有较大的溶解度；二是在红外光区域内透明；三是与固体样品不发生强的溶剂效应；四是与固体样品特征峰不重叠；五是不腐蚀吸收池的盐片。通常用 CS_2、CCl_4、$CHCl_3$ 等作溶剂，视样品而定。样品溶液的浓度为 0.05%～1.0%。

液体(含溶液)样品通常使用可拆吸收池。将样品滴在盐片上再盖上另一盐片,借助拧紧吸收池架上的螺丝来夹紧两盐片,使样品形成一薄膜,因此,液体样品法又称薄膜法。

5. 注意事项

(1) 纯乙酰水杨酸受热易分解,测量熔点时需要快速测量。

(2) 需要平行测定多次,取平均值。

6. 思考题

(1) 合成阿司匹林的原理是什么?

(2) 本实验中加入硫酸的目的是什么?

(3) 在生产中可否用氯仿重结晶精制阿司匹林? 为什么?

(4) 红外光谱分析的原理是什么? 制备样品时应注意哪些事项?

(5) 用 $FeCl_3$ 溶液检验产品纯度的原理是什么?

二、复方阿司匹林的成分分析

1. 实验目的

(1) 学会紫外-可见分光光度计的使用方法。

(2) 掌握用紫外-可见分光光度计测定多组分混合物中各组分含量的方法。

2. 实验原理

利用紫外-可见分光光度计测定样品中某单一组分含量时,其原理一般与比色分析相同,即将待测样品的纯品配成系列标准溶液,事先绘制吸收曲线,找出 λ_{max}。然后在该波长下测试系列不同浓度的标准溶液的吸光度。以吸光度为纵坐标,浓度为横坐标绘出标准曲线。由待测样品溶液的吸光度对照标准曲线,就可以计算出其含量。当测定混合物中多个组分的含量时,如果这些组分的 λ_{max} 互相不重叠,则可按程序逐一在各自不同的 λ_{max} 处分别测定各组分含量。如果这些组分的 λ_{max} 有一定程度的重叠而彼此有干扰,则用解联立方程的方法,设混合物含有 A、B、C 3 个待测组分,事先用 A、B 及 C 3 种纯样品的标准溶液分别求出它们的最大吸收峰,波长为 λ_1、λ_2 和 λ_3。在这 3 种波长下分别求得 A、B 和 C 3 种组分的吸光系数,若测得未知样品溶液在这 3 种波长处的吸光度,则样品中 A、B 和 C 3 种组分的浓度 c_A、c_B 及 c_C 可由下列联立方程求出。

$$\begin{cases} A^M_{\lambda_1} = K^A_{\lambda_1} c_A + K^B_{\lambda_1} c_B + K^C_{\lambda_1} c_C \\ A^M_{\lambda_2} = K^A_{\lambda_2} c_A + K^B_{\lambda_2} c_B + K^C_{\lambda_2} c_C \\ A^M_{\lambda_3} = K^A_{\lambda_3} c_A + K^B_{\lambda_3} c_B + K^C_{\lambda_3} c_C \end{cases}$$

复方阿司匹林含 3 种成分,它们的结构式及最大吸收波长为

阿司匹林（A）:

$$COOH$$

$OCOCH_3$ $\lambda_{max}=277\ nm$

非那西汀（B）:

OC_2H_5

$\lambda_{max}=250\ nm$

$NHCOCH_3$

咖啡因（C）:

$\lambda_{max}=275\ nm$

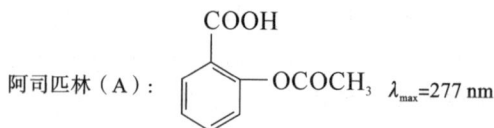

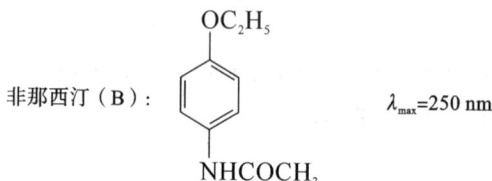

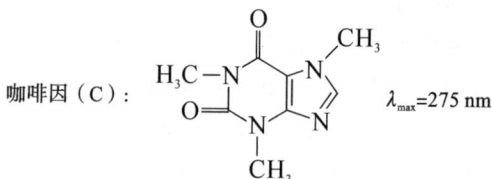

因为阿司匹林和咖啡因的 λ_{max} 重叠，若通过解联立方程求它们的浓度，则误差太大。必须事先进行分离，本实验用氯仿进行萃取分离；而咖啡因与非那西汀的 λ_{max} 相距较远，重叠不严重，不必事先分离，可直接采用上述解联立方程的方法求出它们的含量。

混合样品中的阿司匹林是一种羧酸，能溶于 Na_2CO_3 溶液，而中性的非那西汀及咖啡因则不能，可据此使这 3 种组分得以分离。

3. 仪器与试剂

（1）仪器：紫外-可见分光光度计、石英比色皿(1 cm)、容量瓶、移液管等。

（2）试剂：非那西汀标准溶液(10 mg/L)、咖啡因标准溶液(10 mg/L)、阿司匹林标准溶液(100 mg/L)、氯仿、4% Na_2CO_3 溶液，稀 H_2SO_4(3 mol/L)等。

4. 实验步骤

首先取阿司匹林、非那西汀和咖啡因 3 种成分的纯品，用氯仿作溶剂配成标准溶液。

阿司匹林标准溶液的浓度为 100 mg/L，在 $\lambda_{max}=277$ nm 下测定吸光度 A_1。

非那西汀标准溶液的浓度为 10 mg/L，在 $\lambda_{max}=250$ nm 下测定吸光度 A_2。

咖啡因标准溶液的浓度为 10 mg/L，在 $\lambda_{max}=275$ nm 下测定吸光度 A_3。

将待分离的药片粉碎并溶于氯仿中，用 4% Na_2CO_3 溶液萃取 2 次，用水洗涤 1 次，合并水层。阿司匹林进入水层，非那西汀及咖啡因留在氯仿层。再用氯仿洗涤水层 3 次，进一步提取水层中残留的非那西汀及咖啡因，合并氯仿层，并过滤到 250 mL 容量瓶中，用氯仿稀释至刻度。取 1 mL 该溶液于 100 mL 容量瓶中，用氯仿稀释至刻度。测定此溶液在 250 nm 和 275 nm 处的吸光度。水层用稀硫酸(pH≈2)酸化，用氯仿萃取后，将萃取液转入 100 mL 容量瓶，用氯仿稀释至刻度，在 277 nm 处测定其吸光度。

5．实验数据处理

阿司匹林含量的计算公式如下：

$$c_A = A_x c_1 / A_S$$

式中：A_x 为未知样品的吸光度；A_S 为标样的吸光度；c_1 为标样的浓度。

非那西汀和咖啡因的浓度 c_B 和 c_C 可由下列联立方程求得：

$$\begin{cases} A_{\lambda_2}^M = K_{\lambda_2}^B c_B + K_{\lambda_2}^C c_C \\ A_{\lambda_3}^M = K_{\lambda_3}^B c_B + K_{\lambda_3}^C c_C \end{cases}$$

6．注意事项

（1）在使用紫外-可见分光光度计时，通电后预热 15～20 min，使电子元件和光学元件稳定后方能使用。

（2）样品需进行多次测定，取平均值。

（3）比色皿内溶液不宜装得太满，以防溢出，在用比色皿时，要防止被污染，即使是手指印，对紫外线亦有很强的吸收，使读数误差很大。

7．思考题

对混合物组分含量进行测定时，如果这些组分的 λ_{max} 互相重叠，如何对待测样品进行处理？

实验 94　毛发中氨基酸的制备及分析

一、实验目的

（1）通过用毛发制备混合氨基酸溶液及提取胱氨酸，加深对蛋白质结构、性质及氨基酸有关性质等知识的理解。

（2）学习制备混合氨基酸溶液和提取胱氨酸的有关技术。

（3）巩固回流、加热、脱色、过滤等操作。

二、实验原理

人发、鸡鸭毛、牛羊毛、猪毛等含有天然的角蛋白，属 α-角蛋白，由多种 α-氨基酸组成，用工业盐酸将其水解，即可得到混合氨基酸溶液，其中，胱氨酸的含量最高，约占 18％。

混合氨基酸溶液除了用于提取各种 α-氨基酸外，还可直接用作鸡、鸭、猪、奶牛等的饲料添加剂，对于提高鸡鸭产蛋率与蛋品质量，提高猪肉及牛奶质量和产量都起到极为重要的作用。

胱氨酸在体内会分解为半胱氨酸，二者都参与人体蛋白质的合成及各种代谢过程,有促进毛发生长和防止皮肤老化的作用。胱氨酸可用于治疗膀胱炎、肝炎、秃发、放射性损伤及白细胞减少症,也是一些药物中毒的特效解药,其广泛用于医药工业、食品工业、生化及营养研究领域。

三、仪器与试剂

(1) 仪器:三口烧瓶、冷凝管、布氏漏斗、抽滤瓶、水泵、烧杯、量筒、锥形瓶、电热套、表面皿、旋光仪、熔点测定仪等。

(2) 试剂:毛发(去尘土及杂质)、工业浓盐酸、浓硝酸、5% HCl 溶液、浓氨水、酪氨酸溶液、1% $CuSO_4$ 溶液、活性炭、95% 乙醇溶液、10% NaOH 溶液、洗衣粉、清蛋白溶液、0.1% 茚三酮的乙醇溶液、5% 亚硝基铁氰化钠溶液、坂口试剂(1% α-萘酚的乙醇溶液＋次溴酸溶液＋10% NaOH 溶液)、0.5% 乙酸铅溶液等。

四、实验步骤

1. 混合氨基酸溶液的制备及胱氨酸的提取

(1) 混合氨基酸溶液的制备:用洗衣粉将毛发充分洗涤脱脂,用清水漂净,晾干,剪碎。

将洁净的毛发放入三口烧瓶中,加入工业浓盐酸,装上冷凝管及温度计,在冷凝管上口接 HCl 吸收装置,用电热套加热,控制温度在 105～110 ℃,保持微沸状态,回流 3～4 h。3 h 时可用硫酸铜及氢氧化钠溶液检验,不呈缩二脲反应(不显蓝紫色)即反应完全,可停止加热,否则应继续加热回流 1 h。一般 4 h 水解反应基本完成。

稍冷即趁热(80 ℃)抽滤。弃去滤渣(黑腐质,可作肥料)。滤液用活性炭脱色,抽滤后得淡黄色液体,即混合氨基酸溶液。

(2) 提取胱氨酸:取 2/3 体积的混合氨基酸溶液(其余 1/3 体积留作他用),慢慢加入浓氨水,搅拌,调节 pH 为 4.8～5.0(胱氨酸等电点的 pH 为 5.02),用冰水冷却滤液。将析出的晶体抽滤,得胱氨酸粗品。保存滤液。

将胱氨酸粗品放在烧杯中,加入盐酸约 30 mL,搅拌使其溶解。用活性炭(约 2 g)脱色(加热煮沸 10 min),趁热抽滤。在无色滤液中缓慢加入 5% 氨水中和,调节 pH 为 4.8～5.0,冰水中冷却,静置 20 min 后抽滤,用少量蒸馏水洗涤沉淀,滤饼移入表面皿中,干燥,称重,并用旋光仪测定其比旋光度。

纯胱氨酸为白色晶体,熔点为 258～261 ℃。

2. 蛋白质与氨基酸的重要性质及鉴定实验

(1) 缩二脲反应实验:取 2 支试管,分别加入 1 mL 清蛋白溶液和胱氨酸溶液,向 2 支试管中分别加入 2 mL 10% NaOH 溶液和 3 滴 $CuSO_4$ 溶液,观察现象。具有肽键才可能发生缩二脲反应。

(2) 茚三酮反应:取 3 支试管,分别加入 5 滴清蛋白溶液、胱氨酸溶液和混合氨基酸溶液,再各加入 2 滴茚三酮溶液,摇匀,沸水浴加热 1～2 min,观察并比较产生现象的顺序。蛋白质和一般氨基酸均能发生茚三酮反应。

（3）亚硝基铁氰化钠反应：在试管中加入 0.5 mL 胱氨酸溶液及等量的 10%
NaOH 溶液，再滴入 10 滴亚硝基铁氰化钠溶液，观察现象。胱氨酸与半胱氨酸因均
含巯基，有阳性反应。

（4）坂口（Sakaguchi）反应：在 3 支试管中分别加入清蛋白溶液、混合氨基酸溶
液与胱氨酸溶液，再分别加入 10% NaOH 溶液 5 滴、1% α-萘酚的乙醇溶液 2 滴、次
溴酸钠溶液 1 滴。观察现象。精氨酸及含精氨酸的蛋白质呈阳性反应。

（5）黄蛋白反应：取 3 支试管，各加入 5 滴清蛋白溶液和酪氨酸溶液，滴入 4 滴
浓硝酸，观察现象，再滴入几滴 10% NaOH 溶液，反应液呈碱性时有何现象？含有
芳环的氨基酸及含这些氨基酸的蛋白质呈阳性反应。

（6）乙酸铅反应：向盛有 1 mL 乙酸铅溶液的 3 支试管中分别加入 1% NaOH
溶液，至生成沉淀又溶解为止。分别滴入 3 滴清蛋白溶液、混合氨基酸溶液和胱氨酸
溶液，观察有何现象和气味。含硫的氨基酸与蛋白质呈阳性反应。

五、注意事项

（1）浓硝酸是强氧化剂，具有腐蚀性，使用时应注意安全。

（2）缩二脲反应中，硫酸铜溶液不要过量，以免在碱性溶液中生成氢氧化铜沉
淀，遮蔽所产生的紫色。

六、思考题

（1）了解蛋白质水解制备氨基酸的反应条件。

（2）了解从混合氨基酸溶液中提取胱氨酸的实验（生产）条件。

实验 95　植物精油的提取及化学成分的研究

一、实验目的

（1）通过对植物精油进行深度提取，加深对精油性质等知识的理解。

（2）学习提取精油的有关技术。

二、实验原理

天然产物中精油的应用主要有两个方面：香料香精工业和医药工业。对香料香
精工业来说，目前我国香料香精工业虽然形成了一个初具规模的体系，但仍满足不了
产品的配套需要，配制某些香精产品所需的香料种类不足，有些精油及浸膏还需从法
国、意大利、英国、瑞士、印度等国进口。我国已发现的香料植物达 400 多种，因此具
有很大的研究开发空间。香料是用于调制香精的原料。植物精油（essential oil）是

植物天然香料的一种,是从植物的花、叶、茎、根、果实或根部中提取的易挥发芳香组分的混合物。

(一)植物精油提取技术

1. 榨磨法

该方法主要用于提取柑橘类果实精油,如柠檬油、甜橙油、香柠檬油、红橘油等。基本原理是采用冷磨或机械冷榨的方法将果皮中的芳香油压榨出来,并喷水使油和水混合流出,再用高速离心机将精油分离出来。此过程在常温下进行,以确保芳香油中萜烯类化合物不发生化学反应,从而提高精油质量。传统生产方法采用整果压榨法和果皮海绵吸收法,近年生产方法为整果冷磨法和果皮压榨法。榨磨过程主要包括循环喷淋水、过滤与沉降、离心分离、榨磨后果皮处理等工艺环节。

2. 蒸馏法

(1)水蒸气蒸馏法:使水蒸气连续地流过容器中样品混合物来进行蒸馏的方法。该法避免了精油长时间在高温下发生分解、水解或聚合等反应,使精油的质量和提取率都得到了一定程度的提高。水蒸气蒸馏法生产精油主要有水上蒸馏、水中蒸馏、直接水汽蒸馏 3 种方式。该法设备简单,操作方便,但采用该法处理得到的精油只含有挥发成分,而味觉成分未被提取出来,因此在植物精油的提取中使用较多。但蒸馏技术存在着操作温度较高、时间较长、低沸点组分和水溶性组分缺失较大的缺点。

(2)水扩散法:这一提取技术产生于 20 世纪 90 年代中期,与常规蒸馏相比,其进气方式截然不同,水蒸气是在低压下自上而下地通过植物层,水扩散表示其中的一个过程(即渗透过程,指精油从植物油腺中向外扩散的过程),在重力作用下,水蒸气将精油带入冷凝器,蒸汽由上往下做快速补充。水扩散装置具有易搬运、操作简单、节约蒸汽、劳动强度低、精油产量高且质量好等优点。目前国内外对此技术的研究及应用报道较少,有人曾用公丁香对这项技术与水蒸气蒸馏做了对比实验,对比结果表明,水扩散法不仅具有得油率高、蒸馏时间短、能耗低、设备简单等优点,而且油质也较好。这是因为水扩散强化了蒸馏中的扩散作用,抑制了蒸馏中的不利因素——水解作用和热解作用。

3. 溶剂浸提法

溶剂浸提法是用水、乙醇、石油醚以及其他有机溶剂对芳香原料(包括含精油的植物各部分、树脂树胶及动物的泌香物质等)做选择性的萃取,排除一些不重要的成分,有选择性地提取致香成分。溶剂浸提法的优点是操作简单,且可通过选择不同的萃取剂而有选择性地提取致香成分。如在苹果香成分的萃取中,异戊烷对低级醇的回收率高于其他萃取剂。但从萃取液中有效除去溶剂且尽量降低致香成分的损失是溶剂浸提法面临的重要问题。蒸馏-萃取装置使萃取剂的用量大幅度减少,可较好地解决在去除溶剂的过程中丢失致香成分的问题。与其他提取方法相比,溶剂浸提法不仅生产周期长,而且溶剂用量大,设备较复杂,密封程度要求较高,溶剂损耗也增加了产品的成本,因此溶剂浸提法多用于较贵的品种(如茉莉、藏红花等)中致香成分的提取。

4. 超临界 CO_2 萃取法

超临界流体萃取(SFE)法是一种新型提取分离技术,它利用超临界流体(SCF),如 CO_2、乙烯、丙烷、丙烯、水等,使其在临界点附近某区域内与待分离混合物中的溶质具有异常相平衡行为和传递性,且对溶质的溶解能力随着压力和温度的改变在相当宽的范围内变动,这种流体可以是单一的,也可以是复合的。添加适当的夹带剂可以大大增加其溶解性和选择性。常用的萃取剂为 CO_2,因为其无毒、不易燃、不易爆、价廉,其极性类似于乙烷。超临界 CO_2 萃取法更适合分离脂溶性、高沸点、热敏性成分,现广泛用于挥发性成分的研究。

超临界 CO_2 萃取法与一般传统分离方法相比较,具有其独特的优点。由于 CO_2 的临界温度为 31.4 ℃,临界压力为 7.28 MPa,因此超临界 CO_2 特别适用于天然植物中脂溶性挥发油、浸膏、树脂和热敏性成分的萃取。由于其近常温的操作温度,可保留几乎全部天然香气成分,故产品香气醇正、颜色浅、无溶剂残留,产品质量高。超临界 CO_2 萃取过程简单,故分离过程中损失少,产率高,该法在天然植物有效成分的提取中具有越来越广泛的应用前景。超临界 CO_2 萃取还可以与其他分离技术相结合,有人在提取分离绿茶精油时,将超临界 CO_2 萃取技术与吸附分离技术相结合,收到了提高分离效率的功效。

5. 超声波萃取法

超声波萃取的机制包括机械机制、热学机制及空化机制。超声波萃取的空化机制为萃取液中的微气泡(空化核)在声场作用下振动,当声压达到一定值时,气泡迅速增长,然后突然闭合,在气泡闭合时产生激波,在波面处造成很大压强梯度,因而产生局部高温高压,温度可达 5000 K 以上,压力可达上千个大气压,将植物细胞壁打破,香料得以浸出。此外超声波次级效应(如机械震动、乳化、扩散、击碎、化学效应等)也能加速提取成分的扩散、释放并与溶剂充分混合而利于提取。选择合理的声学参数,使萃取液达到最佳空化状态,才能获得良好的萃取效果。超声波萃取法最大的优点是提取时间短、提取温度较低、产率高。

6. 微波辐射诱导萃取法

微波辐照诱导萃取法的基本原理是促使植物组织的维管束和腺胞系统的细胞破裂,活性物质沿破裂的细胞自由流出,被萃取剂捕获并溶解于其中的一个过程。微波辐射诱导萃取法一般分为常压法、高压法、连续流动法。与传统提取方法相比,新方法的特点是快速、节能、节省溶剂、污染小而且有利于萃取热不稳定的物质,可以避免长时间高温引起物质的分解,特别适合提取热敏性组分。另外,微波辐射诱导萃取的传热与传质方向一致,因而加热均匀,萃取效率高。国外已有很多学者利用微波辐射诱导萃取香料,例如对薄荷、洋葱中的挥发油进行了提取。将剪碎的薄荷叶放入盛有正己烷的玻璃烧杯中,经微波短时间处理后,薄荷油释放到正己烷中,与传统的乙醇浸提相比,微波处理得到的薄荷油几乎不含叶绿素和薄荷酮。20 s 的微波辐射诱导萃取与 2 h 的水蒸气蒸馏、6 h 的索氏提取相当,且提取产物的质量优于传统方法。该方法与常规蒸馏法和萃取法相比,所得产品质量好、颜色浅,而且微波辐射诱导萃取法具有效率高、选择性高、不会破坏天然热敏性物质等优点。

7. 吸收法

吸收法提取天然香料有两种形式,即非挥发性溶剂吸收法和固体吸附剂吸收法。与其他方法相比,吸收法加工过程温度低、芳香成分不易被破坏,产品香气更佳。鲜花或食品中的香气成分宜采用吸收法进行捕集。但其存在操作步骤多、生产周期长、生产效率低等问题。非挥发性溶剂吸收法根据吸收时的温度不同可分为温浸法和冷吸收法两种。温浸法所用非挥发性溶剂为精制的动物油脂、橄榄油、麻油等。冷吸收法所用非挥发性溶剂为精制的猪油和牛油。在用冷吸收法提取的残花中,仍含有一些香气成分,可用挥发性溶剂浸提法制取浸膏。固体吸附剂吸收法利用吸附香气成分的吸附剂提取低沸点的香气成分,其特点在于能富集、提取沸点低的香气成分,且不会破坏香气的组分和性质。但高沸点的组分较少,因此精油产率一般较低。

8. 微胶囊-双水相萃取法

双水相萃取分离技术是近年来溶剂萃取技术与其他技术相结合产生的一种新的分离技术。双水相能有效分离细胞匀浆中的极微小碎片,提取醛、酮、醇等弱极性至无极性香气成分,提取过程不需加热和相变,分相时间短,能耗低,主要用于生物大分子物质、中草药有效成分的分离方面。微胶囊-双水相萃取法可用于提取植物精油,能避免提取过程中的分解、氧化、聚合等反应发生,有效地保护了精油的天然组分,通过调整精油和盐的用量改变分配比,可控制囊化萃取物中精油的各种成分比,以达到最有效的、最佳分配比的囊化萃取。如采用微胶囊-双水相萃取法提取薄荷油、丁香油、柠檬油等,选用环糊精作为包裹材料,由于湿球效应,提高了囊心的耐热稳定性,与环境中的水分、氧气及紫外线等不良环境因子隔离,从而免受其不良影响,能有效地保护目标产物。

9. 酶提取法

酶提取法是根据植物细胞壁的构成,利用酶反应具有高度专一性的特点选择相应的酶,将细胞壁的组分(纤维素、半纤维素和果胶质)水解或降解,破坏细胞壁结构,使细胞内的成分溶解、混悬或胶溶于溶剂中,从而达到提取目的,有利于提高提取率。酶可以在温和条件下分解植物组织,较大幅度地提高产率,酶提取法是一项很有前途的新技术。与普通的水提取法相比,酶提取法具有提取条件温和、产率高等优点,产率可以提高 40% 以上。

(二) 植物精油的分离技术

1. 分子蒸馏法

分子蒸馏法是一种在高真空度下(绝压为 0.133 Pa)进行分离操作的连续蒸馏

方法。由于在分子蒸馏过程中,待分离组分在远低于常压沸点的温度下挥发,以及各组分在受热情况下停留时间很短,能大大降低高沸点物质的分离成本,极好地保护热敏性物质。该法特别适用于高沸点、热敏性物质,尤其是挥发油(如玫瑰油、藿香油)等天然产物的分离。20 世纪 30 年代,国外出现分子蒸馏技术,并于 20 世纪 60 年代应用于工业化。国内于 20 世纪 80 年代中期开始分子蒸馏技术研发,该技术具有工艺调节性能好、易于控制和可连续稳定生产等特点。目前,该技术已广泛应用于石油化工、食品香料等领域,特别适用于天然物质的提取与分离。

2. 结晶法

结晶法是利用低温冷冻的方法使精油中某些化合物呈晶体析出,然后与其他液体成分分离,从而得到较纯的产品。该分离技术污染小,但是需要多次纯化才能达到所需产品要求,生产效率低。

3. 化学分离法

化学分离法是根据精油中各组分的结构或官能团的不同,用化学方法进行处理,使各组分得到分离的方法。

(1)碱性成分的分离:将精油溶于乙醚,加硫酸或盐酸萃取,将分出的酸水层碱化,用乙醚萃取,蒸去乙醚即可得碱性成分。

(2)酚、酸性成分的分离:将精油溶于乙醚,先用 3%～5%碳酸氢钠溶液直接进行萃取,分出碱水层,加稀酸酸化,用乙醚萃取,蒸发除去乙醚可得酸性成分;继续用 2%氢氧化钠溶液萃取,分取碱水层,酸化后,用乙醚萃取,蒸去乙醚可得酚。

(3)醇的分离:将精油与邻苯二甲酸酐或丙二酸单酰氯反应生成相应的酯,形成酸性酯后用碳酸钠溶液萃取,皂化,即得原来的醇。

(4)醛、酮的分离:除去酚、酸成分后的精油母液,水洗至中性,然后加亚硫酸氢钠饱和溶液,振摇,分出水层和加成物晶体;将晶体用酸或碱溶液处理,使加成物水解,再用乙醚萃取,可得醛或酮。

4. 色谱法

硅胶柱色谱或氧化铝柱色谱是分离精油常用的手段,将色谱法与分馏法结合应用效果更好。一般将分馏后得到的馏分溶于石油醚等溶剂中,通过氧化铝柱或硅胶柱,先用石油醚或乙烷将不含氧的萜类化合物洗脱,再在石油醚中逐渐增加乙酸乙酯或其他极性溶剂,分段收集,可以使含氧的萜类化合物逐一分离。对于精油中的挥发性成分,气相色谱仍然是目前最常用的分离方法。用气相色谱填充柱来分离香气成分,柱效不高。毛细管气相色谱法在保证分离效果的前提下,可以使分析时间大幅度缩短,毛细管柱成为香气成分分离的主要柱型。对于精油中的非挥发性成分,其主要分离方法是薄层色谱法和高效液相色谱法。研究表明,采用高效液相色谱法分离精油,可以避免气相色谱进样时可能出现的分子重排和热分解等现象。但由于液体黏度大,扩散系数小,因而分离速度慢。

（三）精油的化学成分分析技术

色谱是分离混合物的有效方法（经常是首选方法），但难以得到结构信息，主要靠与标样对比来推断未知物的结构。质谱法提供了丰富的结构信息，因此色谱-质谱联用技术成为分离和鉴定未知混合物的理想手段。

气相色谱已发展成熟。毛细管柱的应用使能气化的混合物样品得到满意的分离。质谱对气相中的离子进行分析，因此采用气相色谱-质谱联用（GC-MS），主要问题是解决压强上的差异。色谱柱在常压下进行操作，质谱在真空下进行操作，焦点在于色谱柱的出口和质谱仪器的离子源的连接。因毛细管柱的载气流量小，采用高速抽气泵时，二者可直接相连。混合物经毛细管色谱柱分离，各组分依次从毛细管柱端流出，载气被抽走，样品分子即被电离（常用方式为 EI 或 EI 与 CI 间断进行），得到质谱。

计算机控制仪器的运行，每隔一段时间重复扫描，大量的数据存储在硬盘中。计算机系统除控制仪器运行外，它还有两方面的重要功能。

1. 处理数据

（1）对原始质谱数据进行扣除本底的校正。

（2）出总离子流（total ion current，TIC）图。它相当于色谱图，但以总离子流强度代替色谱仪器检测器的输出（横坐标为时间）。

（3）可以按要求得到质谱图，即把具有共同碎片离子的组分画出来。例如，混合物中有若干组分具有苯环的结构单元，可选定 m/z 77 的离子，计算机只给出含苯环的组分的色谱图。这种功能还可延伸，如同时监测两种甚至多种离子，给出它们的强度比。

2. 进行未知物质谱的谱库检索

每个组分的质谱可以和计算机系统储存的谱库中的已知物质谱进行比较，找出最相似的几个谱图（也就是找出最相似的几个化合物）。

因此，精油的化学成分分析一般采用 GC-MS 定性分析各化学成分。采用气相色谱法（GC）定量分析各化学成分的含量。

山矾为山矾科山矾属灌木或小乔木，又名山桂花。生于山谷、溪边灌丛中或山坡林下，分布于江西、浙江、湖北、湖南、四川、福建、广东等地。山矾花在 3 月开放，具有强烈的香气。本实验在山矾花开放最旺盛的季节，采摘鲜山矾花，并立即放置于密闭容器中，加入适当吸附剂吸附其散发的香气成分，再用适当溶剂洗脱，洗脱液用高纯氮吹去溶剂浓缩成精油，用 GC-MS 分离并分析鉴定其成分，用 GC 定量分析各化学成分的含量。

三、仪器与试剂

（1）仪器：美国 Finnigan Voyager GC-MS 联用仪、美国 Agilent 公司 6890N 气

相色谱仪、60H 型硅胶、烧瓶等。

（2）试剂：无水乙醚（分析纯）、无水硫酸钠（分析纯）、鲜山矾花、高纯氮[$w(N_2)$ ＝99.99%]等。

四、实验步骤

1. 鲜山矾花头香成分浓缩液的制备

将新采摘的鲜山矾花 300 g 立即放入 5000 mL 烧瓶中，并向装满鲜花的烧瓶中加入 150 g 经活化的 60H 型硅胶，密闭烧瓶，吸收山矾花散发的头香成分 4.5 h，其间不时振摇，然后用筛子分离硅胶，用镊子挑出花蒂及花瓣。分离的硅胶用 800 mL 无水乙醚分 3 次洗脱，过滤，乙醚溶液用无水硫酸钠干燥，用高纯氮吹去溶剂乙醚，浓缩至基本无乙醚味，对此浓缩液进行 GC-MS 和 GC 分析。

2. 鲜山矾花头香成分浓缩液的 GC-MS 和 GC 分析

GC-MS 分析条件：色谱柱 SE-54（30 m×0.25 mm×0.25 m）；载气为氦气，流量为 1 mL/min；程序升温：柱初温为 50 ℃（2 min），程序升温 12 ℃/min，终温为 200 ℃（3 min）；分流比为 15∶1；倍增器电压为 300 V；接口温度（GC-MS）为 230 ℃；离子源温度为 200 ℃；电离方式为 EI，电离能为 70 eV；谱库检索扫描范围为 19～380 amu。按此分析测试条件，对鲜山矾花头香成分进行 GC-MS 分析，各化合物含量的确定用面积归一化法定量分析。化合物定性分析是根据 GC-MS 的质谱信息经计算机用 Wiley、NST、LIBTX 数据库检索与标准谱图对照、解析，用溶剂乙醚作空白实验，并扣除其带入的杂质效应，最终确定其中的化学成分。

五、注意事项

提取物质时，应先确定该物质的理化性质，而后选择合适的提取方法进行提取。

用高纯氮吹去溶剂乙醚，将乙醚吹净，否则会影响实验数据。

六、思考题

（1）植物精油通常有几种提取方法？

（2）如何提高植物精油的产率？

实验 96　香料"结晶玫瑰"的合成与表征

一、实验目的

（1）了解香料的合成方法及特点。

（2）了解氯仿在强碱存在下与醛的反应，合成"结晶玫瑰"。

（3）熟悉水蒸气蒸馏的操作步骤。

二、实验原理

乙酸三氯甲基苯基甲酯是具有玫瑰香气的晶体香料,故在商业上称为"结晶玫瑰"。"结晶玫瑰"除可直接作为香料外,还是一种良好的定香剂,可用作化妆品和皂用香精,还可用作粉剂化妆品(如香粉、爽身粉)的香料。

在强碱氢氧化钾存在下,氯仿和苯甲醛反应生成三氯甲基苯基甲醇(自由基加成反应),再用磷酸作催化剂,用乙酸酐作酰化剂进行酯化,生成乙酸三氯甲基苯基甲酯,即"结晶玫瑰",反应过程如下:

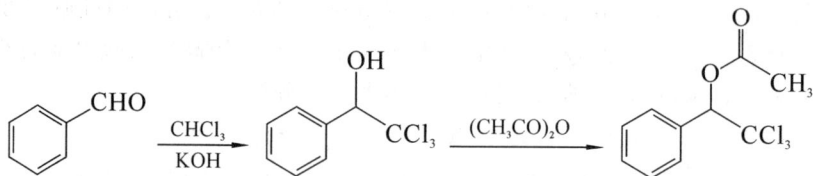

三、仪器与试剂

(1) 仪器:锥形瓶、温度计、抽滤瓶、布氏漏斗、分液漏斗、量筒、水蒸气发生器、T形管、螺旋夹、冷凝管、接液管、磁力搅拌器、三口烧瓶等。

(2) 试剂:苯甲醛、无水硫酸镁、氯仿、乙酸酐、氢氧化钾、磷酸、盐酸、无水乙醇等。

四、实验步骤

1. 三氯甲基苯基甲醇的制备

在装有磁搅拌子、冷凝管和温度计(100 ℃)的 250 mL 三口烧瓶中,加入 20 mL (0.06 mol) 苯甲醛和 25 mL 氯仿,搅拌下将反应液冷却至 10 ℃,然后加入 4 g 氢氧化钾,在 20～30 ℃下搅拌 2 h,然后向三口烧瓶中加入 15 mL 冷水,再搅拌 1 h。将反应混合物放入 100 mL 分液漏斗静置分层,弃去水层,有机层分别用 5 mL 水洗涤 2 次,然后将有机层移入 100 mL 锥形瓶中,加入 5 mL 水,搅拌下加入 10%盐酸调节 pH 至 6～7,分去水层后,将有机层放入三口烧瓶中进行水蒸气蒸馏,以除去苯甲醛和氯仿。余液趁热尽可能分去水层,有机层用无水硫酸镁干燥至澄清。抽滤,滤液即为粗制三氯甲基苯基甲醇。

2. "结晶玫瑰"的制备

在装有磁搅拌子、冷凝管和温度计(250 ℃)的 250 mL 三口烧瓶中,加入上述粗制三氯甲基苯基甲醇 9.0 g 和乙酸酐 5.5 mL,搅拌下加入磷酸 0.5 mL。温度上升,最高可达 120～125 ℃。待温度下降后,静置过夜。抽滤,收集晶体。用无水乙醇重结晶,"结晶玫瑰"熔点为 86～88 ℃,有玫瑰香气。

3. "结晶玫瑰"的红外光谱

用 KBr 压片测定"结晶玫瑰"的红外光谱,与文献上的标准谱图进行比较,并指出特征吸收峰的归属。配制含"结晶玫瑰"的 5% 氘代氯仿溶液,得其核磁共振波谱,并指出各峰的化学位移及其归属。

五、注意事项

(1) 加入氢氧化钾时,将反应温度控制在 10～15 ℃,必须保持有效冷却,否则温度将失去控制而急剧上升。

(2) 在进行酯化前,应注意将三氯甲基苯基甲醇充分干燥,水分的存在会影响酯化反应。

(3) 制备"结晶玫瑰"前,所用仪器要进行干燥。

六、思考题

(1) 为什么三氯甲基苯基甲醇要充分干燥才能进行下一步反应?

(2) 在进行水蒸气蒸馏时,如何判断苯甲醛和氯仿已被除尽?

实验 97　2-苯基吲哚的合成及表征

一、实验目的

(1) 了解吲哚化合物的结构、性质、合成方法和应用。

(2) 熟悉 Fischer 法制备 2-苯基吲哚的原理和方法。

(3) 熟悉回流、控温、重结晶和干燥等基本实验操作方法。

(4) 熟练完成薄层色谱检测反应产物的纯度及化合物的熔点等操作。

二、实验原理

2-苯基吲哚是一种重要的精细化工产品。其合成方法主要有:①Fischer 法,即用苯肼与苯乙酮合成苯乙酮苯腙,然后在酸催化下脱氨而得。②Bischer 法,即用溴化苯乙酮与苯胺高温关环而成;③Reissert 法,即用邻苯氨基苯乙酸与碳酸钠高温反应而得;④Madllung 法,即用苯甲酰-邻甲苯胺与氨基钠共热而得。人们不断改进方法,希望获得原料易得、反应条件温和以及纯度更高的产品。本实验参考李厚金等人的方法,选择 Fischer 法制备 2-苯基吲哚,以苯肼和苯乙酮为原料,乙酸和多聚磷酸为催化剂,合成路线如下:

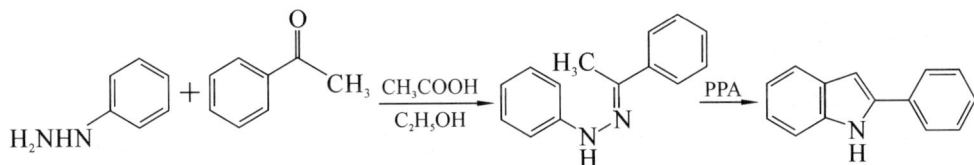

　　Fischer 法是合成吲哚常用的方法,由赫尔曼·埃米尔·费歇尔于 1883 年发明。该反应以醛或酮与等物质的量的苯肼作用得到苯腙,苯腙在酸性催化剂存在下异构化为烯胺,并发生[3,3] σ 重排反应生成二亚胺。亚胺异构化后成环,得到一个缩醛(酮)胺。氨基质子化,放出氨,并失去一个质子生成芳香性的吲哚环,反应机理如下:

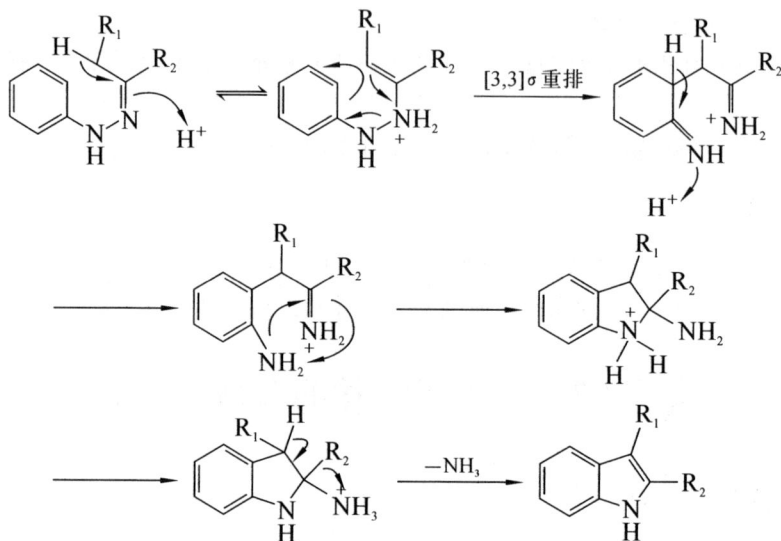

　　所用的原料醛(或酮)必须具有 R—C—CH$_2$—R′结构(R、R′为烷基、芳基或氢原子)。酸性催化剂可以是多聚磷酸(PPA)、三氟化硼、金属卤化物(如 ZnCl$_2$、NiCl$_2$、CuBr$_2$、CuCl$_2$等)、质子酸(HCl、H$_2$SO$_4$)、无水乙酸及其他路易斯酸等。

三、仪器与试剂

　　(1) 仪器:圆底烧瓶、磁力搅拌器、冷凝管、分液漏斗、量筒、布氏漏斗、抽滤瓶、漏斗、烧杯、薄层色谱板、玻璃棒、分析天平、循环水式真空泵、红外光谱仪、核磁共振波谱仪等。

　　(2) 试剂:苯肼、苯乙酮、冰乙酸、多聚磷酸、无水乙醇、95%乙醇、3 mol/L HCl 溶液、pH 试纸、石油醚、乙酸乙酯、二氯甲烷等。

四、实验步骤

1. 苯乙酮苯腙的合成

　　向 100 mL 圆底烧瓶内加入 1.2 g (0.01 mol)苯乙酮、1.08 g (0.01 mol)苯肼、10 mL 无水乙醇、3 滴冰乙酸,将原料混合均匀。安装回流装置,开启磁力搅拌器,回

流反应 30 min。冷却后减压过滤,固体依次用 5 mL 3 mol/L HCl 溶液、3 mL 95%
冷乙醇洗涤,得到白色或淡黄色固体苯乙酮苯腙(熔点为 106 ℃),干燥样品,称重(产
量约 2 g,产率约 95%)。

2. 2-苯基吲哚的合成

向 100 mL 圆底烧杯中加入 2 g 干燥的苯乙酮苯腙、10 g 多聚磷酸。将烧杯置于
沸水浴中加热,用玻璃棒搅拌,控制反应温度为 100～120 ℃,反应 20 min。加入 50
mL 冷水(多聚磷酸水解会放热,需要边加水边搅拌),搅拌 15 min,使多聚磷酸完全
溶解。将所生成的白色固体减压过滤,用冷水洗涤至洗涤液不呈酸性。粗产品用
95%乙醇重结晶(每克粗产品的乙醇用量约为 15 mL),样品水浴加热溶解后稍冷却,
再加入适量活性炭脱色,用事先预热的抽滤瓶和布氏漏斗趁热过滤,残渣用约 8 mL
95%热乙醇洗涤。合并滤液,静置、冷至室温析出固体。减压过滤,固体用少量 95%
冷乙醇洗涤。产物干燥、称重,计算产率(约 80%)。

3. 测定产物熔点

2-苯基吲哚的熔点:188～189 ℃。以体积比为 5:1 的石油醚-乙酸乙酯为展开
剂,R_f 值约为 0.59;以体积比为 1:1 的石油醚-二氯甲烷为展开剂,R_f 值约为
0.60。通过红外光谱仪和核磁共振波谱仪测试和分析产物结构,参考图谱见图
5.2 至图 5.4。计算各步骤产品产率,记录产品熔点,分析红外光谱及核磁共振谱等
数据。

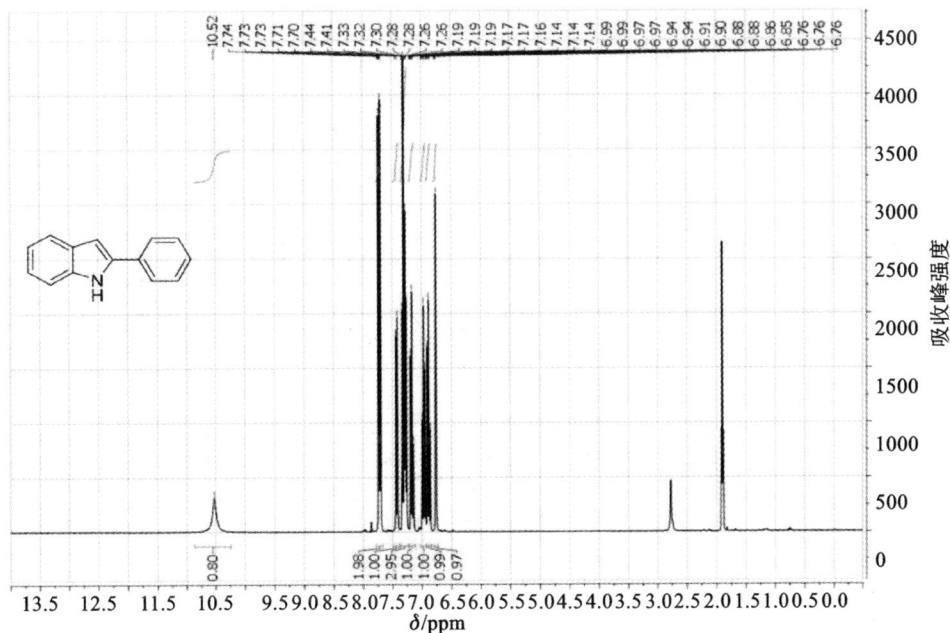

图 5.2　2-苯基吲哚的核磁共振氢谱

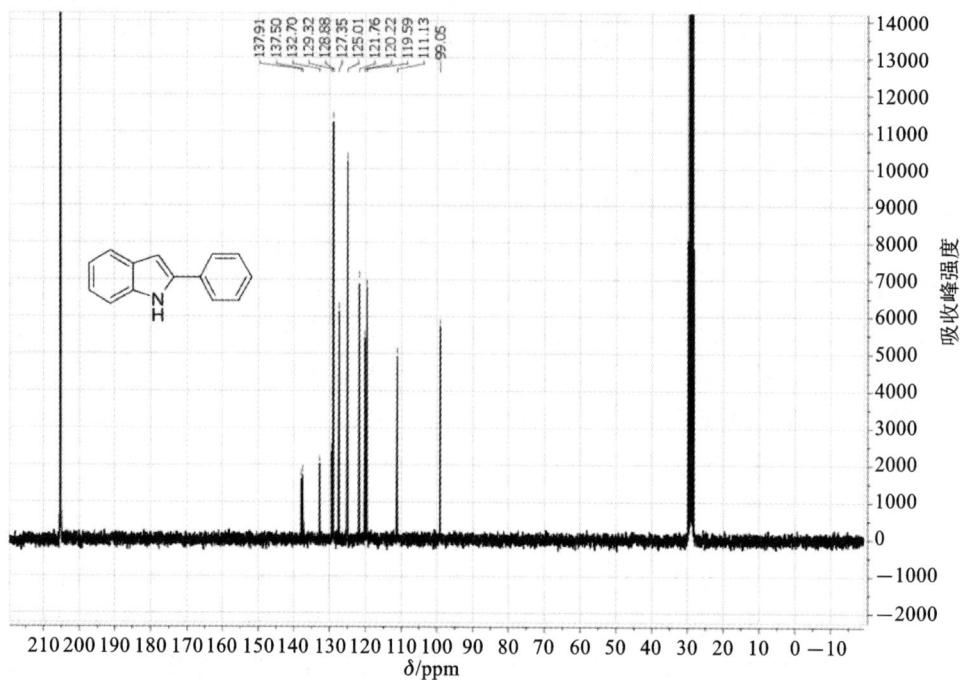

图 5.3　2-苯基吲哚的核磁共振碳谱

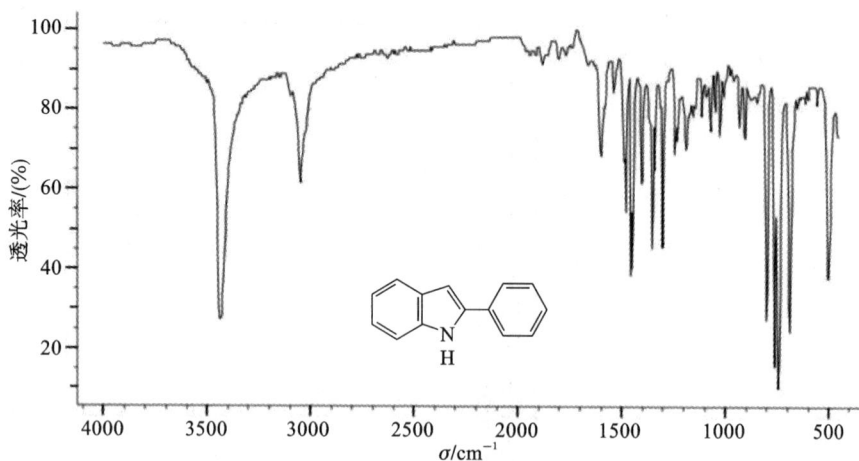

图 5.4　2-苯基吲哚的红外光谱

五、注意事项

由于多聚磷酸为黏稠状液体,如果水浴温度低,则黏度大,均匀性不好。如果反应体系温度高于 120 ℃,则反应液容易变红,甚至变黑,副产物会增多,所以应注意控制反应体系温度。

六、思考题

(1) 吲哚的合成除了本文提到的方法外,还有哪些利用人名命名的合成方法?

(2) 吲哚及其衍生物在精细化工行业有哪些应用?

实验 98 设计双酚 A 的合成方法

一、实验目的

(1) 了解双酚 A 的合成方法及特点。

(2) 了解缩合反应的关键控制因素。

二、实验原理

双酚 A 的化学名称是 2,2-双对羟苯基丙烷。该化合物是一种用途广泛的化工原料。它是双酚 A 型环氧树脂及聚碳酸酯等化工产品的合成原料,还可用作聚氯乙烯塑料的热稳定剂,电线防老剂,油漆、油墨等的抗氧化剂和增塑剂。

双酚 A 主要是通过苯酚和丙酮的缩合反应制备的,反应方程式如下:

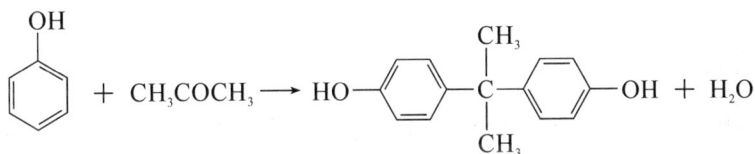

反应在 CCl_4、$CHCl_3$、CH_2Cl_2、C_6H_5Cl 等有机溶剂中进行,盐酸、硫酸等质子酸作为催化剂。

三、仪器与试剂

(1) 仪器:三口烧瓶、烧杯、冷凝管、搅拌器、温度计、滴管、真空泵、布氏漏斗、滤纸、玻璃棒、锥形瓶等。

(2) 试剂:苯酚、丙酮、硫代乙醇酸、甲苯、80%硫酸、液体石蜡等。

四、实验设计

(1) 查阅有关文献和资料,设计并确定一种可行的制备实验方案。

(2) 制备 2~5 g 的双酚 A 产品。

实验 99　设计自来水中挥发性卤代烃含量的测定方法

一、实验目的

（1）熟练掌握气相色谱仪的使用方法。

（2）了解自来水样的前处理过程。

二、实验原理

气相色谱外标法是在一定操作条件下,用已知浓度的纯物质配成不同含量的标准溶液,定量进样,用峰面积或峰高对标准溶液含量作标准曲线,待测样品在相同色谱条件下进样,由所得的待测组分的峰面积或峰高从标准曲线上查出待测组分的含量。

气相色谱外标法的优点是不必加内标物,不必用相对校正因子,操作、计算方便。但要求操作条件稳定,进样重复性好。

本实验涉及仪器分析方法的选择,气相色谱的分离原理及气相色谱的应用。

三、仪器与试剂

（1）仪器:气相色谱仪、气相色谱手动进样针、分析天平、水浴锅等。

（2）试剂:标样等。

四、实验设计

（1）在教师的指导下查阅文献,确定具体的测定方法,写出实验设计报告,经教师批准,在规定时间内,由学生独立完成实验过程,并对结果进行科学分析,撰写规范的实验报告或小论文。了解自来水中挥发性卤代烃的主要成分及测定方法。

（2）设计挥发性卤代烃的提取处理方案。

（3）设计挥发性卤代烃的仪器测定条件(色谱分离条件)。

（4）分析测定并完成实验报告。实验报告以论文形式书写,内容包括:题目、摘要、关键词、前言、方法与结果、讨论。讨论部分必须对实验结果及现象进行解释。

实验 100　表面活性剂油酸钠表面张力及泡沫性能的测定

一、实验目的

（1）掌握表面活性剂表面张力及泡沫性能的测定原理与方法。

（2）掌握表面张力仪与罗氏泡沫测定仪的使用方法。

二、实验原理

表面张力和泡沫性能是表面活性剂非常重要的性质。表面活性剂是一类在浓度很低时能显著降低水的表面张力或水同其他物质的界面张力的物质。当水中的表面活性剂浓度不同时，水的表面张力是不同的，随着表面活性剂浓度的增加，水的表面张力会不同程度地下降，当表面活性剂浓度达到一定值后，水的表面张力将趋于稳定，此时，才能最大限度地发挥表面活性剂的作用。通过测定不同浓度表面活性剂溶液的表面张力，可以绘制表面张力曲线。

对表面活性剂溶液进行机械搅拌或鼓气，使空气进入溶液中，从而被周围的溶液包围形成气泡，即液体薄膜包围着气体，这就是泡沫。此时表面活性剂疏水基伸向气泡的内部，亲水基向着液相的吸附膜。形成的泡沫由于溶液的浮力上升而达溶液的表面，最终逸出液面便形成双分子膜，在形成泡沫的双分子膜之间会有大量的表面活性剂。一个独立的泡沫是球形体，产生大量泡沫时，则形成分布面更大的球形泡沫集合体。利用泡沫仪可以测定不同表面活性剂产生泡沫的能力及其泡沫的稳定性。

三、仪器与试剂

（1）仪器：表面张力仪、罗氏泡沫测定仪、烧杯、容量瓶、温度计、超级恒温水浴装置、移液管、秒表等。

（2）试剂：油酸钠、LAS、K-12、OP-10、吐温系列等。

四、实验步骤

1. 表面张力的测定

取一定量表面活性剂，用蒸馏水配制成 5 种不同浓度的溶液，分别测定其表面张力，然后在坐标纸上绘制浓度-表面张力曲线。

2. 泡沫性能的测定

配制一定浓度的表面活性剂溶液，用罗氏泡沫测定仪测定其发泡力，读取起始泡沫高度和 5 min 末的泡沫高度。取 3 次结果平均值作为最后结果。

画出表面活性剂油酸钠的表面张力曲线图，并计算泡沫性能。

五、注意事项

表面张力仪和罗氏泡沫测定仪是较精密的仪器，使用时应小心。

六、思考题

（1）表面活性剂的表面张力曲线图一般为何种形状？其转折点有何意义？

（2）泡沫量是否与表面活性剂的洗涤去污能力有直接关系？

实验 101　　洗衣粉中表面活性剂的分析

表面活性剂是一类非常重要的化工产品,它是洗涤剂中主要活性成分之一,它的种类、含量直接影响洗涤剂的质量和成本。本实验通过对洗衣粉中表面活性剂的分析,使学生了解表面活性剂的分离分析方法。

一、实验目的

(1) 学习液-固萃取法从固体样品中分离表面活性剂。
(2) 学习离子型表面活性剂的鉴定方法。

二、实验原理

1. 表面活性剂的分离

洗衣粉除了含表面活性剂外,还含有金属离子螯合剂、纯碱、羧甲基纤维素等助剂以增强去污能力等。将表面活性剂与洗衣粉中的其他成分分离开来,通常采用的方法是液-固萃取法。可用索氏萃取器连续萃取,也可用回流方法萃取。萃取剂可视具体情况选用 95% 乙醇、95% 异丙醇、丙酮、氯仿或石油醚等。

2. 表面活性剂的离子型鉴定

表面活性剂的品种繁多,按其在水中的离子形态可分为离子型表面活性剂和非离子型表面活性剂两大类。前者又可以分为阴离子型表面活性剂、阳离子型表面活性剂和两性型表面活性剂 3 种。利用离子型表面活性剂的鉴别方法可以快速、简便地确定样品中离子类型,有利于限定范围,指示分离、分析方向。

确定离子型表面活性剂的方法很多,在此介绍最常用的酸性亚甲基蓝实验。染料亚甲基蓝溶于水而不溶于氯仿,它能与阴离子型表面活性剂反应生成可溶于氯仿的蓝色配合物,从而使蓝色物质从水相转移到氯仿相。本法可以鉴定除皂类之外的其他广谱阴离子型表面活性剂。非离子型表面活性剂不能使蓝色转移,但会使水相发生乳化;阳离子型表面活性剂虽然也不能使蓝色从水相转移到氯仿相,但利用阴、阳离子型表面活性剂的相互作用,可以用间接法鉴定。

三、仪器与试剂

(1) 仪器:烧瓶、烧杯、带塞小试管、冷凝管、蒸馏头、接收管、沸石、水浴锅、研钵、天平等。

(2) 试剂:洗衣粉、95% 乙醇、无水乙醇、四氯化碳、四甲基硅烷、亚甲基蓝试剂、氯仿、离子型表面活性剂对照液、非离子型表面活性剂对照液等。

四、实验步骤

1. **表面活性剂的分离**

（1）取一定量的洗衣粉样品于研钵中研细。然后称取 2 g 样品放入 100 mL 烧瓶中，加入 30 mL 乙醇。装好回流装置，打开冷却水，用水浴加热，保持回流 15 min。

（2）撤去水浴。待冷却后取下烧瓶，静置数分钟。待上层液体澄清后，将上清液转移到 100 mL 烧瓶中（小心倾倒或用滴管吸出）。

（3）重新加入 20 mL 95％乙醇，重复上述回流和分离操作，并将两次提取液合并。

（4）在合并的提取液中放入几粒沸石，安装好蒸馏装置。水浴加热，将提取液中的乙醇蒸出，直至烧瓶中残余 1～2 mL。

（5）将烧瓶中的蒸馏残余物定量转移到干燥并已称量过的 25 mL 小烧杯中。

（6）将小烧杯置于红外灯下，去除乙醇。计算表面活性剂的含量。计算公式如下：

$$洗衣粉中表面活性剂的含量 = [(m_2 - m_1)/Q] \times 100\%$$

式中：Q 为称取的洗衣粉的量，g；m_1 为空烧杯的质量，g；m_2 为装有表面活性剂的烧杯质量，g。

2. **离子型表面活性剂的鉴定**

（1）已知样品的鉴定。

①阴离子型表面活性剂的鉴定：取亚甲基蓝溶液和氯仿各约 1 mL，置于一带塞小试管中，剧烈振荡，静置分层，氯仿层无色。将含量约为 1％的阴离子型表面活性剂样品逐滴加入其中，每加一滴剧烈振荡试管后静置分层，观察并记录现象，直至水层无色，氯仿层呈深蓝色。

②阳离子型表面活性剂的鉴定：在上述实验的试管中，逐滴加入阳离子型表面活性剂（含量约 1％），每加一滴剧烈振荡试管后静置分层，观察并记录两层颜色的变化，直至氯仿层的蓝色重新全部转移到水层。

③非离子型表面活性剂的鉴定：取一带塞小试管，依次加入亚甲基蓝溶液和氯仿各约 1 mL，剧烈振荡，静置分层，氯仿层无色。将含量约为 1％的非离子型表面活性剂样品逐滴加入其中，每加一滴剧烈振荡试管后静置分层，观察并记录两层颜色和状态的变化。

（2）未知样品的鉴定。

①取少许从洗衣粉中提取的表面活性剂，溶于 2～3 mL 蒸馏水中，按上述步骤进行鉴定和判断其离子类型。

②取适量（约 10 mg）洗衣粉溶于 5 mL 蒸馏水中作为样品，重复上述操作，观察并记录现象。观察洗衣粉中的其他助剂对此鉴定是否有干扰。

五、注意事项

提取上层清液时应尽量分离完全,以减少样品损失。

六、思考题

(1)用回流法进行液-固萃取时,为什么烧瓶内可不加沸石?蒸馏时是否也可以不加沸石?

(2)本实验是否可用索氏萃取器提取洗衣粉中的表面活性剂?试将其与回流法做比较。

实验 102　胶黏剂拉伸剪切强度的测定

一、实验目的

(1)熟悉影响粘接强度的因素。

(2)了解各种助剂在乳胶漆中所起的作用。

二、实验原理

1. 胶黏剂的粘接强度

粘接强度是胶黏剂的重要性能之一。粘接强度实验可分为标准实验、模拟实验和使用实验3种。标准实验是最常用的方法。在标准实验中,影响粘接强度的因素,除了胶黏剂外,还有样品制备方法和实验条件。

(1)样品制备:样品制备主要与被粘材料的准备、粘接表面的处理、粘接工艺、固化条件等有关,这些是使样品具有粘接强度的必要条件。它们既是实验考核的内容,也是提高粘接强度的手段。被粘材料的材质、成分等是根据实验要求和规定选定的,按照标样的形状和尺寸进行加工,被粘材料要求平整,粘接表面不能有划伤、变色、裂纹等缺陷。常用的金属被粘材料有合金铝、不锈钢、铁等,非金属被粘材料有木材、橡胶、塑料、皮革、织物、陶瓷等。

胶黏剂的浓度、配比、涂布方法和次数、晾置时间,以及胶黏剂的固化温度、固化压力、固化时间等应按照胶黏剂的使用要求和粘接工艺执行,以保证获得较高的粘接强度。

制备样品有两种方法:一种是直接粘接成标样,另一种是先粘接成大样品板,再从大样品板上切割成标样。后一种方法制成的样品,尺寸准确,也没有余胶,且与实际工艺较接近。

(2)实验条件:主要是指实验的环境条件和实验时的加载方法、加载速度、样品温度等。

实验的环境条件包括样品的预处理环境和实验环境两种情况。预处理环境是实验前样品所处的环境条件,如温度、湿度和时间。实验环境是实验过程中样品所处的环境条件,如温度和湿度。

①标准环境条件:推荐温度为 23 ℃±2 ℃,相对湿度为 50%±5%。热带气候温度为 27 ℃±2 ℃,相对湿度为 65%±10%。

②恒温环境条件:温度为 23 ℃±2 ℃,热带气候可采用 27 ℃±2 ℃。

③常温环境条件:通常在室温下,不控制环境温度和相对湿度。

④对特殊情况,温度为 20 ℃±2 ℃,相对湿度为 65%±5%。

⑤样品的预处理时间:在标准环境条件下为 16 h,在恒温环境条件下为 3 h。

因胶黏剂是高分子材料,环境条件对实验结果有一定影响,因此,最好在标准环境条件或恒温环境条件下进行实验。

对于实验机,要求力的显示值误差小于 1%,并能提供适宜的夹具和要求的加载速度。为了保证测试精度,样品的破坏负荷应在实验机满标负荷的 15%~85%范围内。最好使用无惯性的拉力实验机,尤其是进行剥离强度实验时。

(3)其他:由于影响粘接强度的因素较多,测试结果比较分散,因此,代表同一种胶黏剂的样品至少 5 个,以平均值、最高值、最低值表示实验结果,以标准误差表示数据的分散程度。

一般对实验的重复性要求是应小于标准误差的 2.5 倍,对实验的重现性要求是应小于 20%。重复性是指对同一种样品,由同一个操作者在规定的实验室内测试所得的任何两个样品的测试值之差。重现性是指对同一种样品,在不同的实验室中所测得的平均值之间的相对误差。

2. 胶黏剂的拉伸剪切强度

胶黏剂的拉伸剪切强度是粘接强度的主要指标。拉伸剪切实验是胶黏剂基本实验之一。拉伸剪切实验根据受剪方式不同分类,有拉伸剪切、压缩剪切、扭转剪切、弯曲剪切、环套剪切等;根据载荷的作用时间不同分类,有静态剪切、冲击剪切、持久剪切、疲劳剪切等;根据样品的结构特征不同分类,有单搭接、双搭接、单盖板搭接、双盖板搭接等。

在拉伸剪切实验中,单搭接拉伸样品是最常用的样品,这种样品的优点是结构简单,制备方便,只有一个粘接破坏面,其缺点是由于样品的非对称性,在受力时会产生附加弯矩。尽管如此,单搭接样品在许多实验中仍然被采用。

由于被粘材料的不同,拉伸剪切样品有金属与金属粘接、金属与非金属粘接、非金属与非金属粘接 3 种。本实验采用金属与金属粘接的拉伸剪切实验。

金属与金属粘接的各国标准样品尺寸和加载速度不同。

一般标样的结构为单搭接。但样品尺寸有所不同,国内是金属片长 60~70 mm,宽 20 mm,厚 2 mm,搭接长度 15 mm;国外是金属片长 100 mm,宽 25 mm,厚 1.6 mm,搭接长度 12.5~12.7 mm。夹距也不同,国内是 45~70 mm,国外是 112~

140 mm。对于加载速度(夹具移动速度),国内大都是控制加载速度为 10 mm/min,国外是要求以 80~100 kg/(cm² • min)或 300~500 kg/(cm² • min)的速度恒应力或恒载荷加载,或使样品在 65 s±20 s 时间内被破坏而平稳加载。

在拉伸剪切实验中,样品的破坏载荷不与搭接长度成正比,而与搭接宽度成正比。即所测定的拉伸剪切强度与样品的搭接长度直接有关。因此,在测试时采用标样,统一实验方法是非常重要的。

根据被粘材料所受的应力 σ 要小于其屈服极限 σ_s 的要求,适宜的搭接长度 L 可由下式算出:

$$L < \frac{\sigma_s t}{\tau}$$

式中:τ 为胶黏剂拉伸剪切强度;σ_s 为屈服强度;t 为厚度。

如果测定的是金属与金属粘接的拉伸剪切强度,被粘材料是常用的 LY12-CZ 合金铝,则 σ_s 约为 27.5 kg/mm,当厚度 t 为 2 mm,胶黏剂的 τ 为 400 kg/cm² 时,可算出搭接长度 L 应小于 13.8 mm。

拉伸剪切强度除了与搭接长度有关外,与测试环境温度及样品的夹距也有很大关系。控制测试时的环境温度和适当增加样品的长度是必要的。

三、仪器与试剂

(1) 仪器:微机控制电子万能拉力机、砂纸、万能实验机、脱脂纱布等。

(2) 试剂:95%乙醇、胶黏剂、金属试片(70 mm×20 mm×2 mm,单搭接长度 15 mm)等。

四、实验步骤

(1) 试片制备:取金属试片 10 个,用砂纸打磨约 20 mm,用 95%乙醇清理干净,晾干备用。

(2) 胶黏剂配制:将胶黏剂稀释至 30%的固含量。

(3) 胶黏剂涂布:将胶黏剂分别涂于金属试片上,一般涂刷 2 次。涂胶量以被粘面上不缺胶、不堆胶为准。

(4) 叠合和加压:将两粘接面互相叠合,叠合时要防止错位和夹带气泡,再施以 0.4~0.6 MPa 的均匀压力,时间为 15 s。室温放置 30 min。

(5) 将上述粘接好的试片夹在万能拉力机的夹持器中。夹持试片要仔细,定位要精确。

(6) 开启万能拉力机,控制加载速度(夹具移动速度)为 10 mm/ min。

(7) 记录试片扯断时万能拉力机的读数。

五、实验数据处理

按下式计算拉伸剪切强度,结果填入表 5.11。

$$\sigma_s = P/S$$

式中:σ_s 为拉伸剪切强度,N/m^2;P 为试片破坏时的最大负荷,N;S 为试片的粘接面积,m^2。

表 5.11　结果处理

序号	P/N	S/m^2	$\sigma_s/(N/m^2)$
1			
2			
3			
4			
5			
平均值			

室温:　　　　　　　　相对湿度:　　　　　　　　加载速度(夹具移动速度):

六、注意事项

(1) 样品制备差异。粘接样品制备过程中的误差,如涂布均匀度不足、干燥时间不同等,可能导致同一样品的实验结果不同。

(2) 实验参数设置不当。实验过程中,参数设置不当,也会对测试结果产生影响。

七、思考题

(1) 胶黏剂拉伸剪切强度实验中应注意哪些问题?

(2) 在粘接强度实验中,样品的破坏形式分为哪几种?

(3) 简述近年来功能化胶黏剂的发展趋势。

实验 103　纳米 TiO₂ 材料的制备与表征

一、实验目的

(1) 了解溶胶-凝胶法制备纳米 TiO_2 的工艺。

(2) 了解纳米 TiO_2 的主要用途。

二、实验原理

纳米材料是当今材料学研究的热点领域,并在工业生产和日常生活中得到广泛应用。

光催化降解有机物工艺较简单,成本较低,可以在常温常压下将有机物氧化分解为结构稳定的物质,同时利用太阳光作为光源,无二次污染。因此,光催化为最有希望的环境友好型催化技术。

目前,用作光催化氧化有机物的半导体多为氧族半导体材料,如 TiO_2、ZnO、CdS、WO_3、SnO_2 等。TiO_2 具有光催化活性高、化学稳定性高、价格低廉、使用安全、制备的薄膜透明等特点,作为新一代的环境净化材料,已得到广泛应用。TiO_2 光催化剂可降解水、空气中的大部分有机物,并具有抗菌、除臭功能。

国内外制备纳米 TiO_2 的方法基本上可归纳为两类:气相法和液相法。气相法产量低,且反应过程温度高,对耐腐蚀材质要求高,技术难度大,成本高,因而目前制备光催化剂纳米 TiO_2 多采用液相法。液相法又可分为胶溶法、溶胶-凝胶法、化学共沉淀法。其中,溶胶-凝胶法、化学共沉淀法较为常用。本实验采用溶胶-凝胶法制备纳米 TiO_2。

以醇钛盐 $Ti(OR)_4$ 为原料,无水醇为有机溶剂,加入一定量的二乙醇胺(起抑制水解作用),再加入聚乙二醇,以增大膜的孔穴率。先通过水解和缩聚反应制得溶胶,再进一步缩聚得到凝胶,凝胶经干燥、煅烧得到纳米 TiO_2。其反应方程式如下:

水解反应:

$$Ti(OR)_4 + nH_2O \longrightarrow Ti(OR)_{4-n}(OH)_n + nROH$$

缩聚反应:

$$2Ti(OR)_{4-n}(OH)_n \longrightarrow [Ti(OR)_{4-n}(OH)_{n-1}]_2O + 2H_2O$$

三、仪器与试剂

(1) 仪器:烧杯、量筒、分析天平、温度计、搅拌器、X 射线衍射仪、干燥箱、马弗炉等。

(2) 试剂:钛酸正丁酯(化学纯)、乙醇(化学纯)、二乙醇胺(化学纯)、聚乙二醇等。

四、实验步骤

1. 凝胶的制备

药品配比为 $n[Ti(OC_4O_9)_4] : n(EtOH) : n(H_2O) : n[NH(C_2H_4OH)_2] = 1 : 26.5 : 1 : 1$。为防止钛酸正丁酯强烈水解,先将一半量的乙醇与钛酸正丁酯混合,搅拌下缓慢加入剩余乙醇、水、二乙醇胺的混合液,加热至 45 ℃左右。搅拌反应至形成稳定的凝胶,然后加入 1.5 g 聚乙二醇(研细),继续搅拌 30 min。

2. 涂膜的制备

将洁净的普通玻璃片浸入凝胶中,以 2 mm/s 的速度缓慢提升,100 ℃下在干燥箱中干燥 5 min,然后置于马弗炉中,在 500 ℃下煅烧 1 h,即得表面均匀透明的薄膜。重复上述操作,可得不同厚度的膜。

3. TiO_2 晶型的测定

通过 X 射线衍射仪测定纳米 TiO_2 的晶型。晶型应为锐钛矿型。计算 TiO_2 产率。

五、注意事项

钛酸正丁酯易水解,洗净的玻璃仪器需要烘干后再使用。

六、思考题

(1) 用溶胶-凝胶法制备纳米 TiO_2 的过程中应注意哪些问题?

(2) TiO_2 的晶型有哪几种?作为光催化剂的 TiO_2 应为哪种晶型?

实验 104　有序介孔材料的制备与表征

一、实验目的

(1) 了解介孔材料的含义与应用前景。

(2) 掌握有序介孔材料的制备方法与介孔材料的表征技术。

二、实验原理

有序介孔材料是 20 世纪 90 年代迅速兴起的新型材料,其特点是孔道大小均一、排列有序、孔径可以在 2~50 nm 范围内连续调节、表面易官能团化,从而将分子筛的规则孔径从微孔拓展到介孔领域,同时具有高的比表面积及较高的热稳定性和水热稳定性。而新一代有序介孔材料具有从一维到三维的规则有序的孔道结构,故它们在大分子吸附和分离、化学传感器、生物医学化工、环境保护等领域展现出传统沸石分子筛无可比拟的优越性和广阔的应用前景。介孔分子筛的水热稳定性较低,而多数催化反应都是在水热条件下进行的,因此,改善和提高介孔分子筛的水热稳定性,制备出高水热稳定性的有序介孔分子筛已经成为目前分子筛合成领域研究的热点。

根据目标介孔材料的骨架组成元素,可以直接加入无机盐,也可以加入水解后能产生无机低聚体的有机金属氧化物,如 $Si(OEt)_4$、$Al(i\text{-}OPr)_3$ 等在不同的合成体系中形成。介孔材料的一个共同点:表面活性剂极性头和无机物种存在界面组装作用力,改变两相界面作用力的类型,如静电作用、氢键、配位作用或改变其相对大小,如改变胶束表面电荷密度,可以调节两相静电引力大小,改变反应温度可以调节氢键大小等,可以使合成路线多样化。利用不同的界面组装作用,使用不同的表面活性剂和无机物种形成特定的合成体系,可以得到结构形貌和孔径大小不同的有序介孔材料。

有序介孔二氧化硅,拥有巨大的比表面积,可以提供大量的反应点,孔径可以在几纳米至几百纳米之间进行调节,热稳定性和水热稳定性高,耐化学试剂,在一般的反应条件下孔道结构不会被破坏。而二氧化钛是一种在紫外线照射下具有光催化活性的重要金属氧化物半导体材料,在多相光催化反应中,以无毒、催化活性高、氧化能力强、稳定性好而成为最常用的光催化剂。1992 年,美国 Mobile 公司的科学家首次运用纳米结构自组装技术,使用季铵盐阳离子型表面活性剂聚集体为模板,制备出具有均匀孔道、六方有序排列、孔径可调的 MCM-41 介孔材料,从而为有序介孔材料的制备拉开了序幕。已发现的具有高度有序结构的典型介孔材料有 M41S 系列、SBA 系列、FSM 系列、MSU-X 等有序介孔二氧化硅材料,以及非硅基的有序介孔材料,如二氧化钛、氧化锰等半导体金属有序介孔材料。

有序介孔材料常用的合成方法有水热合成法和溶胶-凝胶法。水热合成法以表面活性剂形成的缔合结构为模板剂,通过前驱体的水解自组装生成。常规的水热体系是在 $100\sim150\ ^{\circ}\text{C}$ 自身压力下进行的,水热合成法的一般过程如下。

(1) 生成比较均匀的表面活性剂和无机物种的复合产物。

(2) 水热晶化处理以提高无机物种的缩聚程度,从而提高产物结构的稳定性。

(3) 焙烧或溶剂抽提产物中的表面活性剂后得到有序介孔材料。

溶胶-凝胶法:将金属醇盐或无机盐等前驱体溶于水或有机溶剂,以表面活性剂形成的缔合结构为模板剂,在低温下通过水解、聚合等化学反应形成溶胶,老化一定时间后转化为具有一定空间结构的干凝胶。干凝胶经焙烧或溶剂抽提产物中的表面活性剂后得到有序介孔材料。

本实验主要合成具备较高水热稳定性的有序介孔 SiO_2 与有序介孔 TiO_2。

三、仪器与试剂

(1) 仪器:磁力搅拌器、电热套、管式电阻炉、高压反应釜、恒压滴液漏斗、红外干燥箱、温度计、烧杯、容量瓶、三口烧瓶、具塞锥形瓶、冷凝管、离心机、X 射线衍射仪、透射电镜、红外光谱仪、扫描电镜、比表面积分析仪及孔径分析仪等。

(2) 试剂:正硅酸四乙酯(TEOS)、1,3,5-三异丙基苯、钛酸四异丙酯(TTIP)、无水乙醇、浓盐酸、冰乙酸、三嵌段共聚合物(P123)、十六烷基三甲基溴化铵(CTAB)、壳聚糖、聚乙烯吡咯烷酮(PVP)、双(2-乙基己基)琥珀酸酯磺酸钠(AOT)等表面活性剂等。

四、实验步骤

1. 水热法合成介孔 SiO_2

将 4 g P123 溶解在 30 g 水和 120 g 2 mol/L 盐酸中,在 35 ℃下搅拌直到溶液透明。滴加适量的 1,3,5-三异丙基苯,搅拌一定时间。在不断搅拌下逐滴加入 8.5 g

TEOS,继续搅拌 24 h。将上述反应液转移到具有聚四氟乙烯内衬的高压反应釜中,在 100～130 ℃下晶化 24 h。将得到的产物真空过滤、水洗后,在红外干燥箱中烘干,在 500 ℃的空气气氛中煅烧 5 h,得到煅烧产物。

2．溶胶-凝胶法合成介孔 TiO_2

将 1.5 g CTAB 或定量其他表面活性剂（P123、壳聚糖、PVP、AOT）溶于 15 g 无水乙醇中,待全部溶解后滴入 8.5 g TTIP（溶液 1）。将 5 g 冰乙酸、15 g 无水乙醇和 3 g 去离子水混溶(溶液 2);在剧烈搅拌下,将溶液 1 滴加到溶液 2 中,反应 3 h。30 ℃下老化 2～3 天。在 350～400 ℃煅烧 4 h,得到煅烧产物。

3．介孔 SiO_2 与介孔 TiO_2 的表征

（1）X 射线衍射:查阅有关资料,按一般 X 射线物相分析步骤,测定制得样品的 X 射线衍射图。

（2）透射电镜:按一般透射电镜分析步骤,测定制得样品的透射电镜图,观察孔径结构信息。

（3）N_2 吸附-脱附实验:查阅有关资料,通过 N_2 吸附-脱附实验,测定制得样品的吸脱附性能。

（4）红外光谱:查阅有关资料,测定制得样品的红外光谱,分析材料的红外结构信息。

（5）扫描电镜:查阅有关资料,测定制得样品的扫描电镜图,观察样品的表面形貌信息。

五、注意事项

高压反应釜中,注意控制好反应温度,产品煅烧时间要充分。

六、思考题

（1）介孔材料制备过程中表面活性剂起什么作用?

（2）介孔材料孔径是如何形成的?

（3）查找我国研发介孔材料的知名科学家、学者,研读其代表性文献,并列举介孔材料在国防、民生、科技中的应用。

实验 105　油脂氢化催化剂的制备

一、实验目的

（1）熟悉用沉淀法制备油脂氢化催化剂的方法。

（2）了解沉淀反应的原理。

二、实验原理

油脂氢化催化剂(hydrogenation catalyst)通常是固体催化剂。制备固体催化剂一般有两种方法,即沉淀法和浸渍法。金属 Ni 是最常用的油脂氢化催化剂,本实验采用沉淀法,用硫酸镍与碳酸钠发生反应生成沉淀 $2Ni(OH)_2$,$Ni(OH)_2$ 经 H_2 还原后制取金属 Ni。反应方程式如下:

$$Na_2CO_3 + NiSO_4 + H_2O \longrightarrow Ni(OH)_2 \downarrow + CO_2 \uparrow + Na_2SO_4$$

$$Ni(OH)_2 + H_2 \xrightarrow{450\ ℃} Ni + 2H_2O$$

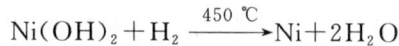

金属 Ni 具有很高的活性,必须隔绝氧气保存。

三、仪器与试剂

(1) 仪器:磁力搅拌器、烧杯、容量瓶、滴液漏斗、抽滤瓶、滤纸、电热干燥箱、温度计、研钵、还原玻璃管、管式炉、氢气钢瓶、箱式电炉、托盘天平、分析天平、移液管、布氏漏斗、玻璃水泵等。

(2) 试剂:0.2 mol/L $NiSO_4$ 溶液、0.5 mol/L Na_2CO_3 溶液、硅藻土、柠檬酸(分析纯)、缓冲液、氨水(分析纯)、铬黑 T、0.02 mol/L EDTA 溶液、0.02 mol/L $ZnCl_2$ 溶液、硬化油等。

四、实验步骤

1. 催化剂的制备

(1) 准确称取 2.00 mg 经 100 ℃ 烘干的硅藻土于 500 mL 烧杯中,加入 100 mL 0.2 mol/L $NiSO_4$ 溶液,置于磁力搅拌器上加热至 50 ℃。

(2) 向滴液漏斗中加入 60 mL 0.5 mol/L Na_2CO_3 溶液。

(3) 开动磁力搅拌器(速度适当),同时向烧杯中逐滴加入 Na_2CO_3 溶液,加完后继续搅拌 30 min。

(4) 将上述反应液倒入布氏漏斗中抽滤,然后用 50 mL 蒸馏水洗涤沉淀,将滤液定容于 1000 mL 容量瓶中待用。

(5) 滤饼于 120 ℃烘干 2 h 后,在箱式电炉中于 350 ℃煅烧 2 h。

(6) 在研钵中研细煅烧体,并取少量于还原玻璃管中,在 450 ℃下通 H_2 还原,H_2 流量为 40 mL/ min。

2. 滤液中镍含量的测定

测定催化剂活性时,由于加入催化剂的量是按镍含量计算的,所以要测出滤液中镍含量即损失量,以求出载体上负载的镍量。

用 25 mL 移液管吸取滤液 25.00 mL 于 250 mL 锥形瓶中,加入 10 mL 柠檬酸溶液(1∶20)、20 mL 蒸馏水、25.00 mL 0.02 mol/L EDTA 标准溶液。用 1∶1 氨水

调 pH 为 7～8,再加 5 mL 缓冲液、铬黑 T 少许,然后用 0.02 mol/L ZnCl₂ 溶液滴定至溶液由蓝色变紫色且 30 s 内不褪色,即为终点。记下 ZnCl₂ 溶液的消耗量。

　　3. 催化剂中镍含量的计算

　　根据制备中损失的镍量,即可计算还原后经硬化油保护的催化剂中镍的含量。

五、注意事项

　　(1) 注意氢气钢瓶的安全使用方法。

　　(2) 要注意防止镍氧化,可将其保护于硬化油中。

六、思考题

　　(1) 沉淀剂为什么要逐滴加入 NiSO₄ 和硅藻土的混合液中?

　　(2) 还原后的催化剂为什么要迅速放入硬化油中进行保护?

实验 106　化学配方的剖析

一、实验目的

　　配方设计是化工行业中可变因素多、保密性强、经济效益显著的专业技术。它涉及美容化妆品、皮肤保健品、护发美发用品、口腔卫生用品、医药卫生用品、家庭洗涤剂、农牧业用化学品、交通工具用化学品、油田油品用化学品、电镀用化学品、造纸用化学品、建材用化学品、胶黏剂、皮革加工助剂、纺织印染助剂、涂料、感光显影材料、水处理剂、工业清洗剂等领域。

　　所谓配方设计,就是根据产品的使用条件、使用性能、使用寿命、加工工艺、外观质量、成本等综合指标,通过实验、鉴定、优化,获得各种原材料最佳组合的过程。它要求配方设计者在指定领域具有扎实的基础理论知识、丰富的实践经验和敏锐的感悟能力。传统经验在配方设计中起很大作用,但配方设计者首先要熟悉各种原材料的物理化学性质和可以开发的各种功能,然后做配方拟定、实验室性能检测、实际使用性能检测、生产加工工艺调整等多项工作。配方设计不是各种原材料的简单搭配,而是要充分发挥整个配方系统的效果。

二、实验原理

　　各种配方之间可能存在协同效应、加和效应和抑制效应。设计配方时应遵守以下四条原则:①控制论原则:从原材料组合到产品性能的"正向思辨"及从产品性能到原材料组合的"反向思辨",通过信息多次反馈、调节,逐步趋向配方设计的"目标值"。②无绝对标准原则:原材料种类甚多,组合种类、组合比例和加工工艺千变万化,多种配方都可能达到某种或某类相同的性能,只有最佳组合（或最妙组合）,没有绝对标准组合。③成本原则：在达到某种或某类性能的几种配方中，选择原材料易得、成本较低的配方。④安全原则：所采用配方必须符合环境保护及卫生要求。

研究、分析同类产品和相近产品配方是提高配方设计技能的途径之一。但由于配方的保密性和专利权，反解剖也是配方设计中的一个重点，所以配方剖析工作非常艰难、隐晦。真实的配方可能是 20～30 个组分的复配，甚至更多组分的复配，分析工作异常艰巨。

复杂样品的分析重点在分离，分离之前要尽量掌握样品的来源和背景知识，并做定性分析。定性分析是完全分离各组分的基础，它首先要对产品性能与原材料物理化学性质之间的联系做简单假定，然后做化学分析或仪器分析验证。仪器分析时应了解各种分析仪器的功能和局限。分析结果应获得更多实验事实的支持，以排除其他可能性。最后还应做配方使用效果鉴定。

三、仪器与试剂

（1）仪器：卡尔·费歇尔水分测定仪、红外光谱仪、气相色谱仪、液相色谱仪、紫外光谱仪等。

（2）试剂：根据具体实验而定。

四、实验步骤

（1）脱色：若样品有颜色，需对样品进行脱色处理。取经干燥的磨口锥形瓶，加 50 mL 样品和活性炭 2～3 g（量的多少取决于脱色量），搅拌后静置脱色。

（2）定性测水分：在干燥的磨口锥形瓶中加 5 mL 已脱色样品，加含钴盐的硅胶干燥剂或其他对水敏感的指示剂，观察颜色的变化。

（3）定量测水分：用卡尔·费歇尔水分测定仪测定水分含量。

（4）干燥及红外光谱分析：脱色样（20 mL）加盐脱水，并用无水 $MgSO_4$ 干燥；取干燥样进行红外光谱定性测定，并对特征峰进行归属分析，初步判断该配方所含的特征官能团。

（5）气相色谱分析：对脱色样品进行气相色谱（FID 检测器）分析，根据出峰的个数确定配方中挥发性有机物组分数。

（6）紫外光谱和液相色谱分析：对脱色脱水干燥样品进行紫外光谱和液相色谱分析，根据液相色谱的峰个数确定该配方中含紫外吸收的有机物组分数。

（7）图谱对照解析：通过对配方的红外光谱、气相色谱、高效液相色谱进行解析，初步确定配方中可能的组分。根据判断的组分，与标样的图谱对照，进行定性分析。

（8）定量分析：用气相色谱（GC）和高效液相色谱（HPLC）进行定量分析。

本实验用仪器分析方法，对特定有机物的混合物配方做定性定量分析，从而熟练掌握大型仪器的使用和图谱的解析。

实验 107　植物中叶绿素的提取、分离、表征及含量测定

一、实验目的

(1) 掌握天然产物的分离、提取、鉴定及含量测定实验方法。

(2) 掌握薄层色谱和柱色谱分离叶绿素的原理和步骤。

二、实验原理

高等植物体内的叶绿素主要包括叶绿素 a、叶绿素 b、β-胡萝卜素和叶黄素等。根据它们的化学特性,可将它们从植物的叶片中提取出来,并通过萃取、沉淀和色谱等方法将它们分离开来。

三、仪器和试剂

(1) 仪器:DU-7HS 型自动扫描式分光光度计、不锈钢网滤器、荧光光度计、分液漏斗等。

(2) 试剂:叶绿素 a、叶绿素 b、β-胡萝卜素、甲醇、乙醇、乙醚、石油醚、碳酸镁、饱和氯化钠溶液、无水硫酸钠、丙酮、乙腈、硅胶板、柱色谱用硅胶、氧化铝色谱柱等。

四、实验步骤

1. 叶绿素的提取和分离

(1) 叶绿素的提取:称取干净的新鲜绿叶蔬菜 10 g,剪碎后放入研钵,加入 0.5 g 碳酸镁,将菜叶捣烂后加入 20 mL 丙酮,迅速研磨 5 min。倒入不锈钢网滤器中过滤,残渣再研磨提取一次,合并滤液,转入预先放有 20 mL 石油醚的分液漏斗中,加入 5 mL 饱和氯化钠溶液和 45 mL 蒸馏水,摇匀,使色素转入石油醚层。再用 100 mL(分 2 次,每次 50 mL)蒸馏水洗涤石油醚层 2 次。向石油醚色素提取液中加入无水硫酸钠除水,并进行适当浓缩,约得 10 mL 提取液。

(2) 硅胶薄层色谱:将 5 cm×20 cm 硅胶板,在 105 ℃ 下活化 0.5 h。以石油醚 (60~90 ℃)-丙酮-乙醚(体积比 3:1:1)为展开剂进行薄层色谱分离。具体操作:用铅笔在硅胶板的下部约 1.5 cm 处划一条直线,然后用毛细管取样,沿着铅笔线点样,吹干后放入装有适量展开剂的展开缸中,盖上盖子,进行展开。当展开剂运行到距硅胶板上缘 1.5 cm 处,从展开缸中取出硅胶板,吹干,测量各组分在硅胶板上移动的距离。

(3) 氧化铝柱色谱分离:在带砂板的直径为 1.0 cm 加压色谱柱中装入 10 cm 高中性氧化铝,加入 25 mL 石油醚,用双连球打气加压浸湿氧化铝填料。将 2.0 mL 植物色素提取液加到色谱柱顶端。流完后加入少量石油醚洗涤,使色素全部进入氧化

铝柱体内。加入 25 mL 石油醚-丙酮(体积比为 9∶1)溶液,适当加压洗脱一个有色组分——橙黄色的β-胡萝卜素。然后,用约 50 mL 石油醚-丙酮(体积比为 7∶3)溶液洗脱两个黄色组分——叶黄素和叶绿素 a(蓝绿色)。最后用石油醚-丙酮(体积比为 1∶1)溶液洗脱叶绿素 b(黄绿色)。收集各色带后,放入棕色瓶中低温保存。

2. 样品纯度的鉴定

用薄层色谱法鉴定所得色素产品的纯度。

3. 分光光度法测定叶片中叶绿素 a 和叶绿素 b 的含量

(1)标准曲线的绘制:应用商品叶绿素 a 和叶绿素 b 分别配制 5 个不同浓度的标准溶液,用分光光度法测定各溶液的吸光度,并绘制标准曲线。

(2)样品的制备:取 0.5 g 新鲜干净蔬菜叶,准确称量,置于研钵中,加入 0.10 g 固体碳酸镁和 3 mL 体积比为 9∶1 的丙酮-水溶液,研磨至浆状。沥出离心分离。重新研磨提取直至残余的植物组织无色。将上清液收集在 50 mL 容量瓶中,以体积比为 9∶1 的丙酮-水溶液定容。每份样品同时提取两份。

(3)分光光度法测定:以体积比为 9∶1 的丙酮-水溶液为参比溶液,测绘叶绿素 a 和叶绿素 b 的吸收光谱和一阶导数图,确定导数测定波长。

测定实际样品溶液中叶绿素 a 和叶绿素 b 的含量,换算出蔬菜叶中其含量。

五、注意事项

(1)强光会破坏色素,提取过程应尽可能在弱光或暗室中进行。

(2)使用低沸点易挥发的有机溶剂时要注意安全。实验室要保持良好的通风条件,使用有机溶剂时不得靠近明火操作。

(3)分离后的单一色素提取液不宜长期存放,必要时应抽干充氮,避光低温保存。

六、思考题

(1)绿色植物叶片的主要成分是什么?一般植物中叶绿素的提取方式有哪些?

(2)比较叶绿素 a、叶绿素 b、胡萝卜素和叶黄素的极性,为什么胡萝卜素在氧化铝色谱柱中移动最快?

实验 108　邻香草醛缩合邻苯二胺铜(Ⅱ)配合物的合成及结构测定

一、实验目的

(1)培养学生对配合物制备、结晶和结构分析的能力。

(2)培养学生严谨的实验作风和实事求是的科学态度。

二、实验原理

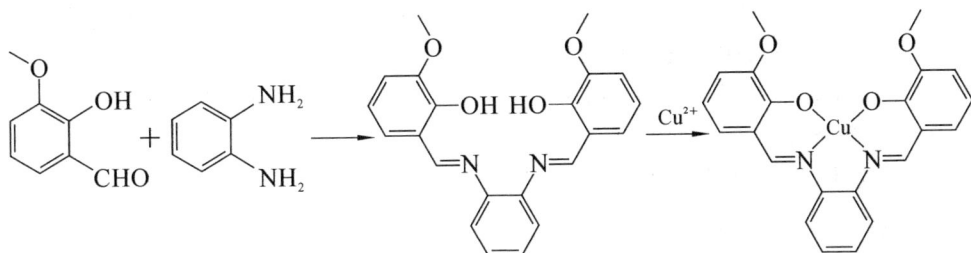

邻苯二胺的两个氨基与邻香草醛的醛基进行反应,脱水缩合生成橙黄色晶体,所生成的配体含有四齿,可与过渡金属离子形成稳定的配合物。这是一个经典的 Werner 配合物。1892 年 Werner 为解决当时存在争议的金属离子与氨的成键方式和结构问题,提出了"Werner 配位理论"的三大假设,从此开创了无机化学学科的新时代。Werner 为追求真理,将毕生精力投入配位化合物的研究中。

三、仪器和试剂

(1) 仪器:圆底烧瓶、磁力搅拌器、球形冷凝管、烧杯、布氏漏斗、自动熔点测定仪、紫外-可见分光光度计、红外光谱仪、恒压滴液漏斗等。

(2) 试剂:邻香草醛、邻苯二胺、无水乙醇、冰乙酸、乙酸铜、乙腈。

四、实验步骤

1. 配体的合成

(1) 称取邻香草醛 3.04 g,加入 100 mL 或 250 mL 圆底烧瓶中,再加入无水乙醇 30 mL,用磁力搅拌器搅拌,全部溶解后,加入邻苯二胺 1.08 g,再补加无水乙醇 20 mL,最后加入冰乙酸 1 mL。

(2) 装上冷凝管,通冷水,加热回流 1 h。

(3) 将反应混合物用布氏漏斗抽滤,滤饼用乙醇洗涤 2~3 次(每次 10 mL)。在红外灯下干燥,测定熔点(148~149 ℃),产物为橙黄色针状晶体,计算产率。

2. 配合物的合成

(1) 称取 0.1 mmol 配体加入 100 mL 或 250 mL 圆底烧瓶中,加入无水乙醇 30 mL,加热溶解;同时称取 0.1 mmol 乙酸铜,加入烧杯中,加入无水乙醇 30 mL,加热溶解后转移至配体溶液中,混合液立即变色并析出大量固体,继续加热搅拌 30 min,将反应混合物用布氏漏斗抽滤,滤饼用无水乙醇洗涤 2~3 次(每次 10 mL)。在红外灯下干燥,测定熔点,配合物为棕色纤维状固体,计算产率。

(2) 称取 0.0100~0.0200 g 配合物放入烧杯中,加入无水乙醇 30~50 mL,加热溶解后用纸盖上,在纸上打几个小孔,静置一周,即可长出配合物单晶。

3. 组成分析

（1）用乙腈将样品溶解成 $0.001\sim0.0001$ mol/L 溶液，在紫外-可见分光光度计上用乙腈作参比测量 $200\sim600$ nm 之间的吸收光谱。比较自由配体和配合物的紫外-可见光谱，解释发生变化的原因。

（2）测定配体和配合物的红外光谱，解释配合物红外吸收峰增减变化的原因。

4. 光谱分析

（1）配体与配合物的紫外-可见光谱。

①配体 λ_{max}：280 nm，330 nm。

②配合物 λ_{max}：330 nm，440 nm。

（2）配体与配合物的红外光谱。

根据样品的红外光谱和基团的特征频率说明样品中所含的特征基团。

五、注意事项

（1）合成反应时，等药品全部溶解后再加入新药品，否则药品反应不完全会影响产率。

（2）若药品接触到皮肤，应用大量水进行冲洗。

（3）测定红外光谱时，压片时不能用力过猛，以避免样品被压碎。

六、思考题

（1）为什么生成配合物后紫外-可见光谱出现变化？

（2）红外光谱中，v_{C-N} 从自由配体到配合物中发生什么变化？为什么？

实验 109　2-甲酰基-6-甲氧基苯基苯甲酸酯的合成及结构测定

一、实验目的

（1）掌握 2-甲酰基-6-甲氧基苯基苯甲酸酯的合成及结构测定的方法。

（2）培养学生的专业自豪感、责任感和安全环保理念。

二、实验原理

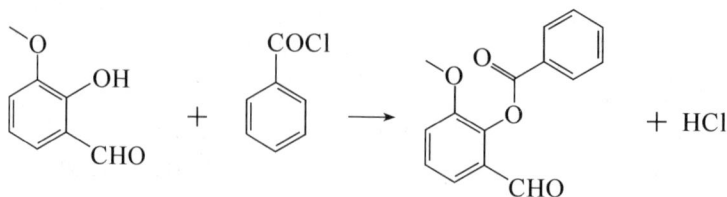

三、仪器和试剂

（1）仪器：自动熔点测定仪、紫外-可见分光光度计、红外光谱仪、圆底烧瓶、恒压滴液漏斗、烧杯、布氏漏斗等。

（2）试剂：邻香草醛、苯甲酰氯、乙腈、无水碳酸钾、无水乙醇等。

四、实验步骤

1. 合成

（1）称取邻香草醛 3.04 g，加入 100 mL 或 250 mL 圆底烧瓶中，再加入乙腈 30 mL，磁力搅拌全部溶解后，用移液管加入苯甲酰氯 2.3 mL，再补加乙腈 10 mL，继续室温搅拌。

（2）装上恒压滴液漏斗，缓慢滴加 4 g 碳酸钾溶液 20 mL（20 min 左右滴完），继续室温搅拌 40 min。

（3）将反应混合液倒入 250 mL 冷水中并不断搅拌，油状物很快凝固，用布氏漏斗抽滤，滤饼用水洗涤多次至滤液基本无色。

（4）用乙醇-水混合溶剂重结晶：先将产物转移至 250 mL 烧杯中，加入无水乙醇 50 mL，搅拌加热溶解；在此热溶液中小心地滴加蒸馏水，直至所出现的浑浊不再消失，再加入少量无水乙醇或稍加热使混合液恰好透明。然后将混合液自然冷却至室温，使结晶从溶液中析出。

用布氏漏斗抽滤，滤饼用 50% 乙醇洗涤 2～3 次（每次 10 mL）。在红外灯下干燥，测定熔点（m. p. 90～91 ℃），产物为白色针状晶体，计算产率。

2. 组成分析

（1）用无水乙醇将样品溶解成 0.001～0.0001 mol/L 溶液，在紫外-可见分光光度计上用无水乙醇作参比，测量 200～600 nm 之间的吸收光谱。比较产物和邻香草醛的紫外光谱，解释发生变化的原因。

（2）测定产物和邻香草醛的红外光谱，解释配合物红外吸收峰增减变化的原因。

五、注意事项

（1）实验过程中要严格控制温度。

（2）反应中应控制乙醇的使用量，乙醇的使用量不宜过多。

（3）一旦药品接触眼睛，立即用大量清水冲洗并送医诊治。

六、思考题

合成产物的红外光谱中，为什么在 1700～1800 cm^{-1} 区间出现双峰？

附　　录

附录1　部分易燃气体和蒸气的爆炸极限

物质名称	化学式	沸点/℃	闪点/℃	自燃点/℃	爆炸极限 上限/(%)	爆炸极限 下限/(%)
氢气	H_2	−252.3	—	510	75	4.0
一氧化碳	CO	−192.2	—	651	74	12.5
氨	NH_3	−33	—	—	27	16
乙烯	$CH_2=CH_2$	−109.3	—	540	32	3.1
丙烯	C_3H_6	−47	—	45	10.3	2.4
丙烯腈	$CH_2=CHCN$	77	0~2.5	480	17	3
苯乙烯	$C_6H_5CH=CH_2$	145	32	490	6.1	1.1
乙炔	C_2H_2	−84(升华)	—	335	32	2.3
苯	C_6H_6	81.1	−15	580	7.1	1.4
乙苯	$C_6H_5C_2H_5$	36.2	15	420	3.9	0.9
乙醇	C_2H_5OH	78.8	11	423	20	3.01
异丙醇	$CH_3CHOHCH_3$	82.5	12	400	12	2
甲醇	CH_3OH	64.7	9.5	455	—	—
丙酮	CH_3COCH_3	56.5	−17	500	13	—
乙醚	$(C_2H_5)_2O$	34.6	−45	180	48	1
甲醛	CH_3CHO	—	—	185	56	4.1

附录2　实验室常用的灭火器材

灭火器材			一般火灾	可燃液体火灾	带电设备起火
液体	水	直射	√	×	×
		喷雾	√	√	√
		泡沫	√	√	×

灭火器材		一般火灾	可燃液体火灾	带电设备起火
气体	CO_2	√	√	√
固体	干粉(磷酸盐类等)	√	√	√

注:√表示适用;×表示禁用。

附录3　几种常见有毒物质的最高允许浓度

物质名称	最高允许浓度/(mg/m^3)	物质名称	最高允许浓度/(mg/m^3)
一氧化碳	30	酚	5
氯气	2	乙醇	1500
氨	30	甲醇	50
氯化氢及盐酸	150	苯乙烯	40
硫酸及硫酐	10	甲醛	5
苯	500	四氯化碳	5
二甲苯	100	溶剂汽油	350
丙酮	400	汞	0.1
乙醚	500	二硫化碳	10

附录4　电流对人体的影响(50～60 Hz交流电)

电流	对人体的影响
1 mA	略有影响
5 mA	相当痛苦
10 mA	难以忍受的痛苦
20 mA	肌肉收缩,无法自行脱离触电电源
50 mA	呼吸困难
100 mA	大多数致命

附录 5　电压对人体的影响

电压	接触时对人的影响	备注
10 V	全身在水中,跨步电压为 10 V/m	
20 V	为湿润手的安全界限	
30 V	为干燥手的安全界限	
45 V	对生命没有危险的界限	
200 V 以上	危险性极大,危及人的生命	
3000 V 以上	被带电体吸引	最小安全距离 15 cm
10^4 V 以上	有被弹开而脱险的可能	最小安全距离 20 cm

附录 6　压力容器的等级分类

类别	工作压强 p/MPa
低压容器	$0.1 \leqslant p < 1.6$
中压容器	$1.6 \leqslant p < 10$
高压容器	$10 \leqslant p < 100$
超高压容器	$p \geqslant 100$

附录 7　常用高压气体钢瓶的特征

气体名称	瓶身颜色	标字颜色	装瓶压强 p/MPa	状态	性质
氧气钢瓶	天蓝色	黑	15	气体	助燃
氢气钢瓶	深绿色	红	15	气体	可燃
氮气钢瓶	黑色	黄	15	气体	不可燃
氦气钢瓶	棕色	白	15	气体	不可燃
氨钢瓶	黄色	黑	3	液体	不可燃(高温可燃)
氯气钢瓶	黄绿色	白	3	液体	不可燃(有毒)
二氧化碳钢瓶	银白色	黑	12.5	液体	不可燃
二氧化硫钢瓶	灰色	白	0.6	液体	不可燃(有毒)
乙炔钢瓶	白色	红	3	液体	可燃

参 考 文 献

[1] 余爱农,田大听,王联芝,等.应用化学专业实验[M].北京:高等教育出版社,2015.

[2] 陈连清.应用化学实验[M].北京:化学工业出版社,2018.

[3] 舒红英,丁教.应用化学综合实验[M].北京:中国轻工业出版社,2008.

[4] 季根忠.应用化学实验教程[M].浙江:浙江大学出版社,2012.

[5] 汪娇宁,罗艳.应用化学专业实验教程[M].上海:东华大学出版社,2019.

[6] 王玲.应用化学专业实验[M].江苏:南京大学出版社,2019.

[7] 胡学步,程治良,徐云兰,等.应用化学综合创新实验[M].北京:化学工业出版社,2018.

[8] 李厚金,朱可佳,郑赛利,等.2-苯基吲哚的合成——推荐一个大学有机化学实验[J].大学化学,2014,29(5):75-78.

[9] 钱明,钱浩,许思俊,等.2-苯基吲哚合成的研究[J].山东化工,2001,30(3):8-10.

[10] 邢其毅,徐瑞秋,裴伟伟,等.基础有机化学[M].4版.北京:北京大学出版社,2016.

[11] 李公春,田源,李存希,等.硝苯地平的合成[J].浙江化工,2015,46(3):26-29.

[12] 杨凯,何敬宇,段书德,等.离子液体催化合成硝苯地平的研究[J].精细与专用化学品,2013,21(3):18-20.

[13] 孟舒献,温晓娜.二氢吡啶类钙通道阻滞剂的研究进展[J].广东药学院学报,2004,20(2):170-172.

[14] 杨月静,陈晓,许军,等.1-丁基-3-甲基咪唑四氟硼酸盐离子液体的合成与表征[J].应用化工,2014,43(6):1034-1036.

[15] 李汝雄.绿色溶剂——离子液体的合成与应用[M].北京:化学工业出版社,2004.

[16] 单淑曦,尹帅,王绪文,等.固化条件对环氧树脂胶黏剂粘合强度的影响[J].材料开发与应用,2022,37(5):45-48.

[17] 邵康宸.高性能环氧树脂胶黏剂的制备及应用研究进展[J].化学工程师,2022,36(1):50-52,14.

[18] 张玉龙.环氧胶黏剂[M].2版.北京:化学工业出版社,2017.

[19] 杨继,袁大林,洪鎏,等.气相色谱-质谱法测定胶基型嚼烟中烟碱的含量[J].理化检验(化学分册),2017,53(10):1124-1128.

［20］　汤彤.速测卡法与酶抑制率法快速检测蔬菜中农药残留的对比研究［J］.安徽
　　　　农业科学,2017,45(1):102-104.

［21］　柏瑰珊.酶抑制率法在蔬菜水果农药残留速测技术中应用前景［J］.农业与技
　　　　术,2018,38(2):52.

［22］　李秋平,朱琳,胡敏杰,等.免洗手消毒用酒精凝胶的制备实验设计与课程思政
　　　　实践［J］.大学化学,2021,36(6):139-143.

［23］　李亚清.一款免洗消毒酒精凝胶的研制［J］.辽宁师专学报(自然科学版),
　　　　2020,22(2):84-86.

［24］　吕东灿,侯婧霞,姜广策,等.球磨辅助提取花生壳黄酮工艺优化及其抗氧化活
　　　　性研究［J］.食品工业科技,2022,43(8):212-218.

［25］　陈仕学,姚元勇,卢忠英,等.邻苯三酚自氧化法对茶叶中茶多酚的抗氧化性能
　　　　应用研究［J］.食品研究与开发,2020,41(17):29-36.

［26］　赵二劳,杨洁,赵三虎.花生壳中黄酮类成分提取纯化工艺研究进展［J］.中国
　　　　粮油学报,2018,33(5):136-142.